21 世纪高等院校物流学创新系列教材

郝渊晓　主编

物流信息管理学

张宗成　主编

中山大学出版社

·广州·

图书在版编目（CIP）数据

物流信息管理学/张宗成主编．—广州：中山大学出版社，2006.6
（21世纪高等院校物流学创新系列教材/郝渊晓主编）
ISBN 7-306-02700-X

Ⅰ.物… Ⅱ.张… Ⅲ.物流—信息管理—高等学校—教材 Ⅳ.F253.9

中国版本图书馆CIP数据核字（2006）第032436号

策　　划：蔡浩然
责任编辑：浩　然
封面设计：方　蕾
责任校对：王　睿
责任技编：黄少伟
出版发行：中山大学出版社
编辑部电话（020）84111996，84113349
发行部电话（020）84111998，84111160
地　　址：广州市新港西路135号
邮　　编：510275　传真：（020）84036565
印 刷 者：广东南海系列印刷公司
经 销 者：广东新华发行集团
规　　格：787mm×960mm　1/16　18.625印张　330千字
版次印次：2006年6月第1版　2006年6月第1次印刷
定　　价：29.90元　印数：1-5000册

内容提要

现代化的首要标志是信息化。要发展现代物流业，必须实现物流业的信息化。

本书从物流信息技术、物流管理信息系统、物流数据库及决策支持系统、物流信息系统的计算机系统集成、物流信息网络、现代物流与电子商务、RFID射频识别技术在物流中的应用等方面，深入浅出地详细介绍了物流信息管理学及相关内容。

本书的特点是：①创新性。书中着重介绍最新科技在物流中的应用。②准确性。准确把握概念及本学科中各种关系的内在联系。③应用性。理论联系实际，物流信息管理的一些实际问题可用本书介绍的理论方法和工具来分析设计。

本书适合高等院校物流、企业管理等专业作教材或教学参考书，也可供物流管理人员作培训教材或学习用书，对自学者亦有重要参考价值。

21世纪高等院校物流学创新系列教材

编写指导委员会

21世纪高等院校物流学创新系列教材

编写委员会

目　录

总　序

进入21世纪以来，以信息技术为基础的电子商务在全球迅速崛起，它对传统的企业运作模式、商品流通方式及人们的购物、消费、生活方式产生了广泛而深远的影响。要保证电子商务交易顺利实现交割，关键在于构建一个与电子商务交易相适应的现代化物流系统。因此，物流在现代经济发展中的地位和作用，将显得越来越重要。

2005年，《中共中央关于制定国民经济和社会发展第十一个五年计划的建议》中明确指出：物流是现代服务业，要大力发展，坚持市场化、产业化、社会化的发展方向。“十一五”期间，我国现代物流发展的指导思想是：以科学的发展观为指导，以市场为导向，以信息技术为支撑，营造现代物流业发展的政策环境，建立配套完善、服务高效的现代物流服务体系，大力发展专业化、社会化的物流企业，提高物流服务质量和效率，降低社会物流成本，推动产业升级和结构调整，为经济和社会的全面、协调、可持续发展和全面建设小康社会提供相应的物流保障。争取到2010年，使全社会物流总费用与GDP比率，在2004年21.3%的基础上下降2～3个百分点。由此可见，“十一五”期间我国物流业发展面临难得的发展机遇，我们应该以此为契机，加快我国现代物流业的超常发展。

未来市场的竞争，不仅表现为企业与企业之间的竞争，而且更表现为供应链与供应链之间的竞争，物流管理成为企业管理中的关键环节。从未来发展现代物流产业和企业竞争的需要出发，竞争最终集中在现代物流人才的竞争。物流人才的数量和质量，将会影响到我国在未来国际物流市场竞争中的地位。因此，加快培养适应21世纪物流市场竞争需要的复合型人才，是我国教育界和企业界共同面临的一个重大课题；而人才培养、教材建设是一项基础工作，一定要把规划建设立足于物流科学前沿、实践操作性强的高质量的教材，把物流教材建设放在战略的高度，统筹规划，组织实施。

为了适应高校物流专业及相关专业物流教学的需要，我们组织长期从事物流教学、理论研究及实践操作的教授、专家，瞄准现代物流产业科学前沿，吸收国外物流产业发展成功的经验及新的理念，在2001年由中山大学出版社出版发行的《现代物流管理丛书》(6本)的基础上，进行结构、内容的全面修订，推出“21世纪高等院校物流学创新系列教材”一套(共计8本)，分别是：《物流管理学》、《物流信息管理学》、《物流技术与装备学》、《物流采购学》、《物流配送学》、《国际物流学》、《城市物流规划学》、《存储与运输物流学》。这套教材编写的指导思想是：以理论创新为主线，以内容全面为主体，以体系科学为目标，力争融合国内外已有教材的优点，出版一套能够适应21世纪物流人才知识结构和运作能力要求的精品教材。

我们期待，该套系列教材对物流人才的培养及物流知识的普及将产生推动作用。

郝渊晓

2006年5月1日于西安交通大学经济与金融学院

前　言

物流信息管理学是一个综合性的学科，涉及物流理论与技术、信息理论与技术、计算机软件和硬件技术，还涉及 RFID（Radio Frequency Identification）射频识别技术在物流中的应用。本书既是对国内外有关研究成果的传承，也是本人几十年来对物流科学研究的总结。

传统的重农抑商观念使我们对物流业的重要性认识不足。其实，马克思早就告诉我们，流通是社会再生产的一个重要环节。没有流通，生产、分配、交换就不可能实现。而流通是伴随着物流、信息流和资金流的，没有物流就不可能有流通。物流是信息流和资金流的起因和归宿，没有物流，信息流和资金流便失去了产生的基础和意义。当然，有效而准确的信息流，可以使物流高效而节约；吸聚资金流，则可以使物流更安全和可靠。

一个国家或地区的开放离不开物流业的发达。人们一般把香港看作国际金融中心，其实香港更是一个国际物流中心。研究一下所有的国际化大都市，无不具有发达的物流业。如果说金融是各国加强经济协作的媒介，那么物流业是各国加强经济协作的纽带。中国要进一步开放，就必须加快物流业的发展。

现代性的首要标志是信息化，要发展现代物流业，必须实现物流业的信息化。如果说金融具有虚拟性，那么，物流则是具有实体性。如果说金融具有虚拟风险性，那么物流业则具有收益的确定性。要使生产创造利润，就必须更新改造，就必须有大量资金的投入。人们把物流业称为第三利润源泉，就在于物流成本的节约不需更多的投入。物流业因其风险小、投入产出比高，而成为发达国家数字化和信息化的首选行业。

面对新世纪，全球经济新秩序正在建立和调整，世界各国以及区域经济组织都非常重视物流水平对于本国经济的发展、国民生活素质和军事实力的影响。物流信息化管理、一体化和专业化的第三方物流的发展，已成为目前世界各国和大型跨国集团公司所关注、探讨和实践的热点。由于各种条件的限制，信息化正日益成为制约我国物流业发展的瓶颈，如何提高我国物流信息化管理水平将是所有物流界人士面对的一个重要课题。鉴于国外的经验及我国当前流通领域的诸多情况，为适应时代的发展、顺应市场的需要，有必要对物流信息化管理加以探讨。

本书是在中山大学出版社2001年出版的《现代物流信息化》的基础上修订而成的。在修订时，本书遵循三个原则：一是追寻最新科技在物流中的运用；二是力避与本丛书的其他分册内容重复；三是尽量减少读者成本。所以，当读者拿到这本书时，会感到与2001年的版本大不一样。原来的第五章和第九章被删除了，增加了第八章RFID射频识别技术在物流中的应用。同时许多章节也作了大量精简和内容更新，这一点在第一章最为突出。

本书着重介绍物流业如何实现现代化，现代物流如何信息化及如何进行物流信息化管理。章节编排也围绕此问题由浅入深逐步展开。第一章介绍物流原理、供应链管理、物流信息及其技术和物流业EDI标准。第二章论述物流管理信息系统的分析与设计，主要介绍开发方法、结构化系统分析方法与工具，结构化系统设计方法与工具，最后讲述将这些方法用于物流管理信息系统的分析与设计。第三章论述物流管理信息系统结构，主要介绍厂商物流管理信息系统、中间商物流管理信息系统和运输管理信息系统。第四章论述物流数据库及决策支持系统基础知识，主要讲述物流信息系统关系数据库、物流数据库设计、物流决策支持系统和使用中的选择，并附有仓库物资管理数据库设计实例。第五章论述物流信息系统的计算机系统集成，主要介绍物流信息系统集成的基本概念、现代物流信息系统的结构和配置、现代物流信息系统的硬件集成、现代物流信息系统的软件集成。第六章论述物流信息网络，主要介绍物流信息网络体系结构、物流信息网络开放系统、物流业所用其他著名体系结构。第七章论述物流与电子商务，主要介绍电子商务与物流的关系、企业间电子商务与企业间物流、物流信息与电子商务安全环境。第八章主要介绍RFID射频识别技术在物流中的应用。

笔者曾作过多个有关物流和配送的课题，几乎所有这些课题都运用了计算机软件和硬件技术。其中一个课题的研究成果还获得了原国内贸易部科技进步二等奖。可以说这些研究都为本书的写作创造了一定的知识积累，但是系统论述现代物流信息化管理毕竟是第一次，加上高新科技在物流中的运用发展极快，力不从心在所难免，错谬之处一定多有，请读者发现后不吝指正。

任何事情皆有其规律，学习物流信息管理学应掌握该学科的内在规律性。在学习中，可注意以下几点：

首先，需要具备一定的基本知识。在学习本课程之前，最好具有一定的物流学、市场营销学、管理信息系统等基本知识，这样可以更深入理解物流信息化管理的基本原理和方法。也可以以本书的内容为主线，在对某一部分内容看不懂或有兴趣深究时，可结合参考一些相关物流学、市场营销学、管理信息系统、数据库技术、电子商务、配送理论与方法、连锁经营、决策支持系统等书籍，这样也可能更省一些时间。可以坦诚地告诉读者，本书在写作时已尽量注意深入浅出，有高中文化程度就可以看懂了。至于理解的深浅，或动手分析与设计，那就要看读者的需要和勤奋了。

其次，学习物流信息管理学应结合该学科本身的性质和特点来进行：①准确把握基本概念，重视本学科中各种关系的内在联系。②重视多学科综合分析，不能只拘泥于物流学或计算机某一学科本身的范围和内容，孤立地就事论事去理解，应当善于从进行多学科多视角综合分析。③理论密切联系实际。由于物流信息管理学所涉及问题的广泛性，现实经济生活中有些现象可用本书所介绍的理论、方法和工具来分析与设计。实践是检验学习效果的试金石。

再次，注意各种理论、方法和工具的适用前提条件范围，在运用中要善于比较、权衡和选择。

最后，学习物流信息管理学应多做练习，不做练习就无法准确、深刻理解其中的有关概念、方法和工具。多做练习和课程设计，还可以提高计算机运用水平，这也是从事物流管理工作者所必须具备的素质。本书每章后面都配有思考题，目的在于引导读者复习巩固所学内容。

张宗成

2006 年 4 月 7 日

第一章　物流现代化与物流信息化

当今，信息以及以信息为基础的知识成为最有价值的东西，一种事物只要与“信息化”、“数字化”、“网络化”结缘，便身价倍增。20 世纪 60 年代以来，数据采集技术、处理技术和通信技术飞速发展，使物流信息随之可以及时地、大批量地获得，并能安全可靠地存储和快速地处理、传输。物流产生信息流，信息流控制物流。信息化是现代化的重要标志，发展物流业关键是实现物流信息化。建立在商品标准化编码基础上的条形码技术（bar code）、电子数据交换技术（Electronic Data Interchange，EDI）和数据库技术使得这一瓶颈终被冲破，从而使诸如及时供应（Just-In-Time，JIT）、快速反应（Quick-Response，QR）、连续补充（Continous Replenishment，CR）和自动补充（Automatic Replenishment，AR）等现代物流战略成为可能，使物流业成为真正的第三利润源泉和第三产业中的朝阳产业。

第一节　物流系统化与物流管理现代化

一、现代物流系统和物流系统化管理

所谓系统是指为达到一个共同的目的，多种要素相互关联、有效作用的一个整体。作为一个系统的关键要素是：①系统所具有的目的；②系统有多种要素组成；③这些要素是相互关联的。物流作为一个经济行为系统，它通过广泛的信息支持，实现了以信息为基础的物流信息化，因而物流系统的机能可以划分为作业子系统和信息子系统，前者包括输送、装卸、保管、流通加工、包装等机能，以力求省力化和效率化；后者包括订货、发货、在库、出货管理等机能，力求完成商品流通全过程的信息活动。这两大子系统的机能不是互相分割、互不联系的，而是一个有机的整体，通过 6 大要素的相互结合，利用必要的资源，开展物流服务，促进商流有效、合理的展开。

物流系统的内在特征表现为：在目的上表现为实现物流的效率化和效果化，以较低的成本和优良的顾客服务完成商品实体从供应地到消费地的运动，在原则上具体表现为 7R，即适合的质量（Right Quality）、适合的数量（Right Quantity）、适合的时间（Right Time）、适合的地点（Right Place）、优良的印象（Right Impression）、适当的价格（Right Price）和适当的商品（Right Commodity）。在要素及其运作上，通过上述的作业子系统和信息子系统的有机联系和相互作用，来实现物流系统的目的。很显然，要实现物流系统的有效运转，并达到目标，需要物流的系统化管理。所谓物流系统化管理，是

指为了实现既定的物流系统目标，提高向消费者和用户供应商品的效率，而对物流系统进行计划、组织、指挥、监督和调节的活动。物流系统管理的高度化发展，能有力地促进物流活动的合理化和纵深化发展，否则物流管理的滞后，不仅无助于物流系统目的的实现，而且会对生产和营销行为产生负面影响。

二、现代物流系统管理的特征

物流一词从 Physical Distribution 发展到 Logistics 的一个重要变革，是将物流活动从被动、从属的职能活动上升到企业经营战略的一个重要组成部分，因而要求把物流活动作为一个系统整体加以管理和运行，也就是说，物流本身的概念已经从对活动的概述和总结上升到管理学层次。具体来说，现代物流管理的特征表现在：

（1）现代物流管理以实现顾客满意为第一目标。现代物流是基于企业经营战略基础从顾客服务目标的设定开始，进而追求顾客服务的差别化战略（见图 1－1）。在现代物流中，顾客服务的设定优先于其他各项活动，并且为了使物流顾客服务能有效地开展，在物流体系的基本建设上，要求物流中心、信息系统、作业系统和组织构成等条件的具备与完善。具体来讲，物流系统必须做到：第一，物流中心网络的优化，即要求工厂、仓库、商品集中配送、加工等中心的建设（规模、地理位置等），既要符合分散化的原则，又要符合集约化的原则，从而使物流活动能有利于顾客服务的全面展开；第二，物流主体的合理化，生产阶段到消费阶段的物流活动主体，常常有单个主体和多个主体之分，另外也存在着自己承担物流和委托物流等形式的区分，物流主体的选择直接影响到物流活动的效果或实现顾客服务的程度；第三，物流信息系统的高度化，即能及时、有效地反映物流信息和顾客对物流的期望；第四，物流作业的效率化，即在配送、装卸、加工等过程中应当运用什么方法、手段使企业能最有效地实现商品价值。

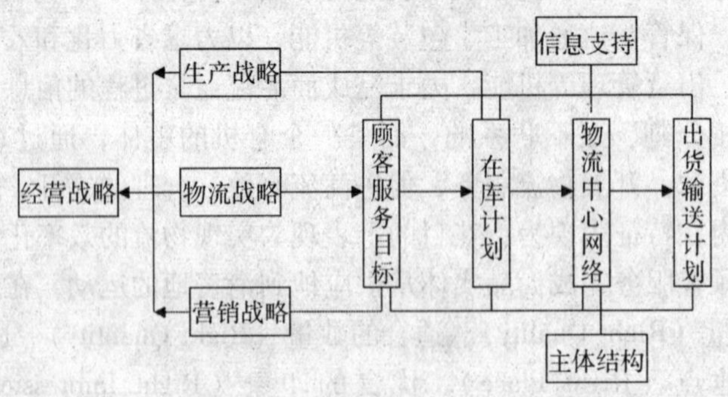

图 1－1 现代物流的概念图

从上述物流系统构成的原则中可以看出，现代物流通过提供顾客所期望的服务，在积极追求自身交易扩大的同时，强调实现与竞争企业顾客服务的差别化，亦即在决策物流的重要资源时间、物流品质、备货、信息等物流服务质量时，不能从供给的角度来考虑，而是在了解竞争对手的战略基础上，努力提高顾客满意度。

（2）现代物流注重的是整个物流渠道的商品运动。以往我们认为的物流是从生产阶段到消费者阶段商品的物质运动，也就是说，物流管理的主要对象是“销售物流”和“企业物流”，而现代物流管理的范围不仅包括销售物流和企业内物流，还包括调达物流、退货物流以及废弃品物流。这里需要注意的是，现代物流管理中的销售物流（如厂商到批发商、批发商到零售商、零售商到消费者的相对独立的物流活动），是一种整体的销售物流活动，也就是将消费渠道的各个参与者（厂商、批发商、零售商和消费者）结合起来，来保证销售物流行为的合理化。

（3）现代物流管理以企业整体最优为目的。由于当今商品市场的革新与变化，如商品生产周期的缩短、顾客要求高效经济的输送、商品流通地域的扩大等等发展趋势。因此，在这种状况下，如果企业物流仅仅追求“部分最优”或“部门最优”，将无法在日益激烈的企业竞争中取胜。从原材料的调达计划到向最终消费者移动的物的运动等各种活动，不光是部分和部门活动，而是将各部分和部门有效结合起来。也就是说，现代物流所追求的费用、效益观，是针对调达、生产、销售、物流等全体最优而言的（见图1－2）。

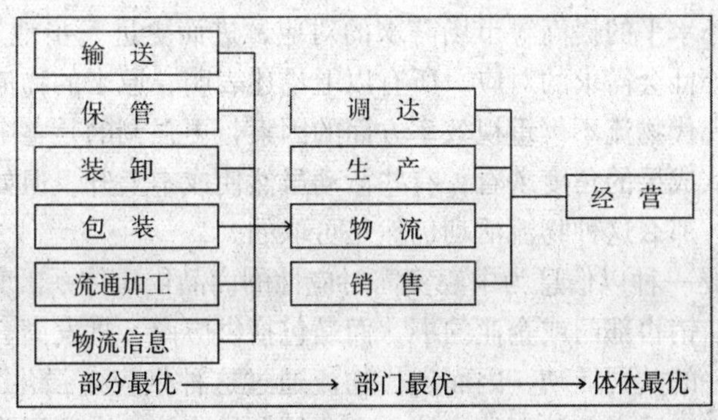

图1－2　物流系统化与现代物流管理的关系

在企业组织中，以低价格购入为主的调达理论，以生产增加、生产合理化为主的生产理论，以追求低成本为主的物流理论，以增加销售额和市场份额扩大为主的销售理论等理论之间仍然存在着分歧与差异（见表1－1），跨越这种分歧与差异，力图追求最优的正是现代物流理论。例如，从现代物流管理观念来看，海外当地生产的集约化，虽然造成了输送成本的增加，但是由于这种生产战略有效降低了生产成本，提高了企业竞争力，因而是可取的。但是，应当注意的是，追求全体最优并不是可以忽略物流的效率化，物流部门在充分知晓调达理论、生产理论和销售理论的基础上，在强调全体最优的同时，应当与现实相对应，彻底实现物流部门的效率化。

表1－1 各部门理论

调达理论	生产理论	物流理论	销售理论
低价格购入 • 短时间购入 • 大订货单位 • 在库数量少	生产增加、生产合理化 • 较长的生产循环线 • 固定的生产计划 • 大量生产	降低成本 • 大订货单位 • 充裕的时间 • 低在库水准 • 大量输送	销售额增加、市场份额扩大 • 高在库水准 • 进货时间迅速、顾客服务水准高 • 多品种

（4）现代物流管理既重视效率更重视效果。现代物流管理具体在哪些行为方面有所变化呢？首先在物流手段上，从原来重视物流的机械、机器等硬件要素转向重视信息等软件要素。物流活动领域方面，从以前以输送、保管为主的活动转向物流部门的全体，亦即向包含调达在内的生产、销售领域或批发、零售领域的物流活动扩展。从管理面来看，现代物流从原来的作业层次转向管理层次，进而向经营层次发展。另外，在物流需求的对应方面，原来强调的是输送力的确保、降低成本等企业内需要的对应，现代物流则强调物流服务水平的提高等市场需求的对应，进而更进一步地发展到重视环境、公害、交通、能源等社会需求的对应。所有以上论述表明，原来的物流以提高效率、降低成本为重点，而现代物流不仅重视效率方面的因素，更强调的是整个流通过程的物流效果，也就是说，从成果的角度来看，有些活动虽然使成本上升，但如果它能有利于整个企业战略的实现，那么这种物流活动仍然是可取的。

（5）现代物流是一种以信息为中心实需对应性的商品供应体系。现代物流认为物流活动不是单个生产、销售部门或企业的事，而是包括供应商、批发商、零售商等有关联企业在内的整个统一的共同活动，因而现代物流通过这种供应链强化了企业间的关系。具体说，这种供应链通过企业计划的连接、企业信息的连接、在库风险承担的连接等等机能的结合，使供应链包含了流通过程的所有企业，从而使物流管理成为一种供应链管理（见图1－3）。

所谓供应链管理就是从供应商开始到最终用户，整个流通全体商品运动的综合管理。如果说部门之间的产、销、物结合追求的是企业内经营最优的话，那么供应链管理则通过所有市场参与者的联盟追求流通生产全过程效率的提高，这种供应链管理带来的一个直接效应是产需结合在时空上比以前任何时候都要紧密，并带来了企业经营方式的改变，即从原来的投机型经营（生产建立在市场预测基础上的经营行为）转向实需型经营（根据市场的实际需求来生产），同时伴随着这种经营方式的改变，在经营、管理要素上，信息已成为物流管理的核心，因为没有高度发达的信息网络和信息的支撑，实需型经营是无法实现的。

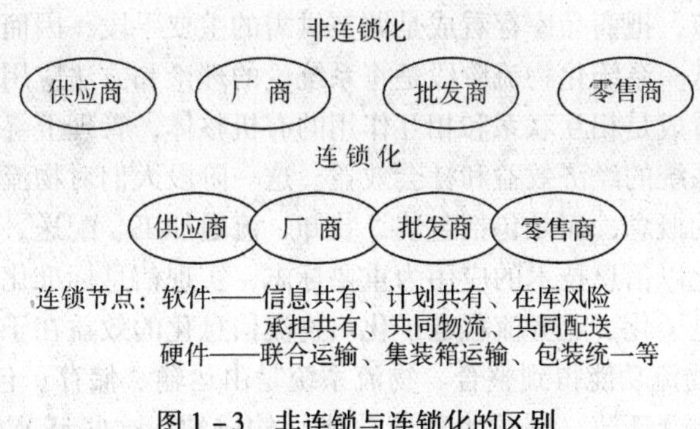

图1-3　非连锁与连锁化的区别

（6）现代物流是对商品运动的一元化管理。现代物流从供应商开始到最终顾客整个流通阶段所产生的商品运动是作为一个整体来看待的，因此这对管理活动本身提出了相当高的要求。具体讲，伴随着商品实体的运动，必然会出现"场所移动"和"时间推移"这两种物理现象，其中"时间推移"（Lead Time，Throughput Time）在当今产销紧密联系、流通整体化、网络化的过程中，已成为一种重要的经营资源。究其原委，现代经营的实需型发展，不仅要求物流活动能实现经济效率化和顾客服务化，而且还必须及时了解和反映市场的需求，并将之反馈到供应链的各个环节，以保证生产经营决策的正确和再生产的顺利进行，所以说缩短物流时间不仅决定了流通全过程的商品成本和顾客满意，同时通过有效的商品运动为生产提供全面、准确的市场信息，只有这样才能创造出流通网络或供应链价值，并保证商流能持续不断地进行，应当看到，现在所倡导的产、销、物三者的结合，本质也在于此。那么，如何才能实现物流时间的效率化呢？从物流时间形态上来看，主要有从订货到送达消费者手中的时间、在库的时日数、材料工程滞留时间、计划变更允许日、新产品开发时间、汽车滞留时间等等，任何局部问题的解决都无法真正从根本上解决时间的效率化，只有从整体、全面地把握控制相关的各种要素和生产经营行为，并将之有效地联系起来，才能实现时间短缩化的目标。显然，这要求物流活动的管理应超越部门和局部的层次，实现高度地统一管理，现代物流所强调地就是如何有效地实现一元化管理，真正把供应链思想和企业全体观念贯彻到管理行为中。

三、现代物流信息化的效益

物流管理的发展大致经历了三个阶段，即传统储运物流阶段、系统优化物流阶段和物流信息化阶段。传统储运物流阶段以仓储、运输为主要物流业务，并将仓储和运输看成是两个独立的环节，把商品库存看成是调节供需的主要手段，因而物流功能简单、系统性差、整体效益低。系统化物流阶段是将系统论的理论和方法应用于物流活动中，把物流活动的各环节看成是相互联系和相互作用的有机整体，管理上寻求物流过程的整体优化，以提高物流系统的经济效益和社会效益。这一阶段人们对物流的认识已不再是原来仅指储存和运输的概念，而是包括包装、装卸、流通加工、配送、信息处理在内的物流系统。物流信息化以信息技术的应用为重要标志，实现信息标准化和数据库管理、信息传递和信息收集电子化、业务流程电子化。物流信息化的效益在于：

（1）信息化使物流功能得到整合。物流系统是由运输、储存、包装、装卸、搬运、加工、配送等多个作业环节（或称为物流功能）构成的，这些环节相互联系形成物流系统整体。在物流信息化之前，即使从观念上考虑了系统整体优化，但由于信息管理手段落后，信息传递速度慢、准确性差，而且缺乏共享性，使得各功能之间的衔接不协调或相互脱节。运输规模与库存成本之间的矛盾、配送成本与顾客服务水平之间的矛盾、中转运输与装卸搬运之间的矛盾等，都是现代物流系统经常需要平衡的问题。解决这些矛盾，需要利用现代信息技术对上述物流环节进行功能整合，联合运输、共同配送、延迟物流、加工—配送一体化等都是物流功能整合的有效形式。

（2）信息化使供应链各环节之间协调运行。物流信息化通过物流信息网络，使物流各环节上的成员能实现信息的实时共享。处在销售终端的零售商直接面对消费者，他们充分了解消费者的需求，能详尽地纪录客户的信息，制造商与分销商借助物流信息网络，几乎可以同时共享零售商所获取的市场信息以及零售商的经营状况，从而迅速调整各自的生产和运营计划；同样，物流信息网络也使制造商的产品调整和销售政策能及时被其他物流成员了解，也有利于他们及时调整经营策略。在这种物流信息实时反应的网络条件下，物流各环节成员能够相互支持，互相配合，以适应激烈竞争的市场环境。

牛鞭效应就是由于缺乏集中控制的信息所致，使得在供应链较长的情况下，生产与最终需求之间差异增大。通过信息的集中控制和信息共享，可以减少随机性和缩短提前期，从而减少牛鞭效应。

（3）信息化改善了物流系统的时空效应。时间效应和空间效应是物流系统的两个主要功能。时间效应指通过商品库存消除商品生产与消耗在时间上的矛盾，使生产与消耗在时间空间上达到一致；空间效应指通过运输、配送等活动消除商品生产与消耗在空间位置上的矛盾，达到生产与消耗位置空间上的一致。物流信息化通过快速、准确地传递物流信息，使生产厂商和物流提供商能随时掌握商品需求者的需求状况，生产厂商实行准时制（Just In Time）生产，物流提供商实行准时制（Just In Time）配送，将生产和流通过程中的库存减少到最低程度，供应商与生产厂商或消费者之间的距离被拉近，甚至达到“零库存”或“零距离”，由此降低物流费用。

（4）信息化提高了物流系统的快速反应能力。现代生产系统是以定单为依据，即采用定制化生产方式，以满足消费者的个性化需求。而且，满足消费者的个性化需求必须快速反应，这既是消费者的要求，也是生产者降低成本、形成竞争优势的需要。生产系统的快速反应必然要求物流系统与之匹配，即也要快速反应。只有物流信息化才能实现快速反应。

海尔以现代物流技术和信息管理技术为依托，通过海尔电子商务平台在网上接受用户订货。用户根据网上提供的模块，设计自己需要的产品。海尔采取 JIT 采购、JIT 配送、JIT 分拨来与生产流程同步。海尔的采购周期只有 3 天。产品下线后，中心城市在 8 小时以内，辐射区域在 24 小时内，全国在 4 天内即可送达。完成客户订单的全过程仅为 10 天时间。

第二节　物流信息及其系统原理

一、物流信息的内容

物流信息包含的内容可以从狭义和广义两方面来考察。从狭义范围来看，物流信息是指与物流活动（如运输、保管、包装、装卸、流通加工等）有关的信息。在物流活动的管理与决策中，如运输工具的选择、运输路线的确定、每次运送批量的确定、在途货物的跟踪、仓库的有效利用、最佳库存数量的确定、订单管理、如何提高顾客服务水平等，都需要详细和准确的物流信息，因为物流信息对运输管理、库存管理、订单管理、仓库作业管理等物流活动具有支持保证的功能。

从广义的范围来看，物流信息不仅指与物流活动有关的信息，而且包括与其他流通活动有关的信息，如商品交易信息和市场信息等。商品交易信息是指与买卖双方的交易过程有关的信息，如销售和购买信息，订货和接受订货信息，发出货款和收到货款信息等。市场信息是指与市场活动有关的信息，如消费者的需求信息、竞争业者或竞争性商品的信息、销售促进活动信息、交通通讯等基础设施信息等。在现代经营管理活动中，物流信息与商品交易信息，市场信息相互交叉、融合，有着密切的联系。如零售商根据对消费者需求的预测以及库存状况制定订货计划，向批发商或直接向生产商发出订货信息，批发商在接到零售商的订货信息后，在确认现有库存水平能满足订单要求的基础上，向物流部门发出发货配货信息。如果发现现有库存不能满足订单要求则马上组织生产，再按订单上的数量和时间要求向物流部门发出发货配送信息。由于物流信息与商品交易信息及市场信息相互交融、密切联系，所以广义的物流信息还包含与其他流通活动有关的信息。广义的物流信息不仅能起到连接整合生产厂家、经过批发商和零售商最后到消费者的整个供应链的作用，而且在应用现代信息技术（如 EDI、EOS、POS、互联网、电子商务等）的基础上能实现整个供应链活动的效率化，具体地说就是利用物流信息对供应链各个企业的计划、协调、顾客服务和控制活动进行有效的管理。

二、物流信息的功能

物流信息系统是把各种物流活动与某个一体化过程连接在一起的通道。一体化过程建立在四个层次上：交易、管理控制、决策分析，以及制定战略计划系统。图 1－4 说明了在信息功能各层次上的物流活动和决策。正如该金字塔形状所显示，物流信息管理系统管理控制、决策分析以及战略计划制定的强化需要以强大的交易系统为基础。

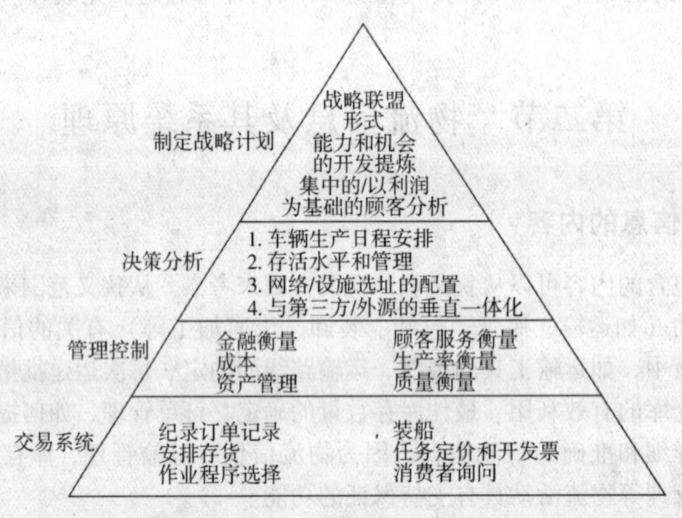

图 1－4 信息功能

交易系统是用于启动和记录个别的物流活动的最基本的层次。交易活动包括记录订货内容、安排存货任务、作业程序选择、装船、定价、开发票，以及消费者查询等。例如，当收到的消费者订单进入信息系统时，就开始了第一笔交易。随着按订单安排存货，记录订货内容意味着开始了第二笔交易。随后产生的第三笔交易是指导材料管理人员选择作业程序。第四笔交易是指挥搬运、装货，以及按订单交货。最后一笔交易是打印和传送付款发票。整个过程中，当消费者需要而且必须能获得订货状况信息时，通过一系列信息系统交易就完成了消费者订货功能的循环。交易系统的特征是：格式规则化、通信交互化、交易批量化，以及作业逐日化。结构上的各种过程和大批量交易相结合主要强调了信息系统的效率。

第二层次是管理控制，要求把主要精力集中在功能衡量和报告上。功能衡量对于提供有关服务水平和资源利用等的管理反馈来说是必要的。因此，管理控制以可估价的、策略上的、中期的焦点问题为特征，它涉及评价过去的功能和鉴别各种可选方案。普通功能的衡量包括金融、顾客服务、生产率、以及质量指标等。作为一个例子，特殊功能的衡量包括每磅的运输和仓储成本（成本衡量）、存货周转（资产衡量）、供应比率（顾客服务衡量）、每工时生产量（生产率衡量），以及顾客的感觉（质量衡量）等。

当物流信息系统有必要报告过去的物流系统功能时，物流系统是否能够在其被处理的过程中鉴别出异常情况也是很重要的。管理控制的例外信息对于鉴别潜在的顾客或订货问题是很有用的。例如，有超前活力的物流信息系统应该有能力根据预测的需求和预期的入库数来预测未来的存货短缺情况。

某些管理控制的衡量方法，诸如成本，有非常明确的定义，而另一些衡量方法，诸如顾客服务，则缺乏明确的定义。例如，顾客服务可以从内部（从企业的角度）或从外部（从顾客的角度）来衡量。内部衡量相对比较容易跟踪，然而，外部衡量却难以得到，因为他们要求的是建立在对每一个顾客监督的基础上的。

第三层次是决策分析，主要精力集中在决策应用上，协助管理人员鉴别、评估，以及比较物流战略和策略上的可选方案。典型分析包括车辆日常工作和计划、存货管理、设施选址，以及有关作业比较和安排的成本—收益分析。对于决策分析，物流信息系统必须包括数据库维护、建模和分析，以及范围很广的潜在可选方案的报告构件。与管理控制层次相同的是，决策分析也以策略上的和可估计的焦点问题为特征。与管理控制不同的是，决策分析的主要精力集中在评估未来策略上的可选方案，并且它需要相对松散的结构和灵活性，以便作范围很广的选择。因此，用户需要有更多的专业知识和培训去利用它的能力。既然决策分析的应用要比交易应用少，那么物流信息系统的决策分析趋向于更多地强调有效（effectiveness）（针对无利可图的账户，鉴别出有利可图的品目），而不是强调效率（efficiency）（利用更少的人力资源实现更快的处理或增加交易量）。

最后一个层次是制定战略计划，主要精力集中在信息支持上，以期开发和提炼物流战略。这类决策往往是决策分析层次的延伸，但是通常，更加抽象、松散，并且注重于长期。作为战略计划的例子，决策中包括通过战略联盟使协作成为可能、厂商的能力和市场机会的开发和提炼，以及顾客对改进的鼓舞所作的反应。物流信息系统的制定战略层次，必须把较低层次的数据结合进范围很广的交易计划中去，以及结合进有助于评估各种战略的概率和损益的决策模型中去。

图1－5在提出物流信息系统功能各层次设立理由的同时，介绍了系统的使用和决策的特点。从历史上来说，物流信息系统的开发把精力集中在改进交易系统的效率上，以建立竞争优势的基础。最初的理由是减少交易成本以获得较低的价格。然而，因为物

流信息系统的费用增加并不总是使相应的成本减少，因此要提出有关加强或增加物流信息系统的理由已经变得越来越困难。

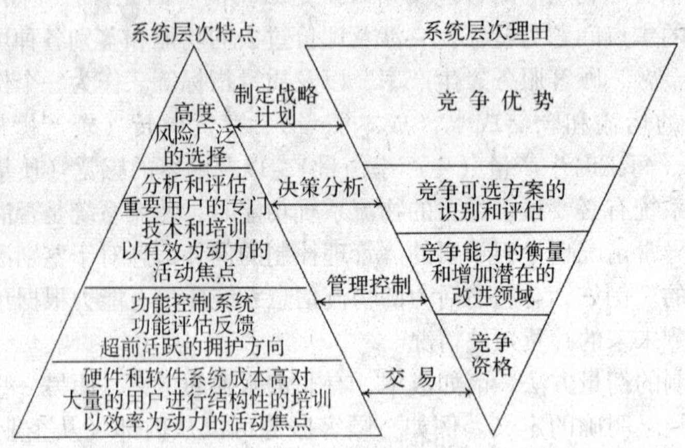

图 1－5　物流信息系统的用途、决策特点以及理由

图 1－5 的相对图形说明了物流信息系统的开发和收益—成本的特色。左边说明了开发和维护的特色，而右边则显示各种收益。开发和维护成本包括硬件、软件、通信、培训和开发维护的费用。一般说来，坚固的基础要求物流信息系统为交易系统作出更大的投资，并相应地减少更高的系统层次的投资。交易系统成本还相对比较明确，收益或报酬比较确定。更高层次的系统用户必须更加及时地投资、培训，以及制定战略决策，并且相应地关心由此引起的系统收益的不确定性和风险。

图 1－5 还说明了物流信息系统的各层次相关的收益。如前面所说的那样，交易系统效率收益涉及更快的处理和更少的人员资源。然而通信和处理速度以加快到这样的程度，即这类特点与其说是竞争优势，倒不如说是竞争资格。有效的管理控制和决策分析提供了洞察竞争能力和可选战略的收益。例如，管理控制系统可以显示一家厂商支持的价格的能力，或者外界的消费者服务考核可以为选择性的，以及以消费者为中心的方案识别各种机会。最后，对评估消费者/产品的盈利性、区段配送，以及联盟协作等战略计划的制订能力，也会对企业的收益性和竞争能力产生主要的影响。在过去，绝大部分开支集中花费在改进交易系统的效率上。虽然这些改进在速度上以及在降低作业成本上多少提供了回报，但短期能在降低成本上获益往往是不现实的。因而，最近的物流信息系统应用主要集中在管理控制、决策分析，以及制定战略计划等构件上。例如，正在把仓储和运输交易系统结合进重要的管理控制，用来衡量劳动和设施生产率。生产率衡量被用来奖励良好的表现，改进较差的表现。对于决策分析，许多物流信息系统结合了定量化模型来协助评估配送设施选址、存货水平，以及运输路线。正在开发的更新的物流

信息系统应用也结合了重新构思的各种工艺。与简单的自动化物流流程不同，企业正在重新构思它们的物流程序，以减少循环次数和相应的活动。

三、物流信息系统原理

物流信息系统必须结合以下六条原理来满足管理信息的需要，并充分支持企业制定计划和运作。

（1）可得性。物流信息系统必须具有容易而始终如一的可得性（availability）。所需信息的例子中包括订货和存货状况。当企业有可能获得有关物流活动的重要数据时，这类数据往往是以书面为基础的，或者很难从计算机系统重新得到。

迅速的可得性对于对消费者作出反应以及改进管理决策是有必要的。因为顾客频繁地需要存取订货和订货状态方面的信息，所以这一点是至关重要的。可得性的另一个方面是存取所需的信息，例如订货信息的能力，无论是管理上的、消费者的，还是产品订货位置方面的。物流作业分散化的性质，都要求对信息具有存储能力，并且能从国内的任何地方得到更新。这样，信息的可得性就能减少作业上和制定计划上的不确定性。

（2）精确性。物流信息必须精确地反映当前状况和定期活动，以衡量顾客订货和存货水平。精确性（accuracy）可以解释为物流信息系统的报告与实物计数或实际状况相比所达到的程度。例如，平稳的物流作业要求实际的存货与物流信息系统报告的存货相吻合的精确性最好在99%以上。当实际存货水平和系统之间存在较低的一致性时，就有必要采取缓冲存货或安全存货的方式来适应这种不确定性。正如信息可得性那样，增加信息的精确性，也就减少了不确定性，并减少了存货需要量。

（3）及时性。物流信息必须及时地提供快速的管理反馈。及时性（timeliness）系指一种活动发生时与该活动在信息系统内可见时之间的耽搁。例如，在某些情况下，系统要花费几个小时或几天才能将一个新订货看作为实际需求，因该订货并不始终会直接进入现行的需求量数据库。结果，在认识实际需求量时就出现了耽搁，这种耽搁会使计划制定的有效性减少，而使存货量增加。另一个有关及时性的例子涉及到当产品从“在制品”进入“制成品”状态时存货量的更新。尽管实际存在连续的产品流，但是，信息系统的存货状况也许是按每小时、按每工班，或按每天进行更新的。显然，失时更新或立即更新更具及时性，但是它们也会导致增加记账工作量。编制条形码、扫描和EDI有助于及时而有效地记录。

信息系统及时性指系统状态（诸如存货水平）以及管理控制（诸如每天或每周的功能记录）。及时的管理控制是在还有时间采取正确的行动或使损失减少到最低程度的时候提供信息的。概括地说，及时的信息减少了不确定性并识别了种种问题，于是，减少了存货需要量，增加了决策的精确性。

（4）以异常情况为基础的物流信息系统。物流信息系统必须以异常情况为基础

(exception - based)，突出问题和机会。物流作业通常要与大量的顾客、产品、供应商和服务公司竞争。例如，必须定期检查每一个产品—选址组合的存货状况，以便于制定补充订货计划。另一个重复性活动是对于非常突出的补充订货状况的检查。在这两种情况中，典型的检查需要检查大量的产品或补充订货。通常，这种检查过程需要问两个问题。第一个问题涉及到是否应该对产品或补充订货采取任何行动。如果第一个问题的答案是肯定的，那么，第二个问题就涉及到应该采取哪一种行动。许多物流信息系统要求手工完成检查，尽管这类检查正愈来愈趋向自动化，仍然使用手工处理的依据是有许多决策在结构上是松散的，并且是需要经过用户的参与作出判断的。具有目前工艺水平的物流信息系统结合了决策规则去识别这些要求管理部门注意作出决策的“异常”情况。

表1-2　以异常情况为基础的存货管理报告

产品	时间	水平	行动	订货	日期
A	立即	没有现货		不公开 PO	
B	立即	没有现货	发货	实盘 PO100	过期
C	有限期内	没有现货	发货	计划 MO100	6.29~7.1 日到期
D	立即	使用安全存货	发货	实盘 MO200	过期
E	有限期内		释放	系统订货 200	6月8日
F	超出有限期	没有现货	发货	实盘 PO100	6.29~7.5 日到期
G	有限期内	没有现货	取消	计划 PO150	10月1日
H	有限期内	没有现货	推迟	实盘 MO100	10.1~12.1 日到期

PO：采购订货（Purchase Order）。MO：制造订货（Manufacturing Order）。

表1-2说明了以异常情况为基础的存货管理报告（该样本报告详细地推荐了多个品目），也说明了存货水平、行动时间、建议日期以及未来的行动方式。这类异常情况报告可以使计划人员利用其时间来提炼建议，而不是浪费时间去识别那些需要作出决策的产品。物流信息系统突出的异常情况中，应包括大批量的订货或无存货的产品、延迟的装船或降低的作业生产率。概括的说，具有目前工艺水平的物流信息系统应该具有强烈的异常性导向，应该利用系统去识别需要管理部门引起注意的决策。

(5) 灵活性。物流信息系统必须具有灵活性（flexibility），以满足系统用户和顾客两方面的需求。信息系统必须具有提供能迎合特定顾客需要的数据。例如，有些顾客也许想要把订货发货票跨越地理或部门界限进行汇总。特别是，零售商A也许想要每一个店的单独的发票，而零售商B却可能只需要所有的商店汇总的总发票。一个灵活的物流信息系统必须有能力适应这两类要求。从内部来讲，信息系统要有更新能力，来满足未来企业需要的同时不削弱在金融投资以及规划时间上的能力。

（6）适当形式化。物流报告和显示屏应该具有适当的形式（appropriate format），这意味着它们用正确的结构和顺序包含正确的信息。例如，物流信息系统往往包含有一个配送中心存货状态显示屏，每一个显示屏列出一个产品和配送中心。这种形势要求一个顾客服务代表在试图给存货定位以满足某个特定顾客的订货时，检查每一个配送中心的存货状况。换句话说，如果有5个配送中心，就需要检查和比较这5个计算机显示屏。适当的形式会提供单独一个显示屏，包括所有者5个配送中心的存货状况。这种组合显示屏使得一个顾客代表更加容易地识别产品最佳来源。又一个适当形式的例子是，显示屏或报告含有并有效地向决策者提供所有相关的信息。显示屏将过去信息和未来信息结合起来，信息中包含现有库存、最低库存、需求预测，以及在一个配送中心单独一个品目的计划入库数。这种结合了库存流量和存货水平的的图形界面显示，当计划的现有库存有可能下跌到最低库存水平时，有助于计划人员把注意力集中在按每周制定存货计划和订货计划上。

第三节　物流信息技术

物流信息技术被视为提高生产率和竞争能力的主要来源。与其他资源不同，信息技术正在不断地提高速度和能力，同时又在降低成本。当每天都在识别新的能力时，有五项技术已经显示其在物流方面的广泛应用。这些技术包括电子数据交换（EDI）、个人电脑、人工智能/专家系统、通信，以及条形码和扫描仪。下面将讨论这些技术及其应用。

一、电子数据交换（EDI）技术

EDI被确认为公司间计算机与计算机交换商业文件的标准形式。EDI用电子技术，而不是通过传统的邮件、快递，或者传真来描述两个组织之间传输信息的能力和实践。能力系指计算机系统有效传输的能力，实践系指两个组织有效利用信息交换的能力。

物流信息由有关公司作业的实时数据组成，包括进口物料流程、生产状态、产品库存、顾客装运，以及新来的订货等等。从外界的角度来看，公司需要与卖主或供应商、金融机构、运输承运人和顾客交流有关订货装运和开单的信息。而内部功能则可能用于交换有关生产计划和控制等数据。

EDI的直接利益包括：①提高内部生产率；②改善渠道关系；③提高外部生产率；④提高国际竞争率；⑤降低作业成本。EDI通过更快的信息传输即减少信息登录的冗杂工作来改善生产率，通过减少数据登录的次数和个体数来提高精确性。EDI通过以下几个方面对物流作业成本产生影响：一是降低与印刷、邮寄，以及处理书面交易有关的劳动和物料成本；二是减少电话、传真，以及电传通信费用；三是减少抄写成本。

JC PENNEY 公司发现，从书面媒体转换成电子媒体，使其每票货的成本从 0.29 美元减少至 0.05 美元。在另一个例子中，Texas Instruments 公司报告，EDI 已经将装运差错减少 95%、实地询问减少 60%、数据登录的资源需求减少 70%，以及全球采购的循环时间减少 57%。

二、个人电脑

在今天的物流环境中，个人电脑（PC）几乎已经无处不在。减小的硬件尺寸和增加的容量已经把信息技术的应用从管理者和顾客服务代表的桌面上延伸到现场。个人电脑正在从以下三方面影响着物流管理：

首先，无论在办公室、仓库，还是在路上，低成本和高度可携带性把精确而又及时的信息带给决策者。在过去，个人必须根据已过去几小时甚至几天的信息作决策。如今无论是战略决策（例如要服务于哪个市场），还是作业决策（例如接着在仓库里要提取哪种产品），都能够根据最新的信息作出。有许多例子表明，及时的信息提高了供给链成员，例如仓库作业人员和承运人等提供的附加值。例如，安装在运输车辆上的电脑通过记录交付的信息、报告车辆位置，以及识别费用最低的加油站等提高了驾驶员报告和决策的能力。

其次，由分散的 PC 即提供的响应性和灵活性可以使精力更集中于服务和能力上。使用大型主机电脑，意味着操作相对不灵活以及域联结相对不可靠。与因数据传输失败而关闭工厂或仓库的风险相比，物流经理往往宁可采用手工程序。PC 机使之具有分散、灵活的特点，甚至对最小的定位或功能的冗长的处理也会变得物有所值。局域网（Local Area Network，LAN）、广域网（Wide Area Network，WAN）和客户/服务器结构的使用，提供了分散性、敏感性、灵活性以及冗余度的好处，同时使整个企业的数据一体化。局域网是 PC 机的网络，可利用电话线或电缆来传输和分享诸如储存器和打印机之类的资源。局域网可在相对较小的地理位置运作，例如办公室或仓库等，而广域网能够在广阔的地理范围内运作。客户/服务器结构利用 PC 机的分散处理能力给 LIS（物流信息系统）的操作提供了灵活性。“服务器”是一部大型计算机（通常是主机或微机），让许多用户使用共享数据。“客户”是存取数据并用不同方法进行操纵以提供广泛灵活性的 PC 机网络。一家美国航空公司与 CSX 的合资公司已开发了一个以客户/服务器结构为基础的网络，称作“Encompass”，能够在全球范围跟踪存货动态。该网络包括定位于全球主要场所以及运输车辆的计算机。有家铁路协会使用类似的技术提供了多重传输通道，以便顾客随时能够获得装运信息。美国最高行政当局的一份调查报告显示，局域网和客户/服务器结构将在下一个十年中大大地促进信息技术的应用。

再次，具有图示能力的交互式 PC 机有助于开发通用的决策支持应用软件，诸如设施选址、存货分析，以及计划线路和时间表等。自从引进了 PC 机以来，这类应用软件的数目和能力已有了巨大的发展。PC 机已通过以下方式促进了这类应用：①提供标准化的开发平台；②通过交互式的图示方法便利使用；③提供了有效地评估物流可选方案的分析方法。每年的“安得森配送软件回顾”（Anderson Distribution Software Review）是有关软件可得性和能力的一种及时的资料来源。

三、人工智能/专家系统

人工智能和专家系统是又一个有助于物流管理的、以信息为基础的技术。人工智能是一种隐蔽说法，是指一组旨在使计算机模拟人类推理的技术。人工智能着重于象征性推理，而不是数值处理。人工智能所包括的技术诸如专家系统、自然语言翻译器、神经网络、机器人、讲话识别，以及 3D 视觉等。

专家系统是人工智能的一种，有过成功的物流应用的经历。它提供了用于捕捉、提炼和增加管理技术的经济而又实际的方法。这类系统提供一种结构，记录了问题和答案，供专家用于解决分析作业中的问题。有了专家系统，一位“专家”的专有技术就可以通过网络被许多工人信手拈来，以提高一致性、精确性和生产率。这类系统可以更有效的管理组织最重要的资源——“知识”。专家系统程序是在“知识库”中捕捉和储存物流知识的，如规则（启发式知识）、政策、清单和推理等，完全与传统的计算机程序在数据库里储存数字信息一样。因此，专家系统程序趋向于比传统计算机程序更容易修改、更新和扩充。

使用物流专家系统，其专门知识能增加厂商的资产报酬率，所应用的软件包括承运人选择、国际营销和物流、存货管理，以及信息系统设计（如图 1-6 所示）。专家系统包括知识库、推理动力，以及用户界面三个组成部分。

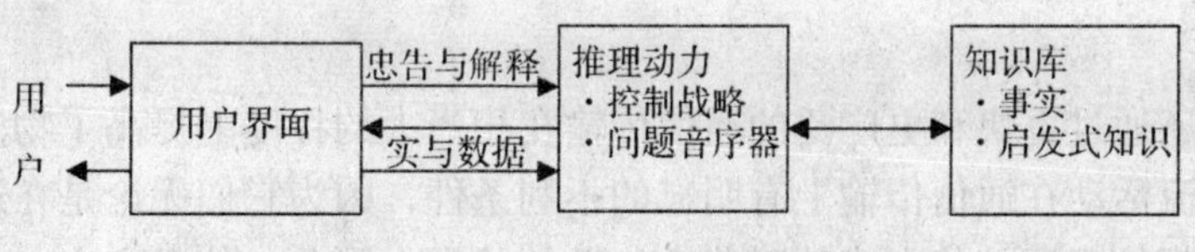

图 1-6　专家系统的基本结构

知识库包含有专家意见，采用的形式是一系列的“如果……，那就……”的条件语句。通常，这是就有关决策所需使用的数据和推理而去访问一系列“专家”开发出来的。例如，在选择一位具体运输的承运人时，经验丰富的运输经理会开发关键的数据项目和使用指南。一位有经验的预测人员应该对使用最佳预测技术具有一定的知识基础。综合和协调这种由若干专家参与的决策推理，开发具有实质内容的知识库，使缺乏经验的人员能作出更有效的决策。

推理动力在知识库中搜索用以确认有关具体决策所使用的规则。例如，运输经理企图作出有关汽车承运人的决策而不想使用为铁路运输开发的规则。推理动力就确定相关的规则和次序，用于对其作出评估。用户界面有助于决策者与专家系统之间交互影响，该界面用自然语言以格式化的形式向用户提出关键问题，然后对用户的反应作出解释。良好的界面允许用户提炼知识库，使之能获得额外信息或专家意见。

表 1－3　专家系统在物流中的潜在应用

决策层次 问题类型	作业层面	战术层面	战略层面
分析	危险化学品顾问	确定销售量/市场份额影响	预测外国工厂可选方案的利润影响
计划	加工车间计划人员	车辆调度顾问	国际物流服务
作业	建议零售存货行动	协助申请和决策	监督和改善物流功能
培训	指示存货经理	培训制造人员	指示买方控制
控制	仓库提货作业	灵活制造	最大化世界范围的纯源化

专家系统以显示其提高物流生产率和物流质量的能力。表 1－3 概括了各种物流专家系统的应用。“专家系统和人工智能所关注的是，把数据和信息转换成可使用知识的能力，吸取和分享专家意见，并且把知识管理成一种至关重要的竞争资源。”虽然人工智能和专家系统在物流方面的应用还很有限，然而，许多原型都已显示出巨大的收益。很有可能，未来的大部分股利将主要来自知识的获得和构成上。

四、通信

信息技术还通过更快和更广泛的通信传输在相当大的程度上提高了物流功能。从历史上来看，物流活动在通信传输上有明显的不利条件，因为它们无论是在运输还是物料搬运车辆中，都处于运动状态或处于非常分散的状态。因此，信息和方向常常随实际活动而在实践和地点上迁移。无线电频率技术可以使叉车驾驶员获得实时的指示，而不是在几小时以前打印出来硬盘复制的指示。实时通信提供了更为灵活和更具敏感性的作业，并常常以较少的资源获得服务质量的提高。无线电频率技术在物流中的应用，包括仓库的双通道通信选择指示、仓库循环点数核实，以及标签打印等。联合速递公司使用以语言为基础的无线电频率技术来阅读新来包裹上的 ZIP 码，并打印线路标签，以指导包裹运输通过其分类设施。

卫星技术可以在广阔的地理区域内进行通信。该技术类似在电缆未能连通的地区内，家用电视用的微波“盘”。卫星通信为环球信息传输提供了迅速而又高质量的渠道。Schneider National 公司是一家全国范围的货车承运人，在其卡车的顶上装有通信盘，使驾驶员与调度员之间可以进行通信。这种实时交互方式提供了有关地点和交互的最新信息，调度员可以给卡车重新定向，以便随时对货运需求或交通拥挤做出积极的反应。零售链也使用卫星通信技术，迅速把每一天的销售量信息传回总部。Wal - Mart 公司使用卫星技术传输每天的销售数字，以刺激库存补充，并按当地的销售方式提供投入物进行营销。

图形处理的应用依靠传真技术和视觉扫描技术，传输和储存运输账单信息，以及其他运输单证，诸如交货收据证明或提单等。这种新服务的合理性在于，及时的装运信息对顾客来说几乎如同准时交付货物一样重要。当向顾客提供货物时，运输单证就被送往图形处理地点，进行电子扫描，以及在系统中进行注册。然后，运输单证的电子图形就被传输到主要的数据中心，在那里它们被储存在可视的光盘里。到了第二天，顾客就能通过计算机链接存取该单证，或打电话给其服务代表。对于顾客申请硬盘复制某份单证、更快地从承运人个人那里得到响应，以及容易存取单证等。而在这方面，承运人也能够获得利益，因为系统排除了填制书面单证，减少了重要信息丢失或放错地方的机会，对顾客来说，提高了可信性。

无线电频率技术、卫星通信能力，以及图形处理等在还没有得到任何回报之前就需要相当大的资本投资。然而，这些通信技术的最基本的利益并不是降低成本，而是改善顾客服务。改善服务是通过更及时地明确任务、更快地装运跟踪，以及更迅速地传递销售和库存信息等形式提供的。当顾客注意到实时信息传输的竞争优势时，对这些通信技术应用的需要将会不断增长。

五、条形码和扫描仪

信息收集和交换对于物流信息管理和控制来说至关重要。典型的应用包括仓库的入库跟踪和杂货店的销售跟踪。在过去，信息的收集和交换是通过手工的书面程序完成的，既费时又容易出差错。条形码和电子扫描属于识别技术，有助于物流信息的收集和交换。尽管这类自动识别系统需要用户大量的资金投入，但是，国内和国际间日益激烈的竞争正在鼓励托运人、承运人、仓库、批发商，以及零售商等去开发和利用自动识别能力，以利于在今天的市场内参与竞争。自动识别渠道内成员以较低的误差概率迅速跟踪和传输运输细节。

条形码包括在品目上、盒子上、集装箱上，甚至气动车上所替换的计算机可读码。绝大多数消费者都知道在所有的消费产品上都呈现出的通用产品标码（Universal Product Code，UPC）。通用产品标码条形码，初次使用于 1972 年，它给每一位制造商和产品分配一个五位数的号码。标准化的条形码可在接收、处理或装运产品时减少错误。例如，条形码可以区分包装的尺寸。

当通用产品标码被广泛的用于消费品行业进行零售检查时，其他的渠道内成员渴望更详细的信息。当零售商关注的是个别的品目时，托运人和承运人却对托盘和集装箱内所装的货物感兴趣。因此，有必要用条形码来识别纸箱、托盘和集装箱里的产品。尽管有可能用一份单证来罗列托盘上的货物，然而书面工作有可能在传递中丢失或损坏。要提供能依附于中转运输的编码信息，就有必要使用计算机可读码，其中包含有关托运人、收货人、装箱货物，以及任何具体指示的信息。然而，要把这种信息结合进条形码，就会大大超过十位数的通用产品标码能力。基本问题是，商人不想让条形码占据包装上的宝贵空间，因为这样做会减少产品信息和广告设计空间。另一方面，在现有的空间内包含更多的信息，也会使编码显得太小，并增加扫描错误。

为了解决这些问题，条形码的研究和发展已进入若干方向。其中两个最重要的物流发展是多维条形码和集装箱条形码。更新的多维码，例如成叠的 Code49 和 Code16K，以及高度先进的 PDF417 等，提供了在现有的包装空间中包括更加秘密的信息的潜力。例如，老的一维线性条形码每英寸能够编码 15 ~ 18 个字符。多维码，诸如 Code49 和 Code16K，能够极大地提高信息传输能力，因为它们的设计使其可以将一个条形码“叠加”在另一个条形码的顶部。更先进的条形码如 PDF417，利用叠加的矩形设计，每英寸能够储存 1800 个字符。条形码正在迅速地向若干个方向发展。行业的目标是要在最小的面积中包含有尽可能多的信息。受到的限制是，编码愈小和愈紧凑，愈增加出现扫描错误的可能性。更新的编码结合进了找错和纠错的能力。表 1 – 4 提供了普通条形码的比较情况。

自动识别技术的另一个关键组件是扫描处理，这是条形码系统的“眼睛”。扫描仪从视觉上收集条形码数据，并把它们转换成可用的信息。有两种类型的扫描仪：手提的和定位的。每一种类型都能使用接触和非接触技术。手提扫描仪既可以是激光枪（非接触式的），也可以是激光棒（接触式的）。定位扫描仪既可以是自动扫描仪（非接触式的），也可以是卡式阅读器（接触式的）。接触技术需要用阅读装置实际接触条形码，这样虽然可以减少扫描技术错误，但降低了灵活性。激光枪技术是当前最流行的（65%），速度超过激光棒。

扫描仪技术在物流方面有两大应用。第一种应用是零售商店的销售点（Point of Sale，POS）。除了在现金收入机上给顾客打印收据外，零售销售点应用是在商店层次提供精确的存货控制。销售点可以精确地跟踪每一个库存单位（Stock Keeping Unit，SKU）出售数，有助于补充订货，因为实际的单位销售数能够迅速地传输到供应商处。实际销售跟踪可以减少不确定性，并可去除缓冲存货。除了提供精确的再供给和营销调查数据外，销售点还能向所有渠道内的成员提供更及时的具有战略意义的利益。

表1-4　普通条形码比较

名称	背景	强项	弱项
数据矩阵（Datacode）	为小品目标记开发	·可读，有较低的反差 ·为少数字符增加密度	·有限的纠错能力 ·专有的条形码 ·激光不可读 ·仅昂贵的平面扫描仪可读
Codablock39/128	欧洲开发	·基于一维象征的直接编码 ·公有领域	·无纠错能力 ·低密度 ·不支持全部ASCII码
Code 1	最新的矩阵码	·矩阵码的最佳纠错能力 ·公有领域	·行业辐射有限 ·激光不可读 ·仅昂贵的平面扫描仪可读
Code 49	为小品目标记开发	·用当前的激光扫描仪可读 ·公有领域	·无纠错能力 ·低容量
Code16K	为小品目标记开发	·用当前的激光扫描仪可读 ·公有领域	·无纠错能力 ·低容量
PDF417	·开发出来代表小物质范围的大量数据 ·减少对EDI的依赖（带标签的知识旅行）	·极大地增加能力 ·有纠错能力 ·纵向和横向阅读信息 ·公有领域	·需要技术开发以减少扫描成本 ·测试需要高速先进的应用软件

注：（1）容量是指在特定的领域内可以被加码的字符数量。

（2）公有领域是指条形码可以随意使用无需支付税金。

（3）纠错是指编码的错误能够被识别并改正。

物流扫描仪的第二种应用是针对物料搬运和跟踪的。通过扫描枪的使用，物料搬运人员能够跟踪产品的搬运、存储地点、装船和入库。虽然这种信息能够用手工跟踪，但却要耗费大量的时间，并容易出错。在物流应用中更广泛地使用扫描仪，将会提高生产率，减少差错。例如，Walgreens报告，扫描技术使商店补充订货自动化，提高了营销能力，减少了8%的总存货量。

表1-5　自动识别技术的好处

·托运人：改进订货准备和处理；排除航运差错；减少劳动时间；改进记录保存；减少实际存货时间 ·承运人：运费账单信息完整；顾客能存取实时信息；改进顾客装运活动的记录；可跟踪装运活动；简化集装箱处理；监督车辆内的不相容产品；减少信息传输时间 ·仓储：改进订货准备、处理和装船；提供精确的存货控制；顾客能存取实时信息；考虑安全存取信息；减少劳动成本；入库精确 ·批发商/零售商：单位存货精确；销售点价格精确；改进注册付款生产率；减少实际存货时间；增加系统灵活性

六、信息技术对供应链管理的影响

信息技术的发展改变了企业应用供应链管理获得竞争优势的方式，成功的企业应用信息技术来支持它的经营业务。这些企业利用信息技术（如 EDI、INTERNET、EOS、POS、CFAR 等）提高供应链活动的效率性，增强整个供应链的经营决策能力，典型的例子是 WAL－MART 公司。WAL－MARL 公司通过应用信息技术构筑 QR 系统，不仅使本企业获得了商业利益和相对于竞争对手的竞争优势，而且也改变了整个行业的经营方式。Tom Nickles、James Mueller 和 Timothy Takacs 的研究表明：有效地把信息技术特别是互联网技术融合在供应链管理过程中能带来以下 9 个方面的效果。

（1）建立新型的顾客关系。信息技术使供应链管理者通过与它的顾客和供应商之间构筑信息流和知识流（FLOW OF KNOWLEDGE）来建立新型的顾客关系。例如，GE 公司建立了一个开放式的在线互联网络 TPN（Trading Process Network）用来招标采购企业所需的原材料和零部件。GE 公司把企业内部各部门的采购需要集中起来通过电子市场进行招标，不仅可以发现优良的供应商，节约采购成本，使采购计划合理化，而且为公司内部的采购人员提供了进入全球市场的机会。对于广大的供应商来说，通过 GE 开放式的在线互联网络，可以在任何时间进入 GE 的招标电子市场，了解 GE 的需要，参加投标活动。

（2）了解消费者和市场需要的新途径。用互联网络等信息技术来交换有关消费者的信息成为企业获得消费者和市场需要信息的有效途径。例如，供应链的参与各方通过信息网络交换订货、销售、预测等信息。对于全球经营的跨国企业来说，信息技术的发展可以使它们的业务延伸到世界的各个角落。

（3）开发高效率的营销渠道。企业利用互联网与它的营销商协作建立零售商的订货和库存系统，通过这样的信息系统（如 VMI 系统）可以获知有关零售商商品销售的信息，在这些信息的基础上，进行连续库存补充和销售指导，从而与零售商一起改进营销渠道的效率，提高顾客满意度。

（4）改变产品和服务的存在形式和流通方式。产品和服务的实用化趋势正在改变它们的流通和使用方式。例如，音像等软件产品多年来一直是以 CD 或磁盘等方式投入市场进行流通销售，这需要进行大量的分拣和包装作业。现在，许多软件产品通过互联网直接向顾客进行销售，无需分拣、包装、运送等物流作业。

（5）构筑企业间或跨行业的价值链。通过利用每个企业的核心能力（Core Competencies）和行业共有的做法，信息技术开始用来构筑企业间的价值链。当生产厂家和零售商开始利用第三方服务，把物流和信息管理等业务向外委托的时候，它们会发现管理和控制并不属于它们所有的供应链是一种挑战。然而，生产厂家、零售商以及由物流信息服务业者组成的第三方服务供应商形成了一条价值链。另外，在航空运输行业，航空公司采用全行业范围的订票系统而不是各个企业独自的订票系统。

（6）具有及时决策和模拟结果的能力。信息技术的发展使得供应链管理者在进行经营革新或模拟决策结果的时候可以利用大量有效的信息，供应链管理者基于这些信息可以对供应链进行有效地管理。例如，企业在转移仓库设施或变换生产场所时，通过模型可计算出会出现什么结果。许多企业基于详细的销售服务信息和成本信息，对应市场的变化作出最佳决策。当前，围绕高技术产品的市场环境变化迅速，由于这类产品的生命周期短，因此企业需要对这类产品不停地进行经营决策。由于进行决策时涉及的变量越来越多，范围越来越广，信息的多样性和复杂性使得传统的决策模型不能适应供应链管理的需要。在这种情况下，许多适应于供应链管理的决策模型软件被开发出来（如WMS、ERP、SCP、CAPS LOGISTICS 等）。

（7）具有全球化管理能力和基于消费者要求的大量生产（Mass Customization）的能力。经营的全球化一方面要求企业在全球市场进行经营活动，另一方面要求企业对应当地的需要、习惯、文化等从事经营活动。许多企业应用信息技术发展企业的信息系统来协调和管理世界各地的经营活动。在美国计算机市场，DELL 公司在应用信息技术的基础上发展了根据消费者要求的大量生产系统。最终消费者通过 DELL 公司的互联网页在订货时说明自己对购买产品的功能要求，DELL 公司根据消费者的具体要求生产产品，迅速地配送给顾客。DELL 的电子商务和 MC 战略的效果表现在能直接与最终消费者建立信赖关系，高效率地向优良的消费者销售产品提供服务，减少与流通库存和营销业者运行有关的供应链成本。

（8）改变传统的供应链构成。信息技术正在改变传统供应链的构成并模糊产品和服务之间的区别。例如，美国 3C 公司传统上或者直接向大宗消费者或者通过销售商的营销网络向消费者销售 MODEMS 产品。由于 MODEMS 不断被改进和变化，新产品不停地被投入市场，使得对具体品种的需要进行预测和计划是很困难的。对于这种类型的产品，协调制造商和分销商的物流成本和管理成本是很高的。信息技术的发展完全改变了 3C 公司 MODEMS 商品的销售方式。一旦消费者购买了 MODEMS，在产品每次升级的时候，通过互联网电子购买升级版本，完全排除传统上的 MODEM 供应链。MODEM 的升级实际上成为 3C 公司提供的服务，而不是以材料表现的产品，这样即使是有百万的顾客同时购买升级版本，3C 公司也能满足这些顾客的要求，而不受制于它的生产计划、生产能力和营销渠道能力等的约束。

（9）不断学习和革新。供应链管理者需要不断地改善它们供应链的运行过程，在供应链内部和企业内部分享有用的信息。重要的是企业有能力获得有关导致供应链革新和增强供应链能力的信息。为此，企业应该建立知识管理系统（Knowledge - management System）使有效的信息和知识电子化，并且使之能与整个供应链共同分享。

第四节　物流业 EDI 标准及物流信息化的发展

通信标准和信息标准是电子数据交换（EDI）的最本质的东西。通信标准用于明确技术特性，使计算机硬件能够正确地解释交换。通信标准确定字符设置、传输优先权和速度。信息标准规定传输文件的结构和内容，特别是明确文件的类型以及当一份文件被传输时的数据顺序。为此，行业组织开发和提炼了这两种一般标准，以及许多行业的具体标准，努力使通信传输和信息交换标准化。

一、物流业 EDI 标准

（1）通信标准。最普通接受的通信标准是 ASC X. 12（America Standards Committee X. 12）及美国标准委员会 X. 12 和 UN/EDIFACT（United Nations/Electronic Data Interchange for Administration，Commerce and Transport），即联合国/商业和运输电子数据交换管理。两者中，X. 12 被升格为美国标准，而联合国使用的 EDIFACT 更多地被视为全球标准。每一个组织都明确规定了供给链的伙伴之间交换共享数据类型的结构。专家们指出，最有可能的发展趋向是 EDIFACT 标准。表 1 – 6 说明了使用书面数据和电子格式的各种通信之间的差异。

表 1 – 6　各种通信交易格式的比较

书面格式					ANS X. 12 格式
数量	单位	编号	名称	价格	
3	Cse	6900	纤维素海绵皂	12. 75	IT13 · CA · 127500 · VC · 6900 N/L
12	Ea	P450	塑胶桶	0. 475	IT1 · 12 · EA · 4750 · VC · P450 N/L
4	Ea	1640Y	黄色碟型排水器	0. 94	IT1 · 4 · EA · 9400 · VC · 1640Y N/L
1	Dz	1507	6 寸塑胶花盆	3. 40	IT1 · 1 · DZ · 34000 · VC · 1507 N/L

资料来源：Mercer Mangement，Inc.，reprinted with permission。

（2）信息标准。信息标准是通过各种交易设置来执行的，交易设置是一套描述电子文件的代码。表 1 – 7 列出了与普通物流相关的行业具体标准。交易设置对每一个行业明确地规定了可以进行传输的文件类型，其中有关的文件被用于普通的物流活动，例如订货、仓库作业，以及运输等。表 1 – 8 列出了常用的交易设置。

表 1－7　最基本的物流业 EDI 标准

·UCS（Uniform Communication Standards，统一通信标准）：食品杂货 ·VICS（Voluntary Inter－Industry Communication Standards Committee，自发的行业内通信标准委员会）：大多数商人 ·WINS（Warehouse Information Network Standards，仓库信息网标准）：仓库作业人员 ·TDCC（Transportation Data Coordinating Committee，运输数据协调委员会）：运输经营人 ·AIAG（Automotive Industry Action Group，汽车行业行动小组）：汽车行业

交易代码用于显示电子通信究竟是仓库的货运订单（Code 940），还是仓库存货状况报告（Code 941）。除了交易代码外，仓库交易还包含仓库编号、品目编号，以及数量。

（3）物流业 EDI 的发展方向。虽然各种应用正在向普通标准转移，但是依然存在着有关中继目标的冲突。尽管一个单一的普通标准在任何行业和任何国家里都有助于商业伙伴之间的信息交换，但是任何厂商都认为只有拥有专有的 EDI 能力才能取得其战略优势。专有的 EDI 能力能使厂商提供客户定制化的交易，高效率地满足信息需求。虽然标准的 EDI 交易设置的基本优点是低成本和高度灵活性，但却存在着两大缺点：①因为标准的交易设置必须调节到能满足所有类型的用户需要，而使其变得更加复杂。由于不同的用户需要用不同的特点交易，而标准的交易设置必须全部予以适应，因此导致了复杂性。例如，食品杂货行业需要 5 位数的 UPC，而供电行业却需要 20 位数的品目编码，而标准化的物流 EDI 交易对两者都必须适应。②标准的 EDI 交易并不提供竞争优势，因为它们随时可以被竞争对手效仿。

表 1－8　常用的 EDI 交易设置

交易文件	USC 号码	VICS 号码
采购订货	875	850
采购订货变更	876	860
向顾客变更制造价格	879	处理中
发票	880	810
品目维护	888	N/A
销售价格目录	N/A	832
促销通告	889	N/A
交易文件	WINS 号码	

交易文件	USC 号码	VICS 号码
仓库货运订单	940	
仓库存货状况报告	941	
仓库库存转移装船建议	943	
仓库库存转移入库建议	944	
仓库装船建议（核实）	945	
仓库存货调整建议	947	
交易文件	TDCC 号码	
汽车承运人装船信息	204	
汽车承运人运费明细和发票	210	
汽车承运人装船状况询问	213	
汽车承运人装船状况信息	214	

资料来源：Uniform Code Council，Inc.，1992

许多厂商通过使用增值网（Value－Added Network，VAN）来解决这种进退两难的窘境。如图 1－7 所示，增值网是发送和接受系统之间的共同界面。增值网是通过管理交易、翻译通信标准和减少通信联结数目来增“值”的。交易管理包括向供应商、承运人或顾客的用户电话机传播信息，并用不同的通信标准接收来自顾客的信息。EDI 的使用已经有了重要的发展，且在未来将得到进一步的发展。虽然将来会按照 EDIFACT 向共同标准的方向转移，若干个有影响的厂商将继续使用适当的标准来开创竞争优势。

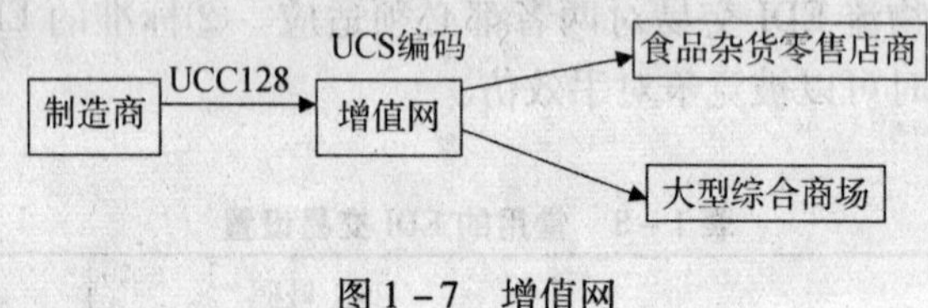

图 1－7　增值网

增值网从制造商那里收集交易和一般信息，然后将那些信息翻译成适用的行业特定的通信标准。

二、物流信息化管理向知识管理的发展

物流信息化虽然使物流系统反应敏捷、效率提高、整体效益明显，但由于信息管理对象的局限性，难以实现物流系统智能化的目标，使得物流信息化必将走向知识管理阶段。

（1）基于知识管理的现代物流。信息化对物流的发展发挥了重要作用，但它不能

给物流系统带来创新价值，唯有知识管理才具有创新功能，使物流系统发生质的变化。物流信息化注重信息技术的利用和信息收集、处理、传递，管理对象主要是业务信息，即显性知识。但信息管理只能“使信息成为行动的基础的方式”，不能使信息通过个人或组织的自身知识的作用而成为更有效的行为。任何员工接收信息后，必须结合自身经验、教训，经过思考方能作出行为决策。对于同种信息，不同人作出的决定不同，产生效益的程度也不同。可见对企业决策起实质影响的是人的经验、教训以及思维方式等看不见、摸不着的隐性知识，这是物流信息化利用信息技术无法收集的。同时，物流员工也难以利用物流信息系统借鉴、倾听员工获得的教训，参考最好的实践经验和物流专业知识进行知识复用和知识创新。因此，为了给物流决策提供更有价值的知识，提高员工知识水平和业务运作效率，企业必须充分利用隐含于人头脑中的自身知识，不仅要将它以可见、规范的形式在物流系统里传递，还要发挥自身知识的作用以挖掘信息中隐藏的隐性知识。这种管理理念的转换要求管理对象从以显性知识（业务信息）为主转向以隐性知识（自身知识）为主，即转向知识管理。

（2）知识管理的概念。关于知识的定义，管理大师彼得·德鲁克（Peter F. Druker）指出：“知识是一种能够改变某些人或某些事物的信息（information），这既包括使信息成为行动的基础的方式，也包括通过对信息的运用使单个个体（或机构）有能力进行改变或进行更为有效的行为的方式”。另一位学者车驰曼（Churchman）认为，“将知识设想或看作为一种对信息的集合的观点，事实上已经将知识这一概念从其全部生活之中剥离出去；知识只存在于其使用者身上，而不存在于信息的集合中。使用者对信息的集合的反应才是最为重要的”。从这两个定义可以归纳出，知识来源于信息，但信息必须结合人的自身知识及实际行为作用，才具备延伸为知识的基础。以信息表现出来的知识称为显性知识，存在于人头脑中的自身知识称为隐性知识，包括经验、教训、技能等。同时，知识还是一个动态存在的形式，这与下文提到的知识管理的交互性是一致的。

关于知识管理的定义，按照美国德尔集团创始人之一卡尔·弗拉保罗的说法是：“知识管理就是运用集体的智慧提高应变能力和创新能力，是为企业实现显性知识和隐性知识共享提供的新途径。”欧勒锐（Daniel E. O'Leary）则认为：“知识管理是将组织可得到的各种来源的信息转化为知识，并将知识与人联系起来的过程。知识管理是对知识进行规范的管理，以便于知识的发掘、获取和重新利用”。这种解释着重阐明了信息、知识和人在知识管理过程中的不同角色。更明确的说，知识管理是把信息、人与组织活动互联，在三者的交互过程中运用群体的智慧进行创新，以赢得竞争优势。因此，知识管理是在信息管理基础上延伸，它以信息资源的开发、收集、存储、整合、利用为前提，利用信息与人、组织的交互活动，将信息资源发展为企业的知识资源，实现知识创新的管理活动。知识管理的物流系统以隐性知识为主导。知识管理中，人力要素是一个重要组成部分，由前文对知识和知识管理的描述可以看出，知识管理中的人力要素特性主要体现为两个方面：人力要素的隐性知识需要显性化，人力要素的主观能动性得到最大发挥。

人力要素的隐性知识，就是人的自身知识，包括经验、教训、技能、思维方式等，这些知识看不见，摸不着。但是，企业管理者在进行决策时起决定作用的往往正是这些隐性知识，隐性知识对于企业管理与决策较显性知识更有效，更有价值。知识管理通过挖掘人力要素的隐性知识，将其转换为显性知识，与人共享、交流，为企业提供更为有用的决策依据。

实施知识管理需要人力要素的主动参与，人的主观能动性在知识管理中好比汽车的发动机，是知识管理的动力。因此，知识管理的成功应用需要人力要素最大限度的发挥主观能动性，产生、挖掘和利用知识，以实现知识创新。这表现为三个方面的内容：首先，隐性知识的显性化需要人力要素主动积极地将自身知识，如想法、经验等贡献到企业知识库中，并以文档或其他可见形式展示给使用者，而信息管理和知识管理系统本身并不能识别和实现隐性知识的显性化；其次，知识管理需要人与人之间、人与信息之间的交互活动，人必须主动参与到知识管理系统的应用和实践中来，进行知识共享与交流；最后，知识管理需要人力要素的创新思维和创造性劳动，实现知识创新。可见，人力要素的主观能动性是人在知识管理中的重要特性，是知识管理能否成功引入的关键因素。

（3）物流知识管理的功能创新。知识管理的核心是创新。物流知识管理相对物流信息管理在功能上的创新，主要表现为以下四点：

第一，应用信息库和检索系统，建设知识库，为供应链管理者提供决策支持。传统物流企业由于信息交流速度和文档传输速度的限制，完成一个物流活动所需时间较长，且受人为因素影响很大。随着知识管理在物流业的应用，企业的供应、配送信息都会通过企业知识库和知识检索系统选择最优方案，或从知识库中找到由实践经验而来的方案，实现有效客户反应和科学决策。企业可以将商品信息电子化，编入品种、规格、材质等信息，并不断更新商品的隐性知识，如最近一段时间的市场需求特征、合理配送路线等。客户通过 WEB 方式查寻商品的编码，就可以找到所需商品的库存量、近期的市场需求特性，提高了订货决策的准确性；企业则能够利用知识库里的商品内容拟定将来的库存策略和制造计划。此外，企业利用员工的经验、教训和知识库处理供应链各环节信息，可以优化供应链网络，为选择供应商提高有用知识。企业通过检索知识库，参考实践经验，还可以在极短时间内拟定有效的配送计划和运输路径。

第二，提供业务操作的“实时 FAQ”功能，减少业务出错率，缩短物流链运作时间。“实时 FAQ”（Real Time Frequently Asked Questions）指实时通过网络提交业务问题，系统自动检索或提交给在线专家，并以最快速度反馈解决方案。工作在第一线的物流人员，能够实时将业务操作问题通过"实时 FAQ"获得解决方案，大大提高了实际业务操作中的工作效率。接着，实时 FAQ 自动更新知识库，将新的问题及解决方案、操作经验等隐性知识进行保存，使其他员工在碰到同一问题时可以立即得到帮助。像配送人员在面对客户的服务质疑时，能够通过实时 FAQ 提高回答的正确性。假设一位运输人员在途中遇到堵车，那么他可以通过实时 FAQ 找到可选的运输路线，保证了运输业务的正常运作，避免延误。

第三，实施知识激励机制，促进员工知识交流与共享。企业将考核制度与员工在知识交流、知识创新方面的成果结合，以此激励员工积极参与知识交流、共享，一方面可以发挥员工的主观能动性，提高企业整体知识水平并丰富企业知识资源；另一方面能促进隐性知识与显性知识的转换，推动知识创新。此外，物流知识管理在功能创新方面，还表现在：利用数据挖掘、人工智能技术获取物流业务信息中隐含的知识；利用在线学习物流知识、培训软件鼓励员工贡献自己的隐性知识；在知识的存贮和传播上，利用大型数据库技术、新型检索技术、智能代理、搜索引擎以及网络技术、组件技术，保证知识的交互性。知识管理技术可以帮助组织检测出微弱的信号，并根据需要调动人力和信息资源对不测事件做出有效反应，获得最大效益。

（4）与客户知识交互的供应链物流系统。物流信息化实现了物流功能的整合和对客户个性化需求的快速反应，物流知识管理则在此基础上，通过知识交互系统实现了物流功能知识的整合和对客户个性化需求的实时反应，增强了企业的竞争优势。物流信息化阶段，虽然也通过物流网络系统实现了供应链各环节信息的交流与共享，但各环节的信息交流方式往往体现为单向沟通而不是双向沟通，也就是各环节大多注重内部信息化管理与内部知识积累，很少主动提供内部知识，也无法得到其他环节的隐性知识，各环节的交流内容表现为以信息为主而不是知识。知识交互系统（不是信息传输系统）及其机制的建立，不仅可以实现各环节的双向沟通，还能鼓励各环节将内部积累的业务知识等与其他环节成员进行实时交流与反馈，这些知识在供应链中流动、被利用、整合、升华，最终转换成可以为供应链物流系统增值的系统方案，实现物流功能知识的整合。

物流系统与客户的知识交流与共享，还能够发挥物流员工和客户的主观能动性，挖掘隐性知识，使得隐性知识显性化，并直接为物流经营和决策提供依据，产生物流效益。

以订单流为核心的供应链物流系统，能够保持订单流的畅通无阻和实时更新。通过使用知识管理软件，企业能够与其顾客分享业务信息，供应链系统中的零售商、分销商可以登录基于 Internet 的知识库，发现他们所需的订单信息。同时，制造商对与分销商达成的折扣协议执行情况也了如指掌，如果这些交易的订单处理业务能合理的在供应链物流系统里流动，则能给制造商带来好几万美元的成本节约效益。订单跟踪系统就是以订单流为核心，加强供应链物流系统资源整合与管理的实例。订单跟踪系统将制造商的物流系统，包括各子系统如仓库管理系统、制造系统、运输系统等的业务信息有目的的与供应商、分销商、客户等联接，使供应链各环节的业务组织能在线、实时地查看订单处理进程，查询订单信息，并将意见和变更信息反馈给订单跟踪系统。此外，对于请求变更订单的信息，物流人员也能够及时调整相关物流业务以更好的满足客户需要。

在物流行业中，联邦快递已经实现了订单跟踪业务，这更加说明知识管理的知识交互功能在物流实践方面的价值，而且，越来越多的物流企业已经认识到订单管理对客户满意度的重要性，并尝试建立订单流与客户的交互系统。物流信息化正逐步引入知识管理理念，运用其核心思想优化企业物流。

（5）第四方物流——物流知识管理的实践。第三方物流是指物流供应商为客户提供所有的或一部分供应链物流外包服务，以获取一定的利润，它帮助企业节约了物流成本，提高了物流效率，但在整合社会所有的物流资源以解决物流瓶颈、达到最大效率方面却力不从心。虽然从局部来看，第三方物流是高效率的，但从地区、国家的整体来说，第三方物流企业各自为政，这种加和的结果很难达到最优，难以解决经济发展中的物流瓶颈，尤其是电子商务中新的物流瓶颈。其次，物流业的发展尤其需要技术专家和管理咨询专家的推动，而第三方物流缺乏高技术、高素质的人才队伍支撑。因此，迫切需要一个组织来管理客户和第三方物流企业的关系，以及处理合作双方的信息并使之发挥效益，这个组织就是第四方物流。著名的管理咨询公司埃森哲公司首先提出第四方物流的概念，笔者认为，这恰恰体现了知识管理在物流领域的重要性和必要性，是物流知识管理实践应用的典型实例。从定义上讲，“第四方物流供应商是一个供应链的集成商，它对公司内部和具有互补性的服务供应商所拥有的不同资源、能力和技术进行整合和管理，提供一整套供应链解决方案。”（源自“Strategic Supply Chain Alignment” by John Gattorna）。此外通过比较可以看出，第四方物流管理思想与知识管理大同小异，均涉及到“运用集体的智慧提高应变和创新能力”。

三、促进物流信息化向知识管理转换的途径

（1）加快物流信息化进程。物流信息化的关键是物流信息数据库管理、物流信息传输网络化和标准化、物流业务处理电子化，包括公司高层管理人员可以随时查询各地库存资料和经营资料，在经营活动中作出与实际相符的决策。国内大多数企业在实施物流信息化中，过于注重信息技术的使用，实际上只实现了技术层面上的信息化。只有实现了物流信息化，企业才能在此基础上走向物流知识管理。国外一些知名公司如微软、施乐早早就开始着手实施知识管理项目，而我国企业大多还处在实施物流信息化的阶段，加快物流信息化进程已刻不容缓。

（2）注重隐性知识与显性知识的相互转换。知识管理的核心是知识创新，其核心活动就是将企业内外部的知识互相传播，实现对知识的提升，这种传播体现在企业各个

层面，无时不在，无处不在。知识由显性知识和隐性知识组成。显性知识体现为业务信息，具有规范化、系统化的特点，更易于沟通和分享，例如库存量、供应商资料、网点布局等；但隐性知识不容易表达出来，是高度个人化的知识，具有难以规范化的特点，因此不易传递给他人。野中郁次郎的“知识螺旋”观点提出了知识创新的四种模式：即从隐性到隐性，从显性到显性，从隐性到显性以及从显性到隐性。这种观点表明了隐性知识与显性知识的相互转换是知识创新的必然历程。隐性知识转换为显性知识，可以使植根于人头脑中的技能、经验等被相关成员分享，随着新的显性知识在物流系统内得到共享，其他成员开始将其内化，用它来拓宽、延伸和重构自己的隐性知识，或用它来将显性知识如业务信息转换为隐性知识，这些更新后的隐性知识再转换为显性知识，一个良性循环的知识创新系统由此形成。同样，在此良性循环系统中，隐性与隐性、显性与显性知识之间的互换和传递活动也时刻存在。换言之，隐性知识与显性知识的相互转换等同于螺旋上升的体系，知识在此体系中得到传播、整合、拓宽和延伸，进而形成创新性知识为企业所用。物流企业必须发现物流系统内外的知识螺旋活动，提倡隐性知识与显性知识的互换，创造有利于转换活动的环境，采用各种激励、辅助手段以促进隐性知识与显性知识的相互转换。

（3）加强人才培养。从物流信息化到知识管理必须“以人为本”，要充分认识自身知识的作用。物流知识管理要求物流人员具有较高的信息技术使用水平和丰富的物流知识，而目前国内既懂信息技术又熟悉物流业务的人才很少，因此企业对人才的培养是实现物流知识管理的必经之路。企业不仅要以人为中心，建立和创造促进知识学习、知识积累和知识共享的环境，激励员工的知识交流和知识创新，还应注重建立学习型组织，培养员工以提高企业整体的专业技能水平。

（4）实施业务流程重组。物流知识的收集与再利用只有与特定物流业务流程密切联系，才能有效地发挥作用，物流企业应该努力把知识融入公司的具体业务流程中，把知识共享和再利用的要领概念注入到所有业务流程中去。而不是把知识管理视为一个独立的覆盖全公司的信息技术构架。业务流程重组的主要内容是知识的识别、处理、共享、再利用、创新的运作机制，这与物流信息的收集、利用具有很大区别。前者需要人的主观作用，如识别、创新，后者使用先进的信息技术来实现。

业务流程重组可以通过建立专门的知识中心，设立知识主管（CKO）来促进物流知识管理的实施。知识主管结合企业物流现状，创建知识管理的规划和运行机制，并组织实施；知识中心在CKO的管理下，保证知识收集、加工、共享与创新的业务流程的正常运作；物流各环节提交知识，知识中心为其分类、审核、存入知识库；物流成员可依据权限登录知识库查询所需知识。施乐公司的知识收集与利用的业务流程是：施乐公司的技术人员记录下他们用来解决难题的窍门（Tips），并提交一个委员会进行审查，审查通过后有关记录就被存入一个知识数据库中，并与网络服务器上的相应文档相连，这有助于及时扩充和更新服务手册的内容，而且其他人员通过网络就可以及时利用这些经过认可的实际经验；技术人员可以在电子公告牌上浏览信息，可以在知识数据库中查询有关技术服务的指导信息，还可以通过膝上型电脑、只读光盘获得专为技师们提供的其他信息。

思考题

(1) 试述物流系统化管理的内涵。
(2) 试述供应链与供应链管理。
(3) 试述物流信息的内容。
(4) 试述物流信息技术。
(5) 试述物流业 EDI 标准。

第二章 物流管理信息系统的开发、分析与设计

物流管理信息系统的开发是一个较为复杂的系统工程。它涉及到计算机处理技术、系统理论、组织结构、管理功能、管理认识、认识规律以及工程化方法等方面的问题。尽管系统开发方法有很多种，但是至今尚未形成一套完整的、能为所有系统开发人员所接受的理论以及由这种理论所支持的工具和方法。本章将介绍目前最常用的四种系统开发方法的基本思想、主要特点以及相应的工具和技术。

第一节 物流管理信息系统的开发方法

一、系统的开发策略

要实际开发一个系统，首先必须制订相应的系统开发策略。系统的开发策略是指包括识别问题，明确系统开发的指导思想，选定适当的开发方法，确定系统开发过程、方式、原则等各个方面在内的一种系统开发总体方案。开发策略涉及到以下几个主要问题。

（一）识别问题

制定一个信息系统开发总体方案，首要任务是识别问题。根据用户的需求状况、实际组织的管理现状以及具体的信息处理技术来分析和识别问题的性质、特点，以便确定应采用什么样的方式来加以解决，如结构化、确定性问题应采取什么样的方式解决；半结构化、不确定性的问题应采用什么样的方式解决；非结构化、完全没有规律的问题应采用什么样的方式和技术来解决等等。问题识别阶段需要解决的问题：

（1）信息和信息系统需求的确定性程度。即考察用户对系统的需求状况，是真正迫切需要还是一时的兴致或为了某种应酬上的需要；信息系统在未来组织中的作用和地位。

（2）信息和信息处理过程的确定性程度。即考察现有的信息（或数据）是否准确、真实；统计渠道是否可靠；现有的信息处理过程是否规范化、科学化。

（3）体制和管理模式的确定性程度。即考察现有的组织机构、管理体制是否确定，会不会发生较大（或根本）的变化；管理模式是否合理，是否满足生产经营和战略发展的要求等等。

（4）理解程度。即用户是否真正认识到了系统开发的必要性和开发工作的艰巨性；用户对其工作及其以后将在信息系统中所担当的工作是否有清醒的认识；组织的领导是

否能挂帅并参与系统的开发工作等等。

（5）现有的条件和环境状况。

（二）可行性研究

可行性（feasibility）是指在当前组织内外的具体条件下，系统开发工作是否具备必要的资源和条件。在系统开发过程中进行可行性研究，对于保证资源的合理利用，避免浪费和一些不必要的失败，都是十分重要的。一般来说可行性并不等于可能性，可行性还包括了平时常说的必要性，所以系统开发工作不但要考虑到是否有可能实现，还必须考虑是否有必要。如识别问题的过程中发现管理人员对系统的需求并不迫切，或者组织的领导者并不感到原有系统有立刻变换的必要性，则系统开发工作就根本不具备可行性。所以在对问题进行了分析和识别之后，就必须进行系统开发的可行性研究。系统开发可行性研究包括如下几方面：

（1）目标和方案的可行性。目标和方案的可行性是指目标是否明确，方案是否切实可行，是否满足组织进一步发展的要求等等。

（2）技术方面的可行性。技术方面的可行性就是根据现有的技术条件所提出的要求能否达到，如计算机速度、容量等等能否达到要求。一般来说，技术方面的可行性包括如下几个方面：① 人员和技术力量的可行性。即有多少科技人员，其技术力量和开发能力如何，有没有系统开发的可行性，如果本单位没人，有没有同其他单位合作开发的可能性。② 基础管理技术的可行性。即现有的管理基础、管理技术、统计手段等能否满足新系统开发的要求。③ 组织系统开发方案的可行性。即合理地组织人、财、物和技术力量并进行实施的技术可行性。④ 计算机硬件的可行性。包括各种外围设备、通讯设备、计算机设备等的性能满足系统开发的要求，以及这些设备的使用、维护及其充分发挥效益的可行性。⑤ 计算机软件的可行性。包括各种软件的功能能否满足系统开发的要求，软件系统是否安全可靠，本单位对使用、掌握这些软件技术的可行性。暂时不能被本单位开发人员掌握的技术，一般应视为不成熟或是没有可行性的技术。⑥环境条件以及运行技术方面的可行性。

（3）经济方面的可行性。经济方面的可行性主要是从组织的人力、财力、物力三方面来考察系统开发的可行性。如有多少资源可以利用，有多少资金可以投入，应该建立什么样规模的系统，资金分几批投入时投资效果最好等等。另一个方面就是要研究系统开发后可能带来的经济效益。信息系统的经济效益有两个方面：一是直接效益，这是整个经济效益中很小的一部分；二是间接效益，它主要是从系统运行的技术指标等方面来考虑，信息系统的间接效益常常是巨大的。

（4）社会方面的可行性。社会方面的可行性主要是指一些社会的或者人的因素对系统的影响。如由于某些特殊的原因（如体制问题、安全保密问题、制度问题等等）不能向系统提供运行所必须的条件；另外，由于信息系统的实施将会给组织各方面带来很多变化，如工作方式的变化、管理模式的变化以及人的权力、作用、职责、工作范围的变化等，都会对信息系统的开发和开发后的运行造成极大的影响，所以社会方面的可行性也是必须研究和考虑的必要因素。

(三) 系统开发的原则

系统开发所应遵循的原则一般包括：

(1) 领导参加的原则。信息系统的开发是一项庞大的系统工程，它涉及到组织日常管理工作的各个方面，所以领导出面组织力量，协调各方面的关系是开发成功的首要条件。

(2) 优化与创新的原则。信息系统的开发不能模拟旧的管理模式和处理过程，它必须根据实际情况和科学管理的要求加以优化与创新。

(3) 充分利用信息资源的原则。即数据尽可能共享，减少系统的输入输出，对已有的数据、信息作进一步的分析处理，以使充分发挥深层次加工信息的作用。

(4) 实用和实效的原则。即要求从制定系统开发方案到最终的信息系统都必须是实用的、及时的和有效的。

(5) 规范化原则。即要求按照标准化、工程化的方法和技术来开发系统。

(6) 发展变化的原则。即充分考虑到组织和管理模式可能发生的变化，使系统具有一定的适应环境变化的能力。

(四) 系统开发前的准备工作

搞好系统开发前的准备工作是信息系统开发的前提条件。系统开发前的准备工作一般包括人员、组织准备和基础准备两部分。

(1) 基础准备工作。科学管理是开发信息系统的基础，只有在合理的管理体制、完善的规章制度和科学的管理方法之下，系统才能充分发挥作用。基础准备工作一般包括：管理工作要严格科学化，具体方法要程序化、规范化；做好基础数据管理工作，严格计量程序、计量手段、检测手段和基础数据统计分析渠道；数据、文件、报表的统一化。

(2) 人员组织准备。系统开发的人员组织准备包括：领导是否参与开发，并一抓到底是确保系统开发能否成功的关键因素；建立一支由系统分析员、企业领导和管理岗位业务人员组成的研制开发队伍；明确各类人员（系统分析员、企业领导、业务管理人员、程序员、计算机软硬件维护人员、数据录入人员和系统操作员等）的职责。

(五) 系统开发策略与开发计划

在进行了上述工作之后，下一步将要考虑的则是系统开发策略的选择以及制定出系统的开发计划。系统开发策略目前主要有四种：

(1) 接收式的开发策略。经过调查分析，认为用户对信息需求是正确的、完全的和固定的，现有的信息处理过程和方式也是科学的，这时可采用接收式的开发策略。即根据用户需求和现有状况直接设计编程，过渡到新系统。这种策略主要适用于主系统规模不大，信息和处理过程结构化程度高，用户和开发者又都很有经验的场合。

（2）直接式的开发策略。是指经调查分析后，即可确定用户需求和处理过程，且以后不会有大的变化，则系统的开发工作就可以按照某一种开发方法的工作流程（如结构化系统开发方法中系统开发生命周期的流程等等），按部就班地走下去，直至最后完成开发任务。这种策略对开发者和用户要求都很高，要求在系统开发之前就完全调查清楚实际问题的所有状况和需求。

（3）迭代式的开发策略。是指当问题具有一定的复杂性和难度，一时不能完全确定时，就需要进行反复分析，反复设计，随时反馈信息，发现问题，修正开发过程的方法。这种策略一般花费较大，耗时较长，但对用户和开发者的要求较低。

（4）实验式的开发策略。是指当需求的不确定性很高时，一时无法制定具体的开发计划，则只能用反复试验的方法来做。原型方法就是这种开发策略的典型代表。这种策略一般需要较高级的软件支撑环境，且对大型项目在使用上有一定的局限性。

系统开发计划主要是针对已确定的开发策略，选定相应的开发方法。但是选择开发方法时必须注意到这种方法所适用的开发环境、所需要的计算机软硬件技术支撑以及开发者对它的熟悉程度。这对开发方法的选择是很重要的。目前常用的系统开发方法有：结构化系统分析与设计方法、原型方法、目标导向（或称为面向对象）方法、计算机辅助软件工程方法等等。开发计划主要是制定系统开发的工作计划、投资计划、进度计划、资源利用计划。开发计划一般多是根据具体问题、具体情况而定，没有什么统一的模式。在一般情况下，我们常用甘特图（Gautt）来记载和描绘开发计划的时间、进度、投入和工作顺序之间的关系。

二、结构化系统开发方法

结构化系统开发方法（Structured System Development Methodologies）亦称 SSA&D（Structured System Analysis and Design）或 SADT（Structured Analysis and Design Technologies），是目前自顶向下结构化方法、工程化的系统开发方法和生命周期方法的结合。它是迄今为止开发方法中应用最普遍、最成熟的一种。

（一）结构化系统开发方法的基本思想

结构化系统开发方法的基本思想是：用系统工程的思想和工程化的方法，按用户至上的原则，结构化、模块化、自顶向下地对系统进行分析与设计。具体来说，就是先将整个信息系统开发过程划分出若干个相对独立的阶段，如系统规划、系统分析、系统设计、系统实施等。在前三个阶段坚持自顶向下地对系统进行结构化划分。在系统调查或理顺管理业务时，应从最顶层的管理业务入手，逐层深入至最基层。在系统分析，提出新系统方案和系统设计时，应从宏观整体考虑入手，先考虑系统整体的优化，然后再考虑局部的优化问题。在系统实施阶段，则应坚持自底向上地逐步实施。也就是说，组织人力从最基层底模块做起（编程），然后按照系统设计的结构，将模块一个个拼接到一起进行调试，自底向上、逐渐地构成整体系统。

（二）结构化开发方法的特点

（1）自顶向下整体性地分析与设计和自底向上逐步实施的系统开发过程。即在系统分析与设计时要从整体全局考虑，要自顶向下地工作（从全局到局部，从领导者到普通管理者）；而在系统实现时，则要根据设计的要求先编制一个个具体的功能模块，然后自底向上逐步实现整个系统。

（2）用户至上。用户对系统开发的成败是至关重要的，故在系统开发过程中要面向用户，充分了解用户的需求和愿望。

（3）深入调查研究。即强调在设计系统之前，深入实际单位，详细地调查研究，努力弄清楚实际业务处理过程的每一个细节，然后分析研究，制定出科学合理的信息系统设计方案。

（4）严格区分工作阶段。把整个系统开发过程划分为若干个工作阶段，每个阶段都有明确的任务和目标，以便于计划和控制进度，有条不紊地协调各方面的工作。而实际开发过程中要求按照划分的工作阶段，一步步地展开工作，如遇到较小、较简单的问题，可跳过某些步骤，但不可打乱或颠倒之。

（5）充分预料可能发生的变化。因系统开发是一项耗费人力、财力、物力且周期很长的工作，一旦周围的环境（组织的内外部环境、信息处理模式、用户需求等等）发生变化，都会直接影响到系统的开发工作，所以结构化开发方法强调在系统调查和分析时，对将来可能发生的变化给予充分的重视，强调所涉及的系统对环境的变化具有一定的适应能力。

（6）开发过程工程化。要求开发过程的每一步都按工程标准规范化，文档资料也要标准化。

（三）系统开发的周期

用结构化系统方法开发一个系统，将整个开发过程分为五个首尾相连的阶段，一般称之为系统开发的生命周期。系统开发生命周期各阶段的主要工作有：

（1）系统规划阶段。系统规划阶段的工作是根据用户的系统开发请求，初步调查，明确问题，然后进行可行性研究。如果不满足，则要反馈修正这一过程；如果不可行，则取消项目；如果可行并满意，则进入下一阶段工作。

（2）系统分析阶段。系统分析阶段的任务是：分析业务流程；分析数据与数据流程；分析功能与数据之间的关系；最后提出新系统逻辑方案。若方案不可行则停止项目；若方案不满意，则修改这个过程；若可行并满意，则进入下一阶段的工作。

（3）系统设计阶段。系统设计阶段的任务是：总体结构设计；代码设计；数据库/文件设计；输入/输出设计；模块结构与功能设计。与此同时，根据总体设计的要求购置与安装设备，最终给出设计方案。如不满意，则反馈修改这个过程；如可行，则进入下阶段工作。

（4）系统实施阶段。系统实施阶段的任务是：同时进行编程（由程序员执行）、人员培训（由系统分析设计人员培训业务人员和操作员）以及数据准备（由业务人员完成），然后投入试运行。如果有问题，则修改程序；如果满意，则进入下一阶段工作。

（5）系统运行阶段。系统运行阶段的任务是：同时进行系统的日常运行管理、评价、监理审计三部分工作。然后分析运行结果，如果运行结果良好，则送管理部门，指导生产经营活动；如果有点问题，则要对系统进行修改、维护或者是局部调整；如果出现了不可调和的大问题（这种情况一般是在系统运行若干年之后，系统运行的环境已经发生了根本的变化时才可能出现），则用户将会进一步提出开发新系统的要求，这标志着老系统生命的结束，新系统的诞生。这全过程就是系统开发生命周期。

（四）结构化系统开发方法的优缺点

结构化系统开发方法是在对传统的自发的系统开发法批判的基础上，通过很多学者的不断探索和努力，而建立起来的一种系统化方法。这种方法的突出优点就是它强调系统开发过程的整体性和全局性，强调在整体优化的前提下来考虑具体的分析设计问题，即自顶向下的观点。它强调的另一个观点是严格地区分开发阶段，强调一步一步地严格地进行系统分析和设计，每一步工作都及时地总结，发现问题及时地反馈和纠正。这种方法避免了开发过程的混乱状态，是一种目前广泛被采用的系统开发方法。

但是，随着时间的推移，这种开发方法也逐步地暴露出了很多缺点和不足。最突出的表现是它的起点太低，所使用的工具（主要是手工绘制各种各样的分析设计图表）落后，致使系统的开发周期过长，带来了一系列的问题（如在这段漫长的开发周期中，原来所了解的情况可能发生较多的变化等）。另外，这种方法要求系统开发者在调查中就充分掌握用户需求、管理状况以及预见可能发生的变化，这不大符合人们循序渐进地认识事物的规律性，因此在实际工作中实施有一定的困难。

三、原型方法

原型方法是80年代随着计算机软件技术的发展，特别是在关系数据库系统（RDBS，Relational Database System）、第4代程序生成语言（4GLs，4th generation language）和各种系统开发生成环境产生的基础之上，提出的一种从设计思想到工具、手段都全新的系统开发方法。与前面的结构化方法相比，它扬弃了那种一步步周密细致地调查分析，然后整理出文字档案，最后才能让用户看到结果的繁琐做法。原型法一开始就凭借着系统开发人员对用户要求的理解，在强有力的软件环境支持下，给出一个实实在在的系统原型，然后与用户反复协商修改，最终形成实际系统。

（一）原型方法的工作流程

首先，用户提出开发要求，开发人员识别和归纳用户要求，根据识别、归纳的结果，构造出一个原型（即程序模块），然后同用户一道评价这个原型。如果根本不行，则回到第三步重新构造原型；如果不满意，则修改原型，直到用户满意为止。这就是原型法工作流程。

（二）原型方法的特点

原型方法无论从原理到流程都是十分简单的，并无任何高深的理论和技术，但为什么会备受推崇，在实践中获得了巨大的成功呢？我们认为与结构化方法相比，原型方法具有如下几方面的特点：

（1）从认识的角度来看，原型方法更多地遵循了人们认识事物的规律，因而更容易为人们所普遍接受，这主要表现在：人们认识任何事物都不可能一次就完全了解，并把工作做得尽善尽美；认识和学习的过程都是循序渐进的；人们对于事务的描述，往往都是受环境的启发而不断完善的；人们批评一个已有的事物，要比空洞地描述自已的设想容易得多，改进一些事物要比创造一些事物容易得多。

（2）原型方法将模拟的手段引入系统分析的初级阶段，沟通了人们的思想，缩短了用户和系统分析人员之间的距离，解决了结构化方法中最难于解决的一环。这主要表现在：所有问题的讨论都是围绕某一个确定原型而进行的，彼此之间不存在误解和答非所问的可能性，为准确认识问题创造了条件；有了原型后才能启发人们对原来想不起来、很难发掘或不易准确描述的问题有一个比较确切的描述；能够及早地暴露出系统实现后存在的一些问题，促使人们在系统实现之前就加以解决。

（3）充分利用了最新的软件工具，摆脱了老一套的工作方法，使系统开发的时间、费用大大地减少了，效率、技术等方面都大大地提高了。

（三）软件支持环境

原型方法有很多长处，又有很大的推广价值，但必须要有一个强有力的软件支持作为背景，没有这个背景它将变得毫无价值。一般认为原型方法所需要的软件支撑环境主要有：一个方便灵活的关系数据库系统（RDBS）；一个与 RDBS 相对应的、方便灵活的数据字典，它具有存储所有实体的功能；一套与 RDBS 相对应的快速查询系统，能支持任意非过程化的（即交互定义方式）组合条件的查询；一套高级的软件工具（如 4GLs 或信息系统开发生成环境等等），用以支持结构化程序，并且允许采用交互的方式迅速地进行书写和维护，产生任意程序语言的模块（即原型）；一个非过程化的报告和屏幕生成器，允许设计人员详细定义报告或屏幕输出样本。

（四）适用范围

作为一种具体的开发方法，原型法不是万能的，有其一定的适用范围和局限性。这主要变现在：

（1）对于一个大型的系统，如果我们不经过系统分析来进行整体性划分，想要直接用屏幕来一个一个地模拟是很困难的。

（2）对于大量运算的、逻辑性较强的程序模块，原型方法很难构造出模型来供人评价，因为这类问题没有那么多的交互方式（如果有现成的数据或逻辑计算软件包，则情况例外），也不是三言两语就可以把问题说得清楚的。

（3）对于原基础管理不善、信息处理过程的问题，使用有一定的困难。首先是由于对象工作过程不清，构造原型有一定的困难；其次是由于基础管理不好，没有科学合理的方法可依，系统开发容易走上机械地模拟原来手工系统的轨道。

（4）对于一个批处理系统，大部分是内部处理过程，这时用原型方法有一定困难。

综上所述，原型方法是在信息系统研制过程中的一种简单的模拟方法，与最早人们不经分析直接编程时代以及结构化系统开发时代相比，它是人们认识信息系统开发规律道路上的“否定之否定”。它站在前者的基础之上，借助于新一代的软件工具，螺旋式地上升到了一个新的更高的起点，它“扬弃”了结构化系统开发方法的某些繁琐细节，继承了其合理的内核，是对结构化方法的发展和补充。这种相互补充、相互促进的系统开发方式将会是今后若干年信息系统或软件工程中所使用的主要方法。

四、面向对象的开发方法

面向对象的系统开发方法是从80年代各种面向对象的程序设计方法（如Smalltalk，C++等）逐步发展而来的。面向对象方法（Object Oriented，简称OO）只是侧重反映事物的信息特征和流程；信息模拟只能被动地迎合实际问题需要的做法，从面向对象的角度为我们认识事物，进而开发系统提供了一种全新的方法。

（一）面向对象方法学的基本思想

面向对象方法学认为，客观世界是由各种各样的对象组成的，每种对象都有各自的内部状态和运动规律，不同的对象之间的相互作用和联系就构成了各种不同的系统。当我们设计和实现一个客观系统时，如能在满足需求的条件下，把系统设计成一些不可变的（相对固定）部分组成的最小集合，这个设计就是最好的。它把握了事物的本质，因而不再会被周围环境（物理环境和管理模式）的变化以及用户没完没了的变化需求所左右。这些不可变的部分就是所谓的对象。对象是面向对象方法的主体。对象至少应有以下特征：

（1）模块性。对象是一个独立存在的实体。从外部可以了解它的功能，但其内部细节是"隐蔽"的，它不受外界干扰。对象之间的相互依赖性很小，因而可以独立地被其他各个系统所选用。

（2）继承和类比性。人们是通过对客观世界的分解和合并来认识事物的，事物之间都有一定的相互联系，事物在整体结构中都会占有它自身的位置。这种对象之间属性关系的共同性，在面向对象方法学中称之为继承性，即子模块继承了父模块的属性。我们将通过类比方法抽象出典型对象的过程称之为类比。

（3）动态连接性。人即各种对象之间统一、方便、动态的消息传递机制。因此，以对象为主体的面向对象方法就可以简单解释为：① 客观事物都是由对象（object）组成的，对象是在原事物基础上抽象的结果。任何复杂的事物都可以通过对象的某种组合构成。② 对象由属性和方法组成。属性（attribute）反映了对象的信息特征，如特点、值、状态等等；方法（method）则是用来定义改变属性状态的各种操作。③ 对象之间的联系主要是通过传递消息（message）来实现，传递的方式是通过消息模式（message pattern）和方法所定义的操作过程来完成的。④ 对象可按其属性进行归类（class）。类有一定的结构，类上可以有超类（super class），类下可以有子类（subclass）。这种对象和类之间的结构层次是靠继承关系维系着的。⑤ 对象是一个被严格模块化了的实体，称之为封装（encapsulation）。封装了的对象满足软件工程的一切要求，而且可以直接被面向对象程序设计语言所接受。

（二）面向对象方法的开发过程

按照上述思想，可将用面向对象方法开发的工作过程分为四个阶段：

（1）系统调查和需求分析。对系统将要面临的具体管理问题以及用户对系统开发的需求进行调查研究。即先弄清楚干什么的问题。

（2）分析问题的性质和求解问题。在繁杂的问题域中抽象地识别出对象以及其行为、结构、属性、方法等。这一阶段一般被称之为面向对象分析，简称为OOA。

（3）整理问题。即对分析的结果作进一步的抽象、归类、整理，最终以范式的形式将它们确定下来。这一阶段一般被称之为面向对象设计，简称OOD。

（4）程序实现。即用面向对象的程序设计语言将上一步整理的范式直接影射（即直接用程序语言来取代）为应用程序软件。这一阶段一般被称之为面向对象的程序，简称为OOP。

（三）OOA方法

面向对象的分析方法，即OOA方法，是面向对象方法的一个组成部分。在一个系统的开发过程中进行了系统业务调查以后，就可以按照面向对象的思想来分析问题了。应该注意的是，OOA所说的分析与结构化分析有较大的区别。OOA所强调的是在系统调查资料的基础上，针对面向对象方法所需要的素材进行的归类分析和整理，而不是对管理业务现状和方法的分析（这也是 OOA 方法在信息系统开发过程中目前还很少被实际应用的原因之一）。

1. 用 OOA 方法处理复杂问题的原则

（1）抽象（abstraction）。是指为了某一分析目的而集中精力研究对象的某一性质，它可以忽略其他与此目的无关的部分。在使用这一概念时，我们承认客观世界的复杂性，也知道事物包括有多个细节，但此时并不打算去完整地考虑它。抽象是我们科学地研究和处理复杂问题的重要方法。

抽象机制被用在数据分析方面，称之为数据抽象。数据抽象是 OOA 的核心。数据抽象把一组数据对象以及作用其上的操作组成一个程序实体，使得外部只知道它是如何做和如何表示的。在应用数据抽象原理时，系统分析人员必须确定对象的属性以及处理这些属性的方法，并借助于方法获得属性。在 OOA 中属性和方法被认为是不可分割的整体。

抽象机制有时也被用在对过程的分解方面，被称之为过程抽象。恰当的过程抽象可以对复杂过程的分解和确定以及描述对象发挥积极的作用。

（2）封装（encapsulation）。即信息隐蔽，它是指在确定系统的某一部分内容时，应考虑其他部分的内部进行，外部各部分之间的信息联系应尽可能少。封装的原则很像 SSA&D 中划分子系统和模块时的内部信息聚合度（cohesion）原则。如果分析人员能在 OOA 中封装需求分析的各个部分，则当需求改变时，各部分相对独立，系统的维护将对整个系统的影响程度减至最小。

（3）继承（inheritance）。是指能直接获得已有的性质和特征而不必重复定义它们。OOA 可以一次性地指定对象的公共属性和方法，然后再特化和扩展这些属性及方法为特殊情况，这样可大大地减轻在系统实现过程中的重复劳动。在共有属性的基础之上，继承者也可以定义自己独有的特性。例如，计算机和质谱仪可以看作是设备管理中设备类的特化，这样，设备管理的一些特征指标可以被计算机和质谱仪当然地继承下来了。当然为了准确地描述计算机和质谱仪，在继承的基础上，还要定义一些特定计算机和质谱仪的属性。

（4）相关（association）。意指联合（union）或连接（connection），是指把某一时刻或相同环境下发生的事物联系在一起。

（5）消息通讯（communication with massage）。是指在对象之间互相传递信息的通讯方式。

2. OOA 的组织方法

在分析和认识世界时，可综合采用如下三种组织方法（method of organization）：特定对象与其属性之间的区别，例如股票与某种股票之间的关系；整体对象与相应组成部分对象之间的区别，例如有价证券与具体某种股票和债券之间的关系；不同对象类的构成及其区别，例如股票与债券等等。

比例（scale）。是一种运用整体—部分原则辅助处理复杂问题的方法。

行为范畴（categories of behavior）。多是针对被分析对象而言的，它们主要包括：基于直接原因的行为；时变性行为；功能型查性行为。

3. **OOA 分析方法**

OOA 分析方法是建立在对处理对象客观运行状态的信息模拟（实体关系图和语义数据模型）和面向对象程序设计语言的概念基础之上，这种关系可以形象地用图 2－1 表示。

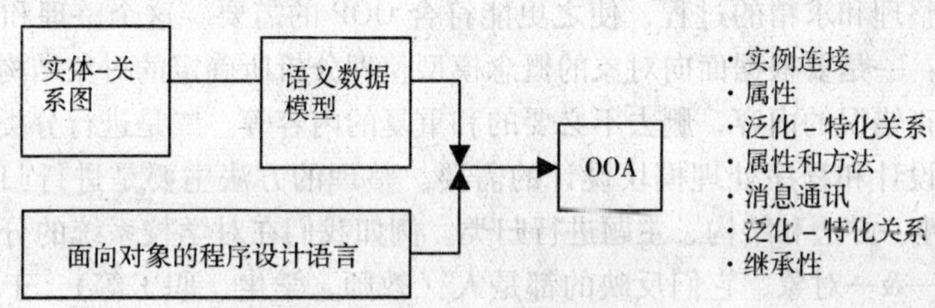

图 2－1　OOA 抽象的方法

OOA 方法从信息模拟中汲取了属性、关系、结构以及对象作为问题域中某些事物的、实例的表示方法等概念；从面向对象的程序设计语言中汲取了属性和方法的封装，属性和方法作为一个不可分割的整体以及分类结构和继承性等概念。面向对象的分析强调如下基本观点：分析和规格说明的总体框架贯穿结构化方法，如整体和局部，类和成员，对象和属性等；用消息进行用户和系统之间以及系统中实例之间的相互通讯；在总体框架中随每个部分提供的方法和性能进行分类。

在用 OOA 具体地分析一个事物时，大致上遵循如下五个基本步骤：

第一步，确定对象（object）和类（class）。这里所说的对象是对数据及其处理方式的抽象，它反映了系统保存和处理现实世界中某些事务的信息的能力；类是多个对象的共同属性和方法集合的描述，它包括如何在一个类中建立一个新对象的描述。

第二步，确定结构（structure）。这里所说的结构是指问题域的复杂性和连接关系，类—成员结构反映了泛化—特化关系，整体—部分结构反应了整体和局部之间的关系。

第三步，确定主题（subject）。这里所说的主题是指事物的总体概貌和总体分析模型。

第四步，确定属性（attribute）。这里所说的属性就是数据元素，可用来描述对象和分类结构的实例，可在图中给出并在对象的存储中指定。

第五步，确定方法（method）。这里所说的方法是指在收到消息后必须进行的一些处理方法。对于每个对象和结构来说，那些用来增加、修改、删除和选择一个方法本身都是隐含的（虽然它们是要在对象的存储中定义的，但并不在图中给出），而有些则是显示的，如计算费用等。

（四）OOD 方法

OOD 方法是面向对象的设计方法中一个中间过渡环节。其主要作用是对 OOA 分析的结果作进一步的规范化整理，以便能够被 OOP 直接接受。在 OOD 的设计过程中，要展开的主要有如下几项工作：

（1）对于 OOA 所抽象出来的对象—&—类以及汇集的分析文档，OOD 需要有一个根据设计要求整理和求精的过程，使之更能符合 OOP 的需要。这个整理和求精过程主要有两个方面：一是要根据面向对象的概念模型整理分析所确定的对象结构、属性、方法等内容，改正错误的内容，删去不必要的和重复的内容等。二是进行分类整理，以便下一步数据库设计和程序处理模块设计的需要。整理的方法主要是进行归类，对类—&—对象、属性、方法和结构、主题进行归类。例如我们在对学校系统的分析中，会抽象出若干个类—&—对象，它们反映的都是人（教师、学生、职工等），于是设计机制应考虑将它们归类到一起，希望先从人的描述开始，将人的属性通过继承机制加到学生、教师和职工的定义中去。

（2）数据模型和数据库设计。数据模型的设计需要确定类—&—对象属性的内容、消息连接的方式、系统访问（access）、数据模型的方法等等。最后每个对象实例的数据都必须落实到面向对象的库结构模型中。这个过程类似于管理指标体系和基础数据统计指标体系，不同的是，它不是从管理功能和基础业务处理过程着手考虑问题，而是从类—&—对象属性集合角度考虑问题。

（3）优化。OOD 的优化设计过程是从另一个角度对分析结果和处理业务过程的整理归纳。优化包括对象和结构的优化、抽象、集成。

对象和结构的模块化表示 OOD 提供了一种范式，这种范式支持对类和结构的模块化。这种模块具备一般模块化所要求的所有特点，如信息隐蔽性好，内部聚合度（cohesion）强和模块之间耦合度（coupling）弱等。抽象表示对规格说明的抽象（abstraction by specification）和参数化抽象（abstraction by parameterization）。集成化使得单个构件有机地结合在一起，相互支持。

（五）面向对象方法的特点和问题

面向对象方法以对象为基础，利用特定的软件工具直接完成从对象客体的描述到软件结构之间的转换，这是面向对象方法最主要的特点和成就。面向对象方法的应用解决了传统结构化开发方法中客观世界描述工具与软件结构的不一致性问题，缩短了开发周期，解决了从分析和设计等到软件模块结构之间多次转换影射的繁杂过程，是一种很有发展前途的系统开发方法。范式，同原型方法一样，面相对象方法需要一定的软件基础支持才可以应用，另外在大型的信息系统开发中如果不经自顶向下的整体划分，而是一开始就自底向上的采用面向对象方法开发系统，同样也会造成系统结构不合理、各部分关系失调等等问题。所以面向对象方法和结构化方法目前仍是在系统开发领域相互依存的、不可替代的方法。

五、计算机辅助开发方法

自计算机在工商管理领域应用以来，系统开发过程，特别是系统分析、设计和开发过程，就一直是制约信息系统发展的一个“瓶颈”。这个“瓶颈”一直延续到20世纪80年代，计算机图形处理技术和程序生成技术的出现才得以缓和。而缓和这一“瓶颈”问题的方法也来得极为自然，计算机既然是一种极为有效地解决人类在信息处理领域中重复劳动的工具，那为什么不可以总结人类在信息系统开发过程中的经验，让计算机来辅助信息系统开发和实现过程呢？缓和这一“瓶颈”问题的工具就是集图形处理技术、程序生成技术、关系数据库技术和各类开发工具于一身的CASE。

（一）CASE方法的基本思路

如果严格地从认知方法的角度来看，计算机辅助开发并不是一门真正独立意义上的“方法”。目前就CASE工具的发展和它对整个开发过程所支持的程度来看，又不失为一种适用的系统开发方法，值得推荐。

CASE方法解决问题的基本思路是：在前面所介绍的任何一种系统开发方法中，如果自对象系统调查后，系统开发过程中的每一步都可以在一定程度上形成对应关系的话，那么就完全可以借助于专门研制的软件工具来实现上述一个个的系统开发过程。这些系统开发过程中的对应关系包括：结构化方法中的，业务流程分析—数据流程分析—功能模块设计—程序实现；业务功能一览表—数据分析、指标分析—数据/过程分析—数据分布和数据库设计—数据库系统等等；面向对象方法中的，问题抽象—属性、结构和方法定义—对象分析—确定范式—程序实现，等等。另外，由于在实际开发过程中上述几个过程很可能只是在一定程度上对应（不是绝对的一一对应），故这种专门研制的软件工具暂时还不能一次“映射”出最终结果，还必须实现其中间过程，即对于不完全一致的地方由系统开发人员再作具体修改。

上述CASE的基本思路决定了CASE环境的特点：

（1）在实际开发一个系统中，CASE环境的应用必须依赖于一种具体的开发方法，例如结构化方法、原型方法、面向对象方法等等；而一套大型完备的CASE产品，能为用户提供支持上述各种方法的开发环境。

（2）CASE只是一种辅助的开发方法。这种辅助主要体现在它能帮助开发者方便、快捷地产生出系统开发过程中各类图表、程序和说明性文档。

（3）由于CASE环境的出现从根本上改变了我们开发系统的物质基础，从而使得利用CASE开发一个系统时，在考虑问题的角度、开发过程的做法以及实现系统的措施等方面都与传统方法有所不同，故常有人将它称之为CASE方法。

（二）CASE环境概况

CASE（Computer－Aided Software Engineering）的全名是计算机辅助软件设计工程，是20世纪80年代末期从计算机辅助编程工具，4GLs（4th generation language）以及绘图工具发展而来的大型综合计算机辅助软件工程开发环境。早先的CASE是以工具和文档辅助开发环境的面貌出现，它以自动化的编程环境来取代原有的那些结构简单，功能较弱的开发工具。随着技术的发展和人们认识的加深，CASE逐渐从可进行各种需求分析、功能分析，生成各种结构化图表（如数据流程图、结构图、实体/关系图，层次化功能图、矩阵图）等演变成为支持系统开发整个生命周期的大型综合系统，CASE的概念也从具体的工具发展成为一门方法学。目前CASE的发展已从支持结构化开发方法、原型方法、面向对象方法到支持知识处理语言（如OPS5等）的大型综合软件开发环境，它是工具和方法相结合的产物。

目前，CASE还是一个发展中的概念，各家公司都有自己的CASE产品，没有一个统一固定的模式。最有代表性的CASE产品是DEC公司的集成化CASE（digital cohesion CASE）和ORACLE公司的CASE方法（ORACLE CASE * method）等，下面仅以ORACLE公司的CASE方法来讨论期开发的工作过程。

（三）CASE库及其结构

ORACLE公司推出的CASE产品中，CASE的结构是一个以CASE库（dictionary）为中心外加若干工具软件（CASE * D）所构成的一个大型综合的计算机辅助软件开发环境。

CASE库是一个分布式多用户的资料库，它可帮助开发人员收集、管理、储存系统开发中的信息，如定义数据、功能需求、分析设计、决策处理和实现细节。CASE在系统的内部自动地产生同一的定义格式，并在开发过程中综合各种资料的结果进行分析、验证，以确保系统开发工作的进行。

（1）CASE支持系统开发战略规划和需求分析各个阶段。如各种需求分析工具、战略规划、功能分析、数据定义与数据流程分析等等。

（2）CASE支持以X Windows（支持UNIX系统，如果是在DOS系统下，则支持Windows 3.0）标准建立的图形方式多窗口的开发平台（platform），CASE设计器（CASE * designer），允许用户在这个平台上开发设计各种开发方法的各项工作，如功能层次图、实体/关系图、矩阵图等生成工具。

（3）CASE支持由分析设计各部分向建立和维护应用系统的机器自动转换过程，直至实际问题的最后求解，如图 2－2 所示。

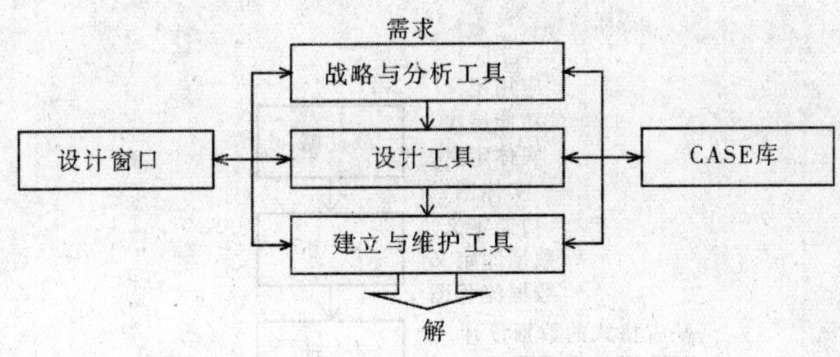

图 2－2　CASE 工具及应用

(四) CASE 工具

CASE 工具（CASE toolkits）是指 CASE 的最外层（即用户）使用 CASE 去开发一个应用系统，所接触到的所有软件工具。如上面所述的 Design、forms、Generator、Windows 等。这一层次的软件较多，各家公司的系统也不尽相同，各有所长。粗略的归纳起来大致有如下几类：

(1) 图形工具。绘制结构图，生成系统专用图。

(2) 屏幕显示和报告生成的各种专用系统。可以支持生成一个原型。

(3) 专用检测工具。用以测试错误或不一致的专用工具及其生成的信息。

(4) 代码生成器。从原型系统的工具中自动产生可执行代码。

(5) 文件生成器。产生结构化方法和其他方法所需要的用户系统文件。

在 CASE * Method 产品中，用户可以在绘图屏幕上方便自如地绘制实际问题的数据流程图、功能结构图等，一旦这些图形绘制完成，用户认为满意后，则 CASE 立刻可以根据用户要求将其转换成任意一种可执行的程序，从而完成了从客观对象到主观希望的设计软件系统之间的自动转换。按目前技术的发展趋势，这一层次的大型化综合化程度还在增加，有的甚至把以前所研究的所有软件都与 CASE 库相联，归纳为 CASE 工具的范畴，如 DEC 公司的 digital cohesion CASE 等等。

(五) CASE 所支持的方法

由于 CASE 工具对整个信息系统或软件工程开发过程的全面支持，引起了系统开发方法学领域从技术、方法到观念、认知体系的变化。这种由工具（CASE）引起的对方法学研究领域的冲击和挑战，使得 CASE 变成了一种独特的、以自动化的环境支持为基础的系统开发方法。CASE 既支持自顶向下的结构化系统开发方法，又支持面向对象系统开发方法和原型方法。CASE 方法的系统开发过程以及 CASE 工具对方法的支持如图

2－3所示。传统系统开发方法研究中的某些概念和界线在CASE方法中是模糊的、相容的，它全面支持各种方法的开发过程。

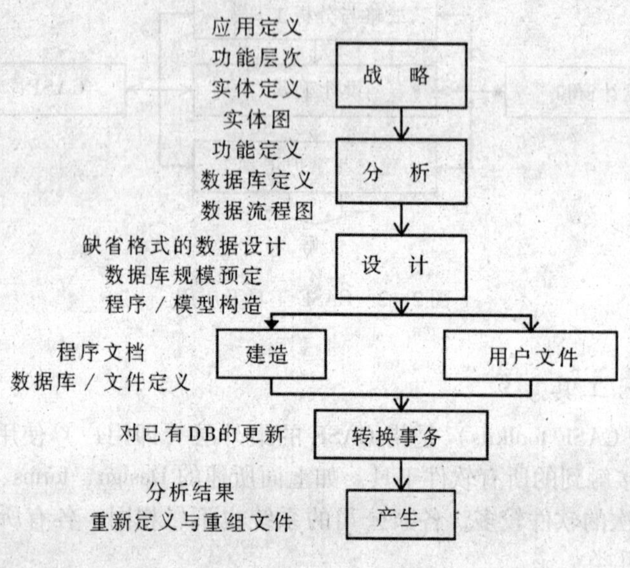

图2－3 CASE方法

（六）CASE的特点

CASE方法与其他方法相比，有如下几方面的特点：①解决了从客观世界对象到软件系统的直接映射问题，强有力地支持软件/信息系统开发的全过程；②使结构化方法更加适用；③自动检测的方法大大地提高了软件的质量；④使原型化方法和面向对象方法付诸于实施；⑤简化了软件的管理和维护；⑥加速了系统的开发过程；⑦使开发者从繁杂的分析设计图表和程序编写工作中解救出来；⑧使软件的各部分能重复使用；⑨产生出同一的标准化的系统文档；⑩使软件开发的速度加快而且功能进一步完善。

六、各种开发方法比较

在上述几种常用的系统开发方法中，迄今为止还很难绝对地从应用角度来评价其优劣。虽然每种方法都是在前一种方法不足的基础上发展起来的，但就目前技术的发展来看，这种发展只是局部弥补了其不足，就整体而言很难完全替代。另外这种发展和弥补不足还必须建立在一定技术基础之上，没有一定的基础一切都无从谈起。

（一）各种开发方法在应用上的差异

信息系统是现代化管理的工具，而计算机技术又是信息系统的工具。工具技术的特点和发展趋势是越高级、越先进的东西就越简单、越好用。目前计算机技术和信息处理技术的发展日新月异，为我们建立DBS、辅助工程设计、绘制各类图形、生成各种程序模块和管理应用系统等等提供了很大的便利，大大地缩短了信息系统的开发周期。但是目前这些工具技术的发展主要支持的都是在信息系统开发的后几个环节，例如系统实施、系统设计和系统分析中各种流程图的绘制等，这就导致了目前信息系统开发工作量重心的偏移。就国外最新的统计数据来看，在信息系统开发过程中各环节工作量所占的比重如表2-1所示。

表2-1 开发过程中各环节所占的比重

阶段	调查	分析	设计	实现
工作量/%	>30	>40	<20	<10

从表中看出系统调查、需求分析和管理功能分析两个环节占到总开发工作量的70%以上，而系统设计和系统实现只占总开发工作量的不到30%，其中原来在开发工作中占工作量最大的编程与调试工作，而今只占不到10%的工作量，这一切都要归功于4GLs、RDBS以及各种开发工具的出现。

前面所讨论过的几种常用方法对系统开发过程中的几个主要环节支持情况如何呢?分析情况如下:

（1）原型方法，它是一种基于4GLs的快速模拟方法，它通过模拟以及对模拟后原型的不断讨论和修改最终建立系统。要想将这样一种方法应用于一个大型信息系统开发过程中的所有环节是根本不可能的，故它多被用于小型局部系统或处理过程比较简单系统的设计到实现环节。

（2）面向对象法，它是一种围绕对象来进行系统分析和系统设计，然后用面向对象的工具建立系统的方法。这种方法可以普遍适用于各类信息系统开发，但不能涉足系统分析以前的开发环节。

（3）CASE方法，它是一种除系统调查外全面支持系统开发过程的方法，同时也是一种自动化（准确地说应该是半自动化）的系统开发方法。因此从方法学的特点来看，它具有前面所述方法的各种特点，同时又具有其自身的独特点——高度自动化的特点。值得注意的是，在这个方法的应用以及CASE工具自身的设计中，自顶向下、模块化、结构化却是贯穿始终的。这一点从CASE自身的文档和其生成系统的文档中都可看出。

（二）目前适用的方法

综上所述，只有结构化系统开发方法是真正能较全面支持系统开发过程的方法，其他几种方法尽管有很多优点，但都只能作为结构化系统开发方法的补充，暂时都还不能替代其在系统开发过程中的主导地位，尤其是在占目前系统开发工作量最大的系统调查和系统分析这两个重要环节。我们后面将探讨结构化系统开发方法在物流信息系统中的应用。

第二节　物流系统分析方法与工具

系统分析的基本任务是确定系统的总体逻辑功能和基本目标，为系统设计时系统的物理设计，包括系统的输入、输出、内部数据结构和处理逻辑的定义提供依据。结构化系统分析方法提供了一组标准的准则和图表工具，它强调用图表方式简单明确地表达系统分析工作的成果，而不是用繁琐的语言来描述系统。

常用的结构化系统分析工具有以下几种：①数据流程图；②数据字典；③处理逻辑的表达方法；④数据存储结构规范化；⑤数据立即存储图。

一、数据流程图

数据流程图是结构化系统分析的主要工具，也是编写系统分析资料、设计系统总体逻辑模型的有力工具，它不但可以表达数据在系统内部的逻辑流向，而且可以表达系统的逻辑功能和数据的逻辑变换。数据流程图既能表达现行人工系统的数据流程和逻辑处理功能，也能表达计算机系统的数据流程和逻辑处理功能。

（一）数据流程图的基本符号

在信息系统分析与设计中，国际上尚没有数据流程图符号和表达方法的统一标准。我们现在所采用的美国符号及其变种，由于它区别于一般的程序框图，用专门符号表示，在国际上比较通用。数据流程图有四种基本符号：外部实体、数据流、处理逻辑和数据存储。

1. 外部实体

外部实体指系统外的人或事物，是该系统数据的外部来源或去处。外部实体的表达符号如图 2 –4 所示。同一外部实体可在一个数据流程图上不同处出现，对重复出现的外部实体可在右下角加斜线表示。

图 2 –4　外部实体的表示

2. **数据流**

数据流由某个外部实体或处理逻辑产生，也可以来自某个数据存储，其符号为箭头加简单描述，如图 2 - 5 所示。

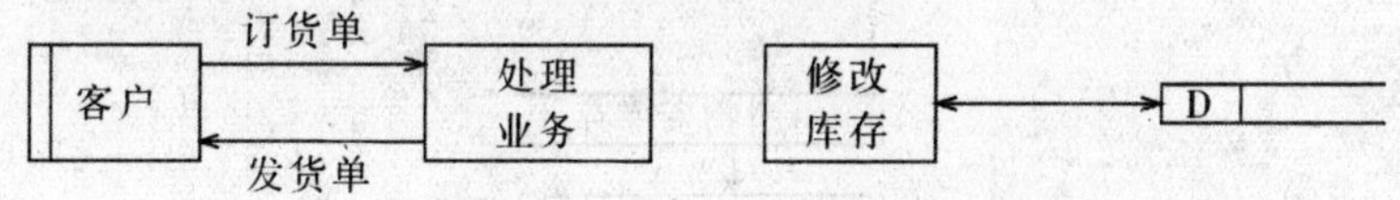

图 2 - 5　单向和双向数据流

3. **处理逻辑**

处理逻辑表达了对数据的逻辑处理功能，也就是对数据结构和数据内容的变换功能。处理逻辑符号是一个长方框，它由三部分组成：标识、功能描述和执行部门或程序名，如图 2 - 6。

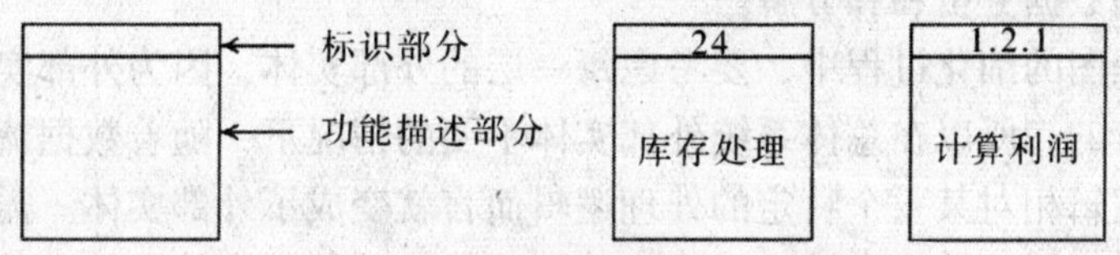

图 2 - 6　处理逻辑表示

4. **数据存储**

数据存储指数据保存的地方，是对数据存储的逻辑描述。它用右边开口的水平长方条表示，以字母 D 加数字组成标识，并加注该数据存储的名称，如图 2 - 7 所示。

图 2 - 7　数据存储的表示

（二）数据流程图的绘制方法

新系统数据流程图的绘制是建立在系统分析基础上，采用自顶向下、逐步扩展的分解方法进行的。

任何一个系统，不论其多么复杂，都可以将整个系统看作一个处理（功能）逻辑，它的模式如图 2 - 8 所示。图 2 - 9 绘制了某物流公司的顶层数据流程图。

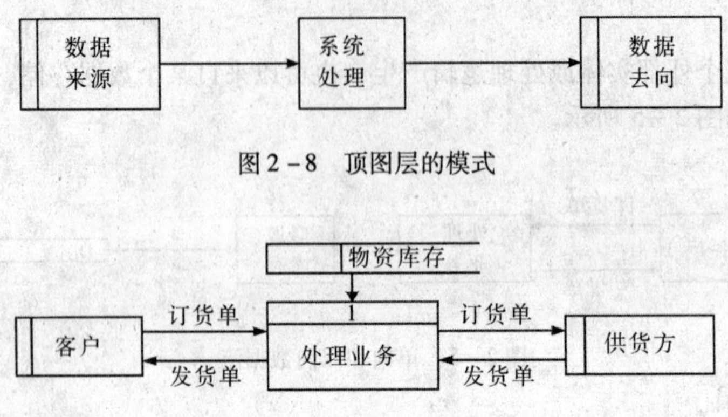

图 2－8　顶图层的模式

图 2－9　顶层数据流程图

在顶层图基础上，接着可以自顶向下，逐层细化，即将已有的处理逻辑予以扩充，同时进行相应的数据分析和和分解。

在数据流程图的细化过程中，要考虑每一层的外部实体，因为外部实体是相对该层数据流程图而言的，所以在总体系统外部实体不变的情况下，随着数据流程图的逐层扩展，某些处理逻辑相对某一个特定的处理逻辑而言就变成了外部实体。需要考虑的另一个重要内容是每一层的输入和输出，由于处理逻辑的功能越来越具体，数据流也就越来越多，输入和输出也相应增加，下层的所有输入、输出应与上层的对应起来。与此同时，处理逻辑的编号也应反映层次关系及其相互关系。例如，顶层数据流程图中处理逻辑的编号为 1，2，…；扩展出来的相应的编号应是 1.1，1.2，…，2.1，2.2，…；第三层则应是 1.1.1，1.1.2，…，2.2.1，2.2.2，…。图 2－10 是依据数据流程图，针对图中的销售、采购、会计三个处理模块，可以再分别扩展第三层数据流程图。图中自顶向下地逐层扩展的目的是在始终保持系统的完整性和一致性的前提下，把一个复杂的大系统逐步分解成若干个简单系统。当扩展的数据流程图已能基本表达系统所有的逻辑功能和必要的输入、输出时，扩展工作即告完成。经扩展后的各个数据流程图可以联结起来形成完整的系统数据流程图，不但能使用户理解系统的逻辑功能，而且能让系统开发人员和程序人员了解图中的每一个处理逻辑，明确如何通过程序去予以实现。

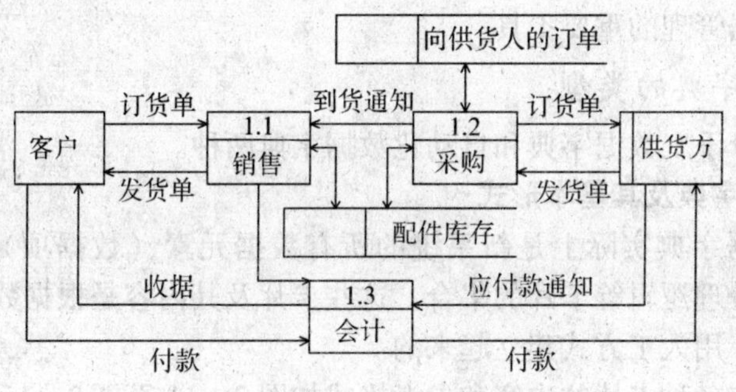

图2-10　第二层数据流程图

（三）绘制数据流程图的原则

数据流程图是系统分析的重要工具，系统开发人员要熟练掌握它的绘制方法，最主要的原则有：

（1）正确认识系统的外部实体。外部实体是系统的数据输入来源和输出对象，它不受系统控制但影响系统运行。一旦把系统的外部实体确定了，系统与外部环境的分界即人工与计算机处理的“界面”就基本确定了。

（2）确定系统正常运行的输入输出。在高层数据流程图中，应集中反映主要的、正常的逻辑功能，便于从中了解总体情况。对于出错和例外条件，留待低层数据流程图中体现。

（3）根据查询要求定义数据流。系统中要定义的数据流有两种，一种是外界向系统发送查询要求的数据流，另一种是系统响应给出回答的数据流。

（4）自左向右绘制。一般将数据输入外部实体安排在左侧，数据接收的外部实体在右侧。

（5）每一层处理逻辑的扩展要适中。逐层扩展的数据流程图中，处理逻辑的数量不宜过多，一般每一层以七八个为限，扩展过多使人难以了解它的主要功能。

（6）数据流程图不涉及计算机专业技术。数据流程图不同于程序流程图，不反映时间顺序与计算程序，只反映系统中数据的流向、处理的逻辑以及必要的数据存储，由于不涉及与计算机有关的专业技术，才能和用户有共同语言。

二、数据字典

数据字典图描述了新系统最重要的逻辑特征，但是它不可能表达系统的全部内容，特别是有关数据的详细信息。数据字典在数据流程图的基础上，进一步定义和描述所有的数据项，它是关于数据的数据，包括对一切动态数据（数据流）和静态数据（数据储存）的数据结构和相互关系等的说明。所以，数据字典是数据流程图的辅助资料，是数据分析和数据管理的重要工具。

(一) 数据字典的类型

数据字典可分手工数据字典和自动化数据字典两种。

1. 手工数据字典及其基本形式

所谓手工数据字典实际上是新系统的所有数据元素（数据项）、数据结构、数据流、数据存储、处理逻辑等卡片的集合。这些卡片及其内容是根据数据流程图，并通过数据调查和分析，用人工方式建立起来的。

手工数据字典各种卡片的内容和参考格式如图2－11至图2－15。

数据元素卡片　　总编号：4－101
编　号：101

数据元素名称：客户号
别　　　名：C－NO
说　　　明：本公司客户编号
取 值 / 含 义：1××××——本市客户
2××××——外地客户
3××××——国外客户
长　　　度：×(5)
有关的数据元素/数据结构：客户细节
有关的处理逻辑：订单处理

图2－11　数据元素卡片格式

数据结构卡片　　总编号：3－08
编　号：008

数据结构名称：日用品
别　　　名：本公司经营的日用品的基本信息
说　　　明：日用品编号
取 值 / 含 义：产品编号
产品名称
规格
生产厂家
价格
有关的数据流/数据结构：客户订货单、对生产厂的订货单、产品库存
有关的处理逻辑：编辑订单、计算应收金额

图2－12　数据结构卡片格式

数据流卡片　总编号：1－107
编　号：F17

数据流名称：日用品
说　　明：生产厂向超市发货时的货单
数据流来源：生产厂
数据流去向："核对发货单"
数据流组成：发货单标识
生产厂
日用品
流　通　量：50份/每天
高峰时期流量：每天上午9：00－10：00约25份

图2－13　数据流卡片格式

数据存储卡片　总编号：2－03
编　号：D5

数据存储名称：订单文件
说　　明：满足订货要求的上半年以来的所有顾客
编　　号：D5
输入数据流：F12
输出数据流：F15
数据存储组成：订单标识
客户细节
日用品细节
立即存取要求：立即

图2－14　数据存储卡片格式

处理逻辑卡片	总编号：5－0 编　号：P3

处理逻辑名称：编辑订货单
编　　　　号：1. 1. 1
说　　　　明：确定客户订单是否正确
输　　　　入：客户的原始定货单，来源为外部实体“客户”
处　　　　理：分别检索“日用品”、“客户”两个数据存储并核对
输　　　　出：合格，去“确定订货”处理逻辑
不合格，去外部实体“业务员”
新客户，去处理逻辑“登陆新客户”

图2－15　处理逻辑卡片格式

2. 自动化数据字典

自动化数据字典通过专门的数据字典软件包实现，记录在计算机的存储介质上。这种软件包是关于一个组织所有数据描述信息的集中库，包括每一个数据项的名称、别名、意义、描述、来源、职责、用途，以及与其他数据项的联系等。它实际上是一个特殊数据库，用户通过联机存取方式从中获得所需要的数据项信息及其关系。

手工数据字典和自动数据字典的基本用途是类似的。一般来说，对于新系统开发阶段和规模不大的管理信息系统，手工数据字典比较方便和实用，目前，国内信息系统的分析中大都使用手工数据字典。

（二）数据字典的使用

数据字典的内容是随着数据流程图自顶向下低扩展而逐步充实的。在整个系统开发过程中，由数据卡片组成的数据字典要有专人管理，不断充实和修改，适中保持其一致性和完整性。在系统分析、系统设计、程序设计、系统测试各个阶段以及新系统投入运行后，为开发人员和用户提供有价值的帮助。其主要作用有：

（1）便于按要求列表。根据数据字典，可以方便地把所有数据元素、数据结构、数据流、数据存储、处理逻辑的名称，分别按各种不同要求（如字母顺序）列表，保证在系统设计时不致遗漏。

（2）提供相互参照。系统分析和系统设计时，数据流程图可以和随之建立的数据字典相互参照，对各种数据定义的错误、遗漏，在不断审核中修正、补充和优化。

（3）由内容检索名称。系统开发和程序人员当需追索某一内容的数据元素，或难以断定对某一项数据已经予以定义的错误时，均可借助数据字典加以检查。

（4）一致性和完整性检验。利用数据字典，可以在系统分析、系统设计和程序设

计过程检验多种问题。例如在程序设计阶段可以发现是否有某个数据元素被忽略掉了；有的处理逻辑中应该使用某些数据元素，但是输入数据中是否包含了这些元素；或者判别某些数据元素究竟是否冗余项，有无存在必要等。

三、处理逻辑的表达方法

对新系统数据流程图中的每一个逻辑，数据字典都给出了定义。但是，处理逻辑卡片上的文字说明过于简单，对某些处理逻辑的描述往往存在很多含糊和困难之处。结构化分析提供了专门的工具，通常采用的有决策树、判断表和结构语言等。

（一）决策树

决策树又叫判断树，它是用二叉树形图处理逻辑的一种工具。图 2－16 即是某材料公司销售政策。

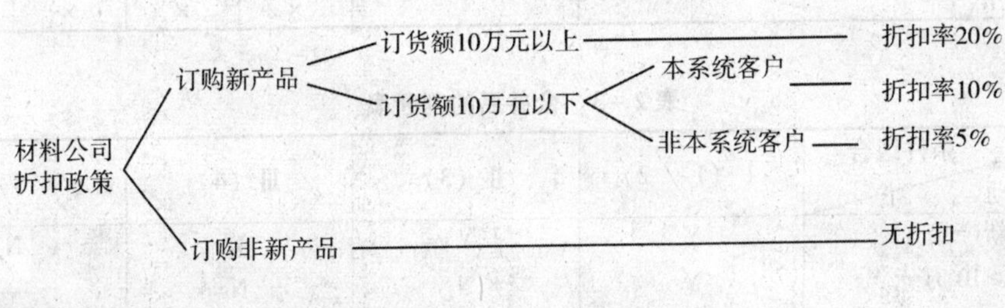

图 2－16　决 策 树

图 2－16 直观、明了地表达了在产品种类、订货金额、客户性质三个不同的判断条件下，公司可取的各种折扣策略。

（二）判断表

判断表是又一种表达处理逻辑的工具。当一个处理逻辑的判断条件很多，所有条件组合下的相应处理也很多时，判断表可以把各种条件组合关系全部表达出来。判断表的构成见图 2－17。

条件说明	条件的组合
行动说明	条件组合下的行动

图 2－17　判断表的构成

判断表的构成有一定规则，它分成四个部分（见表 2－2），右下方凡是画“×”处表示该种条件组合下对应的行动；表中无一遗漏地列出了所有的条件组合，但有些条件组合实际上是矛盾的或无意义的；还有些不同组合条件下的行动是相同的，有必要对它们加以合并。表 2－3 为合并后的判断表，其逻辑关系显得简单明了，表中的“—”表示“Y”或“N”均可。

表 2－2　判 断 表

条件组合 / 条件和行动	1	2	3	4	5	6	7	8
C1：订购新产品	Y	Y	Y	Y	N	N	N	N
C2：金额≥10 万元	Y	Y	N	N	Y	Y	N	N
C3：本系统客户	Y	N	Y	N	Y	N	Y	N
A1：折扣率 20%	×	×						
A2：折扣率 10%			×					
A3：折扣率 5%				×				
A4：无折扣					×	×	×	×

表 2－3　合并后的判断表

条件组合 / 条件和行动	Ⅰ（1／2）	Ⅱ（3）	Ⅲ（4）	Ⅳ(5／6／7／8)
C1：订购新产品	Y	Y	Y	N
C2：金额≥10 万元	Y	N	N	—
C3：本系统客户	—	Y	N	—
A1：折扣率 20%	×			
A2：折扣率 10%		×		
A3：折扣率 5%			×	
A4：无折扣				×

（三）结构语言

表达处理逻辑的第三种方法是结构语言，它是模仿程序设计中判断结构的一种规范化语言。对材料公司的销售策略，可以用结构语言表达如下：

```
┌IF 订购新产品
│ ┌IF 订货金额≥10 万元
│ │  THEN            折扣率 20%
│ └ELSE（订货金额<10 万元）
│    ┌IF 本系统客户
│    │  THEN         折扣率 10%
│    └ELSE（非本系统客户）
│       SO           折扣率 5%
└ELSE（订购新产品）
      SO             无折扣
```

图 2－18　结构语言表达

（四）三种表达工具的比较与使用

结构化分析为表达处理逻辑提供了多种方法，它们各有不同的优点和不足之处，三种表达工具的比较见表 2－4。

表 2－4　三种表达工具的比较

比较内容	决策树	判断表	结构语言
掌握难易	最容易	难	一般
逻辑检查	一般	最好	好
表达逻辑结构	最好	一般	好
程序说明	一般	很好	很好
机器可读性	不好	很好	很好
可修改性	一般	不好	好

从表 2－4 可以看出，三种表达工具各有自己的使用范围，应区别不同场合交替使用，其大致情况是：

（1）决策树适宜于表示不太复杂的逻辑，即条件为 2～3 个，条件组合不超过 15 个，相应行动为 10 个左右的决策。

（2）对条件较多，组合关系复杂，相应关系复杂，相应行动很多的判断逻辑，以使用判断表为宜。

（3）若一个处理逻辑中，既有一般顺序执行动作，又有判断或循环逻辑，最好使用结构语言。

（4）决策树和判断表也是系统调查和系统设计阶段的常用工具。

四、数据存储结构规范化

对新系统进行数据存储结构的逻辑分析，即数据库的逻辑设计，是系统开发人员在系统分析的重要工作之一，它包括定义描述数据项，分析它们之间的逻辑关系，并以数据结构表达出来。任何一个系统投入运行后，由于应用的需要，数据库都是不断变化的，要经常进行插入、删除、修改，引进新数据等维护工作。如何构造一个最佳的数据结构，使用户使用方便、灵活，避免数据冗余和更新异常等问题？数据存储结构规范化提供了有效的方法，成为结构化系统分析的一个重要的工具。

（一）规范化理论的基础概念

为了简化数据结构存储结构，IBM 公司的 E. F. Codd 于 1970 年发表论文《大型共享数据库数据的关系模型》，首先提出关系规范化理论，至今规范化理论的研究已取得了很大发展。虽然规范化理论是以数据库中的关系模型为背景提出的，但由于它能有效地简化数据存储结构，降低数据维护成本，提高数据的可维修性、完整性和一致性，对一般数据库的逻辑设计有着重大的指导意义。

（1）规范化的含义。规范化是一个过程，具体地讲，是将一组给定关系转换为另一组满足更高要求的关系过程。规范化必须是一个可逆过程，转换后的关系应该能够恢复到原先的关系，这样就保证规范化时没有丢失任何信息。

关系数据库的关系中，每个元组（即记录）的数据项都是不可再分的。满足这个要求的关系就是一个规范化的关系。由于这是对关系的一个最低要求，故被称为关系的第一规范化形式或第一范式，简称 1NF。在此基础上，满足更高要求的成为第二范式（2NF），其余依此类推。低级的范式关系经过若干次转换，就成为高级的范式关系，完成其规范式。

（2）规范化的目的。规范化的目的是使关系的结构简化，数据项之间更加有规律。具体可以归结为以下四点：①把关系中的每个数据项都转换成不可再分的基本项；②消除数据中的冗余，从而简化关系的检索操作；③实现数据结构内部函数依赖关系的彻底分离，消除数据在进行插入、删改和修改时互相牵制和造成异常的情况；④提高关系模式灵活性，便于在查询使用非过程化的高级查询语言。一般来说，关系模型数据库系统要求在设计关系模式时要尽量规范化，但也要结合应用的情况具体对待。

（3）函数依赖和传递依赖。规范化问题考虑的基本出发点在于一个数据结构的数据项之间存在的数据依赖问题。它是现实世界属性间相互联系的抽象，也反映了数据结构内部的性质。其中最常用的概念是函数依赖和传递依赖。函数依赖是指一个数据结构中，数据项 B 的取值取决于数据项 A 的取值，称数据项 B 函数依赖于数据项 A，表示为 A→B。例如一个描述物流库存的数据结构，由库存编号（SN）、商品名称（N）、库存数量（Q）、单价（P）等数据项组成，当库存编号确定之后，商品名称、库存数量和单价的值也就被唯一地确定了。即可以说SN函数决定N、Q和P，或者说N、Q和P函数依赖于SN。实际上，库存编号SN就是该物资记录的主关键字。

传递依赖也是数据结构中常见的内部关系。假定A、B、C是同一数据结构中的三个数据项，如果C函数依赖于B，而B函数又依赖于A，那么C也依赖于A，称C传递依赖于A。在上述的物资库存数据结构中，如果除了库存编号（SN）、商品名称（N）、库存数量（Q）和单价（P）外，还有库存占用资金（F）的数据项。由于F函数依赖于Q和P，而Q和P函数又依赖于主关键字SN；因此，F传递依赖于主关键字SN。

（二）规范化形式

（1）第一范式（1NF）。如果一个关系R中的每条记录的每个数据项都是不可再分的最小数据单位，则称R为第一范式，简称1NF。

现以一个“商品档案”的数据结构为例，这个数据结构的具体内容如表2-5，它是一个非规范化的数据结构。因为其中“顾客资料”不是最小单位，他们之间还存在冗余的数据（日期）。加以分析可以看出其中实际上有两类不同的数据，一类是以商品号及生产日期为合成关键字的变动信息。因此将它分解为两个数据结构，成为1NF的“商品基本情况”和“商品毁损记录”，注“*”号的数据项为关键字。

商品基本情况	商品毁损记录
*商品号	*商品号
商品名称	*毁损日期
型号规格	顾客资料
生产厂家	毁损部位

表2-5　商品档案表

商品号	商品名称	型号规格	生产厂家	顾客资料		毁损记录	
				购买日期	顾客姓名	毁损日期	毁损部位
0001	雕牌香皂	P616	浙江纳爱斯	2001/4/20	张雷	2001/4	挤压变形
0002	电饭锅	E234	东莞电器厂	2000/3/26	李雨	不详	锅盖破裂

（2）第二范式（2NF）。如果一个满足第一范式的数据结构R，它的所有非关键字数据项都完全函数依赖于关键字，则该数据结构R属于第二范式。

例如，现有“产品—生产厂家—库存”数据结构如图2-19、图2-20。

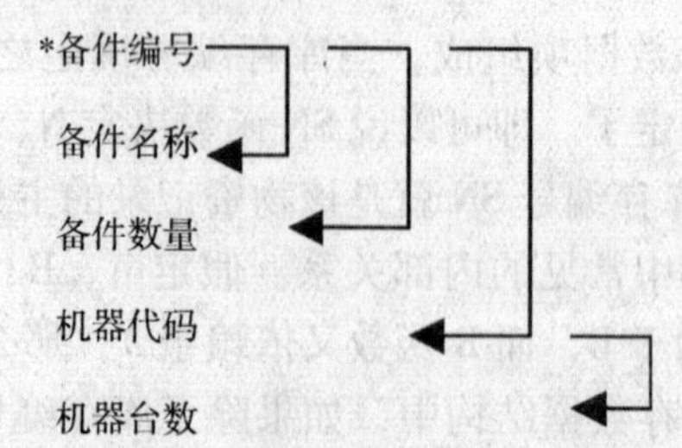

图 2-19 “备件及其机器”数据结构

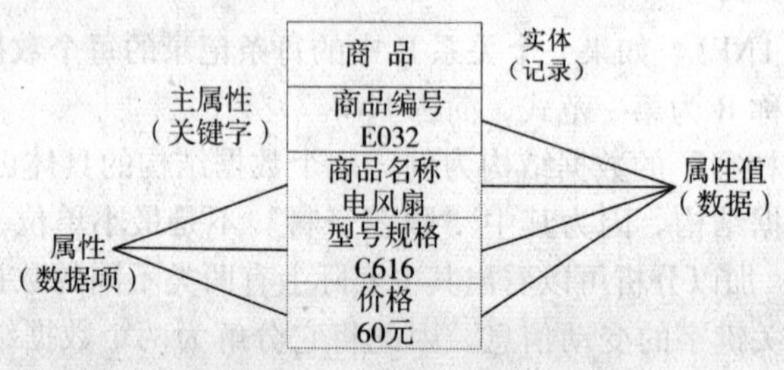

图 2-20 “商品”实体的描述

我们知道，同一种产品的单价可以因生产厂的不同而异，因此 R 中的产品编号、生产厂家为合成关键字。但是所有非关键字数据项中，只有价格、库存量完全依赖该关键字；而产品名称、产品规格只分别依赖于关键字中的产品编号，生产厂地址只依赖于关键字中的生产厂。即有三个非关键字数据项分别部分函数依赖于关键字，所以它是一个满足 1NF、又非 2NF 的数据结构。

这样的数据结构会引起数据冗余和更新异常。例如库存中准备增加某种名称、规格的新产品，即使给它规定了编号，但因尚未确定选用哪家生产厂的，也就无法插入这种新产品的数据。再如现有库存产品中，某一生产厂地址发生改变，需要修改其数据，但是仓库中有该生产厂的成百上千种产品，就要在数据存储中逐个修改“生产厂地址”，给修改带来了极大的麻烦。

为此，需要对 1NF 进一步规范化，原数据结构可以分解为“产品库存”、“产品”、“生产厂”三个数据结构，它们各自的非关键字数据项都完全函数化依赖于关键字，所以都属于 2NF 的数据结构。

产品库存	产品	生产厂
* 产品编号	* 产品编号	* 生产厂
* 生产厂	产品名称	生产厂地址

价格　　　　　　　　型号规格

库存量

（3）第三范式（3NF）。如果一个属于第二范式的数据结构 R，它所有的非关键字数据项之间不存在函数依赖关系，也就是没有传递依赖于关键字，则 R 就是第三范式数据结构。

在第二范式的情况下，有时仍存在数据冗余和更新异常的问题。例如，如图 2－18 某生产商物流中的“备件及其机器”是一个 1NF 的数据结构，但是其中存在着传递依赖关系。例如购进新机器并给它规定了机器代号，但若未进备件，就无法插入新机器的有关数据。或者某一种机器还在，但备件全被调拨出去了，将被数据删除的同时，机器数据随之丢失。而且同一机器的备件可能很多，例如机器台数老化了，那么必须修改所有与该机器有关的备件数据。

解决上述问题的办法是去掉传递依赖关系，把 2NF 的“备件及其机器”分解为两个 3NF 的数据结构。

备件—机器	机器
* 备件编号	* 机器代号
备件名称	机器台数
备件数量	
机器代码	

（4）BCNF 范式。第三范式的另一种范式是 BOYCE－CODD 范式，简称为 BCNF，它比 3NF 的要求又进一步，通常认为是修正的第三范式。

如果数据结构中每一个主数据项或组项都是候选关键字，则数据结构属于 BCNF。一个数据结构中如果不止一个关键字，则称这些关键字为候选关键字。所谓主数据项或组项是这样定义的，如果其他非关键字数据项完全函数依赖于某个数据项或组项，则该数据项或组项为主数据项或组项。可见，在 BCNF 中所有的依赖都是包含关键字的依赖。3NF 不一定是 BCNF。如数据结构 R（C，S，Z），其中 C 表示城市，S 为街道，Z 为邮政编码。R 的关键字是 CS，其依赖为 CS→Z 和 Z→C，由于包含了非关键字依赖 Z→C，所以它不是 BCNF。如果我们要插入一个城市的邮政编码，但不知道具体街道，就无法进行操作，因为尚缺少关键字的另一部分。BCNF 可以解决这个问题，一个 BCNF 范式必是 3NF。

一个数据结构如果属于 BCNF，那么它在函数依赖范畴已实现了彻底分离，消除了插入和删除异常。其实 BCNF 范式还不是最完美的，规范化理论已提出了 4NF 和 5NF，但在数据库的逻辑模型设计中，绝大多数只需要进行到 3NF 和 BCNF 就足够了。

（三）数据存储结构规范化的步骤

一个非规范化的数据结构转换成 3NF 和 BCNF 范式的数据结构的步骤如下：

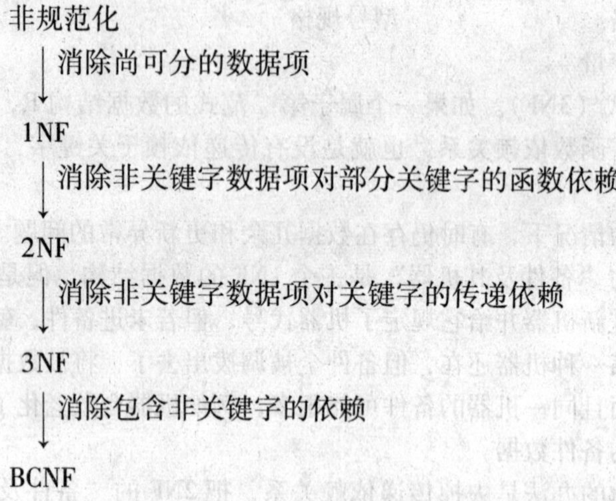

图 2－21　数据存储结构规范化步骤

五、数据立即存取

建立信息系统的目的是实现对数据的有效管理，为用户提供方便、高效的信息服务。所以，系统分析阶段必须了解和分析用户对新系统的数据存取要求，即用户可能对新系统提出什么数据要求？其中，哪些是必须满足的立即数据请求？数据立即存取图是数据存取分析的主要工具，它是根据特定的应用要求，定义数据存取路径的图形工具。该图涉及到实体与属性、数据存取等多种概念。

（一）实体和属性

在数据技术的数据模型概念中，我们已经了解了现实世界、信息世界与数据世界之间的抽象对应关系。具体地讲，实体是现实世界的人和物，实体的特征就是属性，而某个特定实体所具有的属性就是属性值。如实体“商品”的属性是商品编号、商品名称、型号规格和价格等。在这些属性中，商品编号是关键字属性。在数据存储分析中，使用图 2－20 的形式表示实体和属性等概念，图中括号部分对应了数据世界中文件的各种术语。

（二）基本的数据存取要求

1. 数据的两种存取方法

数据的存取方法基本上有两种，第一种是常规方法，即按二维表形式存取，对于任一给定的实体，其属性值都包含在一个元组即记录中。第二种采用相反的方法，即对于一个给定的属性，包含了所有具有该属性值的实体，这种存取方法就是倒列表（文件）。前一种方法可以回答“已知某个给定实体，它具有那些特征？”而后一种方法适应回答“哪些实体具体给定的特征?”显然，二维表的存取方法是必要的，而倒列表方法是为实现某些独特存取要求而设立的。

2. 基本的数据存取要求类型

基本的数据存取要求类型可用实体 E、属性 A 和属性值 V 的函数式来表达。

（1）类型 1：A（E）=?

已知一个给定的实体 E，求某一特定属性 A 的属性值。例如已知某个产品的编号是 E104，查询其价格是多少（此时，A = 设备，E = 编号，V = 价格)?

（2）类型 2：$A(?)\begin{bmatrix} = \\ \neq \\ < \\ > \end{bmatrix} V$

对于一个给定的属性 A，已知其属性值，指出具有该属性且满足属性值 V 的实体。例如请查询价格超过 1 万元的贵重设备。

（3）类型 3：$?(E)\begin{bmatrix} = \\ \neq \\ < \\ > \end{bmatrix} V$

已知给定实体 E 和其特定值 V，求该实体满足属性值 V 的某个属性或几个属性。例如，已知材料编号是 P236，问它哪几个月的消耗额超过 1000 公斤?

（4）类型 4:?（E）=?

已知一个给定实体 E，查询其所有的属性值。例如对商品号为 D033 的商品，列出它的全部情况。

（5）类型 5：A（?）=?

对于一个特定的属性 A，求所有实体该属性的值。例如，查询所有生产厂家该产品的报价。

（6）类型 6:$?(?)\begin{bmatrix} = \\ \neq \\ < \\ > \end{bmatrix} V$

已知某一个值 V，问哪些实体的哪个属性满足该值。例如，列出超市公司去年月销售金额超过万元的商品及其月份。

针对上述六种不同的数据存取要求类型，系统可采取不同的数据存取方法。对已知 E 的类型 1、3、4 的数据存取要求，常规二维表即能解决，对未知 E 的类型 2、5、6 则应建立倒排文件，其中有类型 6 的数据存取要求难度最大，需要建立完全倒排文件。立即存取要求分析还包括立即存取与处理的方式，根据用户的数据要求，可以分别采用批处理和实时处理。对于要求立即响应的实时方式，可以通过终端显示器等方式实现，但这种系统的开销很大。

（三）数据立即存取图

系统开发人员了解了用户的数据要求后，就可依据它们画出数据立即存取图。通常，用户的一次查询会涉及多个数据存储，如某用户向物流库存系统查询某一商品。以便确定向哪一家生产厂订货。其数据要求可能涉及“商品”、“生产厂家—商品”、“生产厂家”三个数据库。相应的数据立即存取图如图 2－22 所示，具体的查询路径为：材料名称、规格→材料编号→生产厂编号；生产厂编号、材料编号→（各生产厂）价格；（最低价格）生产厂编号→（选定订货）生产厂。

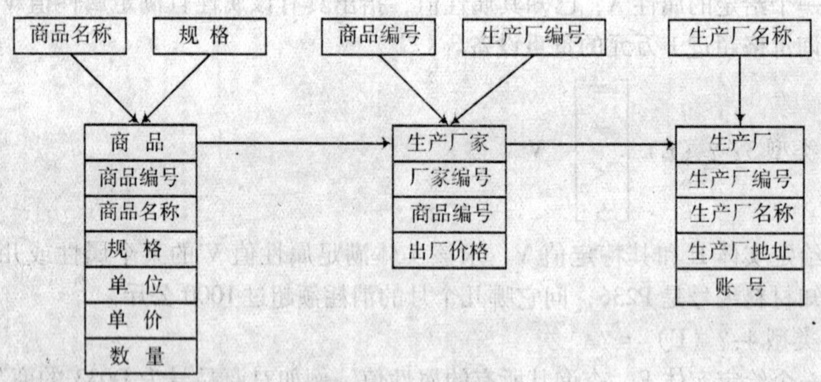

图 2－22　物流库存系统的某用户存取要求

第三节　物流系统设计方法与工具

一、结构化系统设计概述

系统分析产生了系统的逻辑模型，它作为系统设计的前提和依据，明确提出了新系统应该具有的主要逻辑功能。随之而来的，是用什么方法和工具，如何实现这些逻辑要求。具体地说，根据系统分析的成果，系统设计人员必须确定新系统究竟应由哪些功能子系统（大模块）、哪些功能模块组成。又用什么方式把这些功能模块有机地联结在一起，并把这些工作成果确切地表达出来。为了从事系统设计，也要使用一定的准则和工具，这就是结构化系统设计的方法和工具。

所谓结构化系统设计，就是采用一组标准的准则和工具，通过系统分解的方法构成一个有机联结的，层次式、模块化的最佳系统结构的过程。结构化系统设计的一个重要思想是模块化，即把一个系统分解成若干个彼此具有一定的独立性，同时也具有一定联系的组成部分，这些组成部分称为“模块”。对每个系统都可以按功能逐步自顶向下，由抽象到具体，逐步分解为具有独立功能的许多模块，直至分解成能简便地用程序实现的模块为止。模块可以简化复杂问题，把大问题分解为小问题来解决，使系统易于实施、维护和纠错，有较强的可变性。

对于给定的系统逻辑功能要求，可能存在着若干种不同的设计方案，它们都能满足这些逻辑要求，因此结构化系统设计除了为设计人员提供设计方法和工具外，还应提供多种设计策略，以及评价设计优劣的标准。一般来说，结构化系统设计具有以下特点：①为一个复杂系统的化简，提供分解方法；②采用图形化的表达工具；③有一组基本的设计原则；④有一组基本的设计策略；⑤具有评价设计质量的一组标准。

二、系统结构图

描述系统的层次和分块结构关系的图，称为系统结构图。系统结构图中最基本的元素是模块，若干模块再加上数据流和控制流及模块之间的调用关系，就组成系统结构图。结构化系统设计的主要任务就是建立系统结构图。

（一）模块

模块是复杂系统中完成某一具体工作的一部分。从逻辑上来看，它可以被看作一个具有一定功能的转换器，给它一定的输入，它能对之进行某种加工处理，输出某种结果。所以，当从逻辑上考虑问题时，可不顾及其内部处理机制及技术手段，看作一个“黑箱”。待逻辑功能明确之后，再根据完成其功能的需要，选择适当的处理手段和技术手段，来充实具体物理内容。

（二）模块间的调用

图 2－23 反映了模块之间的调用关系：模块 A 调用模块 B，模块 B 被称为模块 A 的从属模块；P、Q 为数据流，E 为控制流。

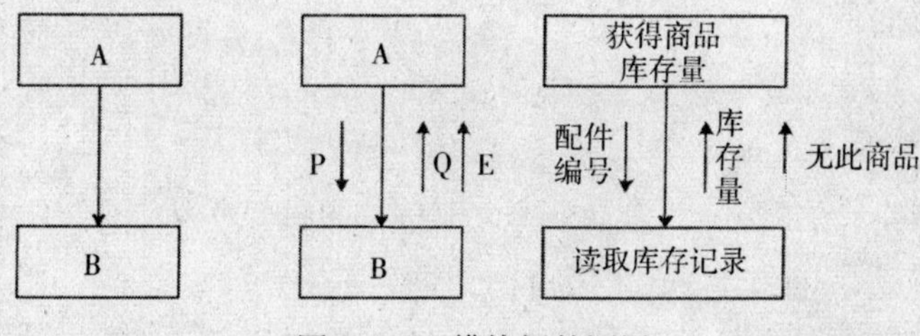

图 2－23　模块间的调用

有些情况下，一个模块是否调用下级模块，取决于模块内部的判断条件是否成立，有的还存在着循环调用关系。在图 2－24（a）中，模块 A 条件调用模块 B，同时，根据判断，选择是否调用模块 C 或 D；（b）中，模块 A 循环调用模块 B 和 C。

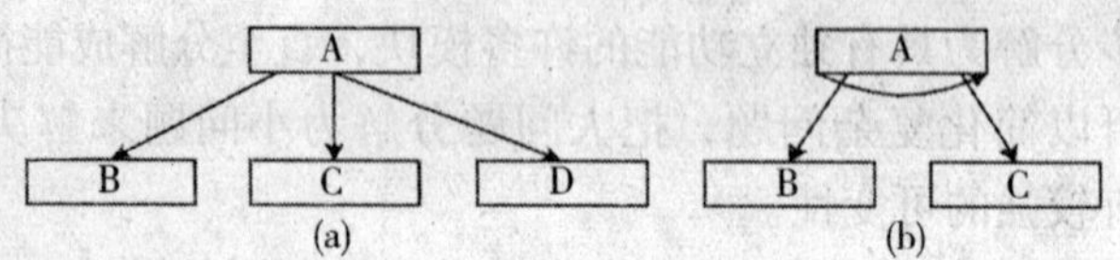

图 2－24　模块间的判断和循环

（三）模块的类型

系统结构图中常用的模块基本类型有四种。

（1）传入模块。从下层模块获得数据，不作任何改变或只作输入处理后传到上层，这个过程称为数据流传入，这种模块称为传入模块。

（2）传出模块。数据从上层输入，不作任何改变或只作输入处理后传到下层，这种模块称为传出模块。

（3）转换模块。这种模块能进行各种数据处理，把一种数据形式转换成另一种数据形式，包括从上层接收数据，转换后返回，或者从下层接收数据，转换后返回。

（4）混合模块。以上几种基本模块组合成的混合形式。

（四）系统结构图实例

图 2－25 是一个完整的系统结构图，它描述了经过简化的仓库管理部门申请领货的工作流程，图中的每个模块是它的逻辑功能，而不是它具体的处理方法和手段。

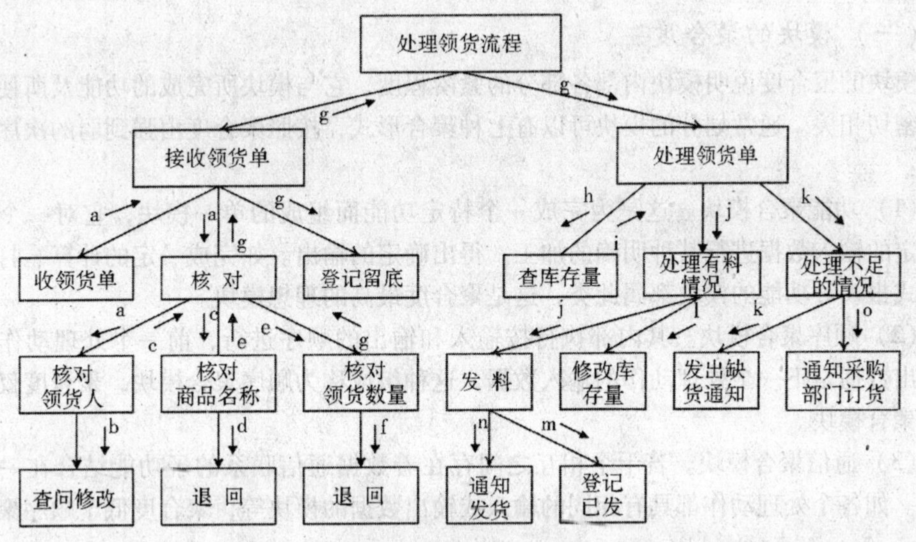

图 2－25　结构图实例

图 2－25 所示标注的各字母含义如下：

a——进入系统的原始领货单；b——领货人姓名或代码有错的领货单；c——资料核对无误的领货单；d——商品名称或代码有错的领货单；e——商品核对无误的领货单；f——领货数量不合理的领货单；g——领货数量无误的领货单；h——待查库存的商品名称或代码；i——库存数量；j——可以发货的领货单；k——库存不足暂缓发货的领货单；l——商品名称或代号和发出数量；m——已发领货单编号；n——领货人及商品；o——需补充库存的商品。

三、模块划分的原则

系统结构图的设计，实际上就是模块划分的过程，模块划分是否合理，直接影响系统设计的质量，影响系统开发时间、开发成本以及系统实施、维护的方便程度。把系统分解成具有层次式的模块化结构时，首先要求被划分的模块具有最大的独立性。模块的独立性越强，对其他模块的影响就越小，在修改、维护时产生的连锁反应的风险就越小。其次要考虑模块划分的大小，小模块比大模块易于设计、调试和维护，但如果模块划分过小，由它们组合成大模块或系统时，模块间的联系就较复杂，相互之间“接口”的调试工作量也相应增加。因此，成功的模块划分既要求单个模块的独立性最强，又要求模块大小适中，从而使模块的设计和调试简单，模块之间的接口调试方便，这样的系统就易于实现。

（一）模块的聚合度

模块的聚合度说明模块内部各部分的紧凑程度，它与模块所完成的功能及所使用的数据密切相关。通常划分的模块可以有七种聚合形式，按照聚合度由强到弱的次序排列如下：

（1）功能聚合模块。这是为完成一个特定功能而组成的单一模块，它对一个或几个确定的输入数据进行某种明确的加工，得出确定的输出。如完成一定的计算、打印某种格式报表等功能的模块都属此类，这是聚合度最高的理想模块。

（2）顺序聚合模块。其内部执行按输入和输出的顺序进行，前一个处理动作产生的输出数据是下一个处理动作的输入数据，这种组成称为顺序聚合模块，聚合度仅次于功能聚合模块。

（3）通信聚合模块。若干个相互之间存在着数据通信联系的子功能结合在一起的模块。如各个处理动作都具有相同的输入或输出数据的模块等，聚合度低于顺序聚合模块。

（4）过程聚合模块。多个处理动作各不相同，但都受一个公共处理过程支配，并决定它们执行次序的组合模块。这种聚合是以过程或算法关系为基础的。

（5）时间聚合模块。这是由于操作执行时间相同而组合形成的模块。模块内的各个处理动作具有时间聚合功能，必须在特定的时间限制内执行完，典型的如初始化模块。

（6）逻辑聚合模块。功能彼此不同或无关，但逻辑上关联或相似的处理动作组合而成的模块。如对所有数据输入的数据，进行分类、合并、计算和统计等处理，就可在逻辑组合成一个模块。这种模块的接口关系比较复杂。

（7）耦合聚合模块。各个组合部分没有任何关系，组合在一起纯属偶然的模块。如为了节省存储时间，将不同处理中多次出现的相同操作命令集中在一起，即属偶然聚合，这种模块聚合度最低。

不同聚合类型的模块，其内部各类型的模块，其内部的紧凑程度不同，以功能聚合模块为最佳。在系统设计时应充分理解系统功能，尽量按功能划分模块，从而保证模块的独立性。

（二）模块的耦合度

模块的耦合度反映模块之间信息的关联程度，按照耦合度的强弱，模块的信息联系可分以下三种。

（1）数据耦合。模块之间只存在数据联系，按照耦合度的强弱，一个模块调用从属模块，从属模块的数据依赖于调用模块。最好的数据耦合要求交换的数据只限于两个模块之间的数据，且传输的数据越少越好，因为交换数据越少，模块独立性越强，产生的不利影响就越小。

（2）控制耦合。通常在两个模块之间不仅存在数据交换，而且存在控制关系，通过调用模块来传递与运行过程有关的控制信号，这种耦合称为控制耦合。通常的控制信号有控制标准，用来表示不同的控制状态和控制开关。控制信号使模块之间的关系复杂化，对模块内部状态影响也较大；控制信号越多，系统调试、维护就越复杂。因此应该使控制耦合压缩到最低限度。

（3）内容耦合（又称病态耦合）。一个模块的运行方式依赖于另一个模块，如一个模块的内容被另一个模块所引用；或一个模块调用另一个模块的内部数据；由一个模块通过控制关系转入另一模块，从而改变另一模块的运行方式。上述模块之间的耦合都属内容耦合，这种类型的耦合按理在模块划分中不该出现，故又称病态耦合。由于存在内容耦合，模块的独立性就很差，一个模块的修改会波及另一模块，导致系统的可维护性差，甚至会产生连锁反应，这是应该尽量避免的。

由以上分析可知，模块划分应尽可能采用数据耦合，并且尽量减少模块间的数据传送量。必要时也可以采用控制耦合，但要坚决消除病态耦合。

（三）模块的扇出和扇入

模块除了聚合度和耦合度的概念外，还有扇出和扇入的概念。

（1）模块的扇出。模块的扇出如图 2－26（a）所示。其指标为扇出系数，即一个模块有的直属下级模块的个数。扇出系数过大，模块的聚合度就低。统计规律得出，模块的扇出系数应控制在 7 以内，当大于该值时，出错的概率就会急剧增大。

（2）模块的扇入。如图 2－26（b）所示，扇入系数指一个模块的直接上级的个数。系统设计时应尽可能加大模块的扇入系数，扇入系数越大，模块分解越好，通用性强，冗余度低，减少了维护时对同一功能的重复修改。

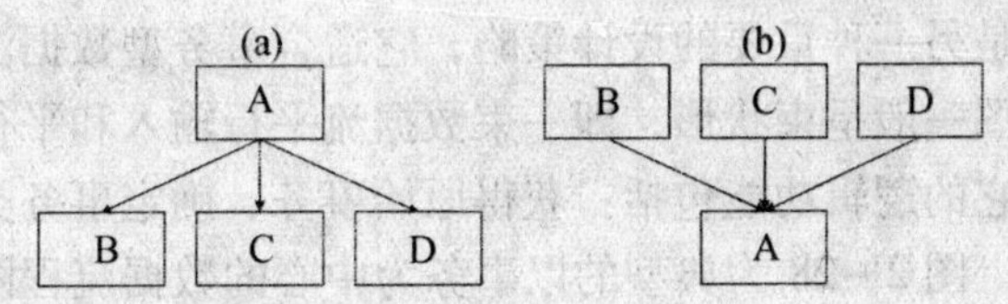

图 2－26　模块的扇出和扇入

四、系统设计策略

模块划分原则为建立系统结构图提供了基本准则，现在，可以依据系统数据流程图进行系统结构图的具体设计了。首先，把整个系统当作一个模块根据系统数据流程图逐层划分模块，逐步形成多层次分块系统结构图。设计过程由三个步骤组成：第一步，分析数据流程图，确定它的类型和功能；第二步，采取相应的设计策略，导出初始系统结构图；第三步，对结构图进一步修改，逐层分解和优化，确保最终设计符合数据流程图的逻辑功能要求。

对数据流程图加以分析，可以发现有变换型和事务型之分，针对不同类型，产生了两种不同的设计策略，即所谓变换中心分解法和事务中心法。

（一）以变换为中心的设计

变换型数据流程图，一般是按输入、处理、输出顺序构成的数据流程图。用变换中心分解法导出的初始系统结构图的基本结构如图 2－27。

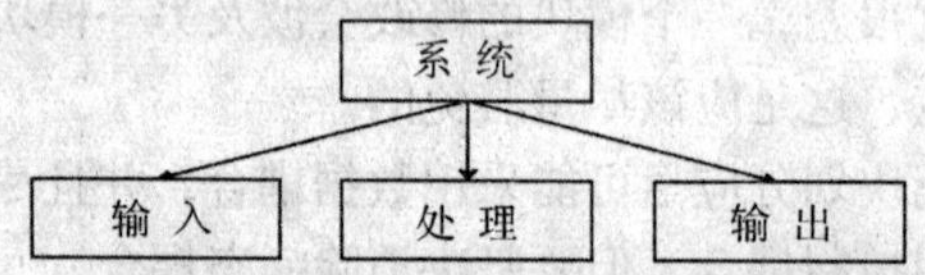

图 2－27　变换中心系统结构图的基本形式

顶层是系统功能抽象的概括，可以是系统、子系统和一个处理过程的控制模块。底层是具体的功能模块，包括输入、处理、输出。

变换中心分解法导出系统结构图的设计步骤如下：①画出变换型数据流程图；②排除非主要的数据流；③找出数据流程图的变换中心；④以变换中心为顶层，确定被它所调用的模块，画出初始系统结构图；⑤按照模块划分原则，再分层扩展结构图的其余部分。

（二）以事务为中心的设计

事务中心分解法是另一种重要的设计策略，它适合事务型数据流程。

事务型数据流程图一般呈束状形，即一束数据流平行输入和平行输出，同时可能有多个事物要求处理。它的逻辑功能包括：获得原始事务、确定事务类型、选择相应处理逻辑、完成事务处理。图 2－28 为典型的以事务为中心的数据流程图。

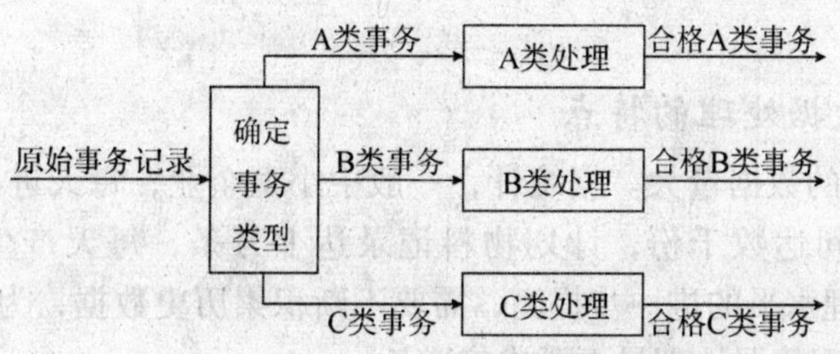

图2-28　以事务为中心的系统流程图

事务中心分解法导出系统结构图的过程为：

（1）画出事务型数据流程图；

（2）以事务中心为顶层，确定被它所调用的几个平行处理模块，形成原始系统结构图（见图2-29）。

（3）逐层细化每一个事务处理模块的详细功能，直到获得便于编程处理的最小模块为止，形成完整的系统结构图。

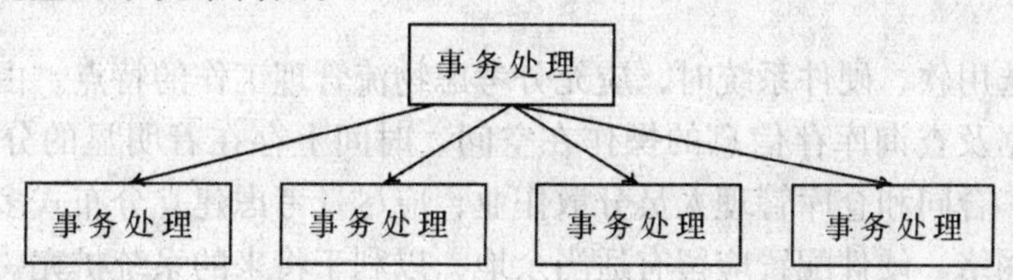

图2-29　事务中心初始化系统结构图

利用变换中心分解法和事务中心分解法，都能从数据流程图导出系统结构图。具体采用哪种方法，取决于数据流程图的类型，在实际工作中，两种方法经常混合使用，某一层用这一种方法，下一层又用那种方法。要认真分析不同类型，找出分界线，经过多次反复，设计出比较合理的结构图，即系统的物理模型。

第四节　物流管理信息系统的分析与设计

一、开发概述

采用现代化管理方法，及时、准确地进行物流信息处理，为经营决策提供可靠依据；不断提高经济效益，降低物流成本，有效控制流动资金，加速商品周转，已成为当今物流管理的必然方向。而现代化的管理方法必须依赖现代化的管理手段才能实现。开发物流信息系统，实现物流信息的计算机自动化管理，日益成为当前物流管理部门迫切需要解决的问题。

（一）物流数据处理的特点

（1）日常处理的数据量大。据统计，一般中小型企业，每天进出库的料单就有 50 ~100 张，每年合同达数千份，计划物料记录达上万条，每天产生的数据约 8000 ~ 15000 项。随着管理水平的进一步提高，需要不断积累历史数据，为现代化管理方法提供有效的数据，因而数据处理量更要成倍增长。

（2）数据处理时间性强。物流管理要求对某些数据进行定期的统计和更新。

（3）数据传递与处理关系比较简单。物流管理数据处理中，大量的工作是对数据的逻辑判断、分类、检索、统计以及制表等基本操作。

（4）数据的输入与输出有较强的规范性。要求数据处理尽量准确、全面、及时、快速。

根据以上特点，对用于物流管理的计算机软、硬件主要有以下一些要求：

第一，计算机应有较大容量的内存和足够大容量的随机存取高速外存，要求硬盘容量大。

第二，在选用软、硬件系统时，应充分考虑物流管理工作的特点。由于仓库管理人员输入物资数据及查询库存信息的操作在空间、时间上存在着明显的分散性、不定期性，加之计划、合同和仓库管理人员分散作业，应尽量考虑建立分布式多用户系统或采用计算机局部网络。硬件配置应留有适当余地，以利于将来的系统扩充。

第三，选用高可靠性的计算机系统，应能与国内外同类机器在系统软件与应用软件方面具有完全的兼容性，从而避免由于软、硬件资源不兼容而无法应用国内外先进的适用于物流管理的软件产品。

第四，具有方便、实用的汉字输入/输出和处理功能。在输出设备方面，应能满足物流报表输出的基本要求，最好选择带硬字库的高速汉字打印机；屏幕设计需要高分辨率彩色显示器。

计算机选型是一个极为复杂的问题，往往需要对各种技术指标进行比较、权衡，以期获得满意的选择。

（二）物流信息的编码原则与方法

1. 编码的概念

物流管理离不开物流信息的编码。编码与代码是两个既有联系又有区别的概念。代码是指有一定信息概念的具体符号表示，而编码则是指由某一种符号系统表示的信息转换为另一种表示信息的符号系统的过程。信息编码使客观存在的事物对象或属性变成便于计算机识别和处理的统一代码。简而言之，编码就是代码的编制过程。

现代企业的代码系统已由最初的简单结构发展成为十分复杂的系统。为了有效地推动计算机应用和促进编码工作标准化，近年来，我国十分重视制订统一代码标准的工作。已先后公布了GB2260—80《中华人民共和国行政区划代码》、GB1988—80《信息处理交换用七位编码字符集》和前国家物资部颁发的《全国物资统一分类与代码》等多种标准代码。

我国至今在很多方面还没有实现编码的统一标准，即使有了许多标准，在企业内部还是不可避免地会遇到要自己研究编码的问题。一般来讲，编码工作应尽可能从上而下地统筹进行，否则很容易出现矛盾，从而失去代码的优越性。但在一个企业中，可以有企业的标准代码，称作企业内码。内码在信息系统的建设中起着十分重要的作用，它是企业内部进行信息交换的标识。在编好内码的同时，又必须留有国家统一代码的数据项，以便在对外进行数据交换的过程中使用。

2. 信息编码的原则

合理的代码结构是决定信息处理系统有无生命力的重要因素之一。信息编码一般应该遵循以下一些基本原则：

（1）选择最小值代码。这个原则对于人们经常使用的代码是非常重要的。随着信息量的迅速增长，代码长度日趋加长，信息处理的出错率必然随之增加，同时也增大了信息收集的工作量，加大了信息输入、存储、加工和输出设备的负荷。当然，缩减代码长度也必须适当、合理，还应当考虑留有适当的后备编码，以备将来扩充时使用。

（2）设计的代码在逻辑上必须满足用户的需要，在结构上要与处理的方法相一致。例如，设计用于统计的代码时，为了提高处理速度，往往设法使它在不调出文件的情况下，直接根据代码的结构进行统计。

（3）代码应具有逻辑性强、直观性及便于掌握的特点，应能准确、唯一地标识出对象的分类特征。

（4）代码应系统化、标准化，便于同其他代码连接，适应系统多方面的使用需要，即代码应尽量适应组织的全部功能。例如，由于订货会引起库存、销售、应收账户、采购、发运等多个方面的变化，所有与此有关的代码应尽量做到协调一致。

（5）不要使用字形相近、易于混淆的字符，以免引起误解。例如，字母O、Z、I、S易与数字0、2、1、5相混。小写字母l易与数字1相混。另外，不用空格符作为代码。

（6）代码设计要等长。例如用001～200，而不是使用1～200。

（7）字母码中应避免使用元音（A、E、I、O、U），以防在某些场合（如下文将要讲述的助忆码）形成不易辨认的英文字。

（8）不能出现与程序系统中语言命令相同的代码。

3. 信息编码的方法

对物流信息进行整理分类的关键是选择一个好的编码系统。根据所用代码符号数量的多少，可将物资管理信息划分为少位的（包含 1 ~ 2 个符号）和多位的。每个代码可以是简单的，也可以是复合的。所谓复合码就是由两种及两种以上简单码所组成的代码。常用代码设计方法有下列几种：

（1）顺序码。顺序码又称序列码，它是一种用连续数字代表编码对象的代码，通常从 1 开始。例如一个单位的职工号可以编成：0001，0002，0003，…，9999。

顺序码可以按信息在项目表中出现的顺序编号，也可以按字母顺序或数字顺序排列。它的优点是短而简单、用途广，还可以与其他形式的编码组合使用，追加新码也比较方便。但这种码没有逻辑基础，它本身不能反映信息的任何特征。此外，新加的数据只能列在最后，删除数据则造成空码。

（2）区间码。区间码把数据分成若干组，代码的每一区间对应一组数据，例如电话号码。在使用这种编码时，需要为待编码的每组信息规定出一个号码序列；当项目表很复杂，但易于明确分组时，适宜使用区间码。

区间码的优点是：码中数字的值和位置都代表一定意义，信息处理比较可靠，排序、分析、检索等操作易于进行。但这种码的长度与它分类属性的数量有关，有时可能造成很长的码，代码的维护也比较困难。

区间码又可分成以下几种：①多面码。一个数据项可能有多方面特性，如果在代码结构中，为这些特性各规定一个位置，就形成了多面码。②十进位码。在待编码的项目表中有多种特征时，通常都使用十进位码，因为这些特征在进行数据处理时常常需要加以区分，每种特征都固定赋予若干位十进位码。所分配的号码数量总是 10 的倍数。十进位码的优点是编码、排序、分组都比较简单。在使用十进位码时应注意将代码的位数固定下来，这样有利于计算机的处理。③助忆码。助忆码用文字、数字或字母数字结合起来描述，可以通过联想帮助记忆。例如，前面用多面码表示的规格为 40 - 56 * 5 - 4 的国产普通小型扁钢可用助忆码：GXB - 40 - 56 * 5 - 4 来表示。其中 G 代表国产的“国”字汉语拼音第一个字母，X 代表“小型”，B 代表“扁钢”。助记码适用于数据项较少情况（一般少于 50 个），否则可能引起联想出错。④专用码。指在应用计算机进行信息处理过程中以及在信息收集和传输系统中所使用的专用符号或字母符号。除了被编码的项目表中的信息代码之外，专用码还包括技术设备执行操作指令。⑤复合码。由若干种简单码组合而成的代码。它适合于对多特征的项目表进行编码。例如学生学号“8806034”，第一、二位字符表示入学的年份是 1988 年；第三、四位字符表示所在系代码，这里为 6 系；第五、六、七位三个字符表示该系学生的编号。

4. 代码宽度的确定

在确定信息代码时，究竟采用几位数字或字符宽度，可根据具体信息的全部数量来计算确定。

假设 a 代表码中所用符号的位数，b 代表每一位代码所能用的符号个数，c 代表可能得到的代码总数，则：

$$c = b^a$$
$$\lg c = a \lg b$$
$$a = \lg c / \lg b$$

若采用字母、数字混合型编码系统，应有 $b = 35$，并设总宽度为5位，即 $a = 5$。这时可计算出这种编码一共可容纳的信息数量达5253.5万个，即，$c = 35^5 = 5253.5$ 万。

若前两位是字母数字混合型、后三位是十进位码，则可得到：

$c = b_1^{a1} \times b_2^{a2} = 35^2 \times 10^3 = 122.5$ 万

即可容纳信息总数达122.5万个。

5. 代码结构中的校验位

为了保证代码输入的正确性，有意识地在编码设计结构中原代码的基础上附加校验位，使它事实上变成代码的一个组成部分，又称校验码。校验位的数值是通过事先规定的数学方法计算出来的。输入代码时，程序中设置了代码校验位值的计算功能，并将它与输入的校验位进行比较，以检验输入是否有错。校验位可以发现以下各种错误：一是抄写错误，例如，1写成7；二是易位错误，例如，1234写成1324；三是双易位错误，例如，26913写成21963；还有随机错，包括以上两种或两种以上综合性错误，或其他错误。

确定校验位方法在算法上大体相似，它们之间的差别主要在于对代码的数值加权时，权因子的选择不同。现将方法列举如下：

（1）算术级数法。

原代码　1　2　3　4　5

各自权因子　6　5　4　3　2

乘积之和　6 + 10 + 12 + 12 + 10 = 50

以11为模数去除乘积之和，将余数作为校验码：50 ÷ 11 = 4 余 6

则此代码写成：123456，其中6为校验码

（2）几何级数法。

原代码　1　2　3　4　5

各自权因子　32　16　8　4　2

乘积之和　32 + 32 + 24 + 16 + 10 = 114

以11为模数去除乘积之和，将余数作为校验码：114 ÷ 11 = 10 余 4

则此代码写成：123454

（3）质数法。

原代码　1　2　3　4　5

各自权因子　17　13　7　5　3

乘积之和　　17 + 26 +21 +20 +15 =99

以 11 为模数去除乘积之和，将余数作为校验码：99 ÷11 =9 余 0

则此代码写成：123450

二、系统分析

物流信息系统以物流部门的生产、运输、储存、供应等工作为研究对象，研究物流信息输入、处理、储存、输出的流程与加工过程。它必须有较强的针对性，对软件的工作环境与人机界面做明确的规定，以确定研究对象和系统作用范围。在进行必要、全面的调查研究和系统分析的基础上，对物流管理部门的管理模式和信息数据交换流程做必要的抽象，经过去粗取精，去伪存真的取舍，进一步回答系统“要做什么”和“能够做什么”的问题，并用书面材料把分析结论表达出来，从而上升为一般的通用物流信息系统模型。

（一）研究对象与总体设计要求

1. 研究对象

以某系统基层的物流工作为研究对象，着重研究生产商物流的计划管理、采购管理、仓储管理三大子系统信息数据的收集、输入、处理、存贮、交换、输出的全过程。以系统工程、用户第一的观点为指导思想，分析设计信息系统的数据模式与子模式，并以此为依据确定文件的组织方式、存贮模式、处理方式与输入输出方式，做出系统的数据流程图与数据字典。并在此基础上进行功能分析与设计。

2. 总体设计要求

根据物流管理的专业特点，物流信息系统的设计应该遵循以下一些原则和要求。

（1）了解和熟悉国家有关部委制定的关于物流工作的各种法令和规范；系统设计必须符合物流有关计算机应用与信息系统建设标准化规范的要求，物流信息的统计方法应符合国家统计局及上级部委规定的统一要求，重要报表应使用专用程序文件，采用统一固定的报表格式输出。

（2）系统设计应遵循系统思想，采用结构化分析与设计的思想与方法，尽量采用软件工程化的新技术、新方法；努力实现功能模块的高内聚、低耦合，最大限度地减少模块间的共用信息。

（3）在进行物流信息系统设计的同时，必须考虑与横向同级信息系统及纵向（上、下级）信息系统的接口关系，实现不同子系统之间的数据共享，并在软硬件配置上留有进一步发展的余地。

（4）信息处理在速度上必须满足管理工作的要求，并有较好的可恢复性、可自检性。统计月结时应充分保持统计数据的独立性。

（5）系统应采取一定的保密措施，保证数据及时、正确、安全、可靠，对输入信息建立完善的维护体系；同时必须留有物流账目财务稽核的“痕迹”。

(6) 要求系统有较好的实用性，确保用户能切实使用起来，并方便实用。例如物流部门每天要处理的账单繁多，数据量大，输入输出必须操作简便、易于掌握，尽可能采用代码输入，将汉字输入量减少到最低程度，做到快速、可靠。再如物流部门月结账与分类账的设计应满足财务部门与物流部门的实际需要，账目的科目设置应与统一的财务标准一致，保证各种物资经济技术指标与统计数据都能从原始数据中取得。

(二) 系统现状的调查

任何一个新系统的建立都是以现行系统为基础的。在新系统设计工作开展之前，必须先把现行系统的各方面情况调查清楚，对所调查到的情况用系统的观点进行分析，找出共性的问题，捕捉特殊情况，为系统设计做好准备工作。调查的重点是现行系统的组织、功能及业务流程，以便系统研制人员能掌握现状，找出改进之处。而调查分析的结果，就作为新系统设计的试行方案，用以建立计算机化的信息系统的逻辑模型。

用户单位的业务组织及职责。在任何一个企业、公司建立物流信息系统，首先必须了解该单位的规模大小、工作任务、组织结构及其中各部门之间的关系和功能。任何一个系统的物流部门与其他部门之间都有多种多样的关系，归纳起来主要表现为上下级关系、物资流动关系、资金流动关系、信息资料（文件、报表、账单等）传递关系等。脱去这些关系的实体外衣，抽象出来的就是存在于一个组织中的物流、资金流和信息流，这些才是系统分析员要捕捉的对象。

现以某企业物流部门的业务组织及其工作职责的调查分析为例加以说明。该部门组织机构分上下两层，即管理层和执行层，执行层按工作职责分为三个不同的管理子系统，分别为计划管理、合同管理和仓库管理子系统。该部门对上接受本系统上级的领导，定期向公司上报三种统计报表和各种物资消耗与需求计划；在同一管理层中与财务科、人事科、统计科、档案室发生业务联系，交换人、财、信息文件的有关数据。整个部门的工作职责简述如下：

(1) 管理层。管理层工作职责是：主持日常物流和管理工作，掌握物流的总体信息，进行综合决策分析；并控制物流管理各项指标的贯彻落实，确保物流工作质量和供应质量，加速流动资金的周转，不断提高经济效益。

(2) 执行层1（计划管理）。其工作职责是：①掌握物流的统计资料，把握用户需求与仓库库存的供求关系，核算各种物资的需用量、库存量和申请量，编制物资计划平衡表。②管理用户上报的计划报表，负责料单审批、对外销售开票、委托加工计划等工作。③检查和分析物流计划分配执行情况，做好物流计划的日常管理工作。④向上级机关申报计划物资需求计划表。⑤编制、掌握物资消耗定额和检查储备定额的执行情况。⑥掌握合同的执行情况和交货进度情况，货款承付签证，处理过期合同、作废合同。⑦准确核资和合理使用储备资金，处理超储积压物资。

(3) 执行层2(采购管理)。其工作职责是:①按采购计划采购有关物资,保证采购计划按期完成。②掌握市场及有关厂家的生产、销售信息,制定有利的采购策略。③按期运回采购物资、掌握在途物资的具体情况,进行跟踪管理,办好入库物资的交接手续。④核算采购费及运杂费,计算物流的实际使用费用。⑤及时结清往来货款和出差借款。

(4) 执行层3(仓库管理)。其工作职责是:①掌握到货物资的验收入库,办理物资入库手续,及时反映验收中存在的问题。②整理料单、产品说明书、合格证、化验单、质保书等资料并上交归档。③对物资进行维护保养,定期盘点,做到账、单、物、资金四相符。④按"先进先出"的出库原则,对出库物资进行发放,验收单据,及时登记上账。⑤实施落实仓库库存物资储备定额,完成流动资金下库指标,及时反馈余缺物品信息。⑥回收废旧物资,开展修旧利废的工作。

通过业务组织的职责调查,系统开发人员不难找到物流管理各职能子系统所承担的工作取货和具体要求。它虽然只是物流信息系统研制工作背景的一个综合性概述,但却有助于了解现行系统的业务流程,从中找出数据信息处理工作集中点的所在。

(三) 现场工作流程调查

现场工作流程调查可借助于现场工作流程图来进行。现场工作流程图以所处理的某一业务工作在工作现场的工作流程为基础,在工作场所平面图上描述物流、信息流等情况。它真实地再现工作人员的实际业务活动过程中票据和文件信息的流向,业务处理过程的顺序、时间及其特点。它能反映出输入输出的形式、要求和某些例外情况的处理方法及过程等,表明某项业务工作被处理的全过程,发现业务工作流程中的某些关键问题和薄弱环节,从中找出改善管理的突破口。

(四) 事务流程的调查

事务流程是研究业务活动中作业处理过程的一种分析方法。在事务流程调查中主要解决三个问题:

(1) 作业流程标准化。在物流管理中,各种作业流程大多有标准的执行规范,系统分析人员的任务就是要尽可能搞清楚各种作业流程的执行现状,以及它与标准规范的差别与联系,收集在各作业流程执行过程中所产生的各种账单、图表的标准形式与填写格式。

剖析仓库技术作业的全过程,一般可以将其划分为三个阶段或五个环节。三个阶段为:入库阶段、保管保养阶段和发放阶段;五个环节为:货物接运、货物验收、货物保管、货物出库、货物发运。每个环节又包含若干个具体工作程序,它们共同组成了仓库技术作业的完整体系。具体流程组成可参见图2-30。

仓库技术作业流程中每一个管理环节中都有大量的信息产生。例如,在货物接运环

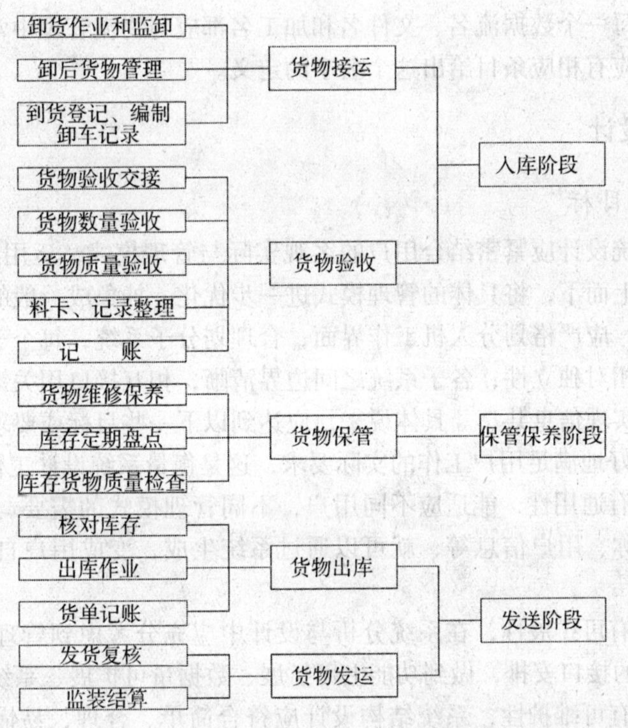

图 2－30　仓库技术作业流程

节有到货登记，需要核对在途材料登记账并作相应的处理。在货物验收环节要做料单、卡片的填写整理并按规定记账。在货物保管阶段要对库存定期进行盘点，填写库存盘点调整单。在货物出库环节需核对库存和领料单，按规定记账更改库存数量等。

（2）绘制数据流程图。有了作业的标准流程，就可以动手绘制系统的数据流程图。这里需注意的是，我们强调的是数据流而不是控制流。绘制数据流程图应从总体到部分，从简单到复杂，由粗到细逐步展开，不断扩展直到符合要求为止。绘制数据流程图关键是要使数据流程图易于理解，其分解应符合工作流程的规定要求，概念上应合理清晰。数据流程图是调查研究的产物，它源于现行系统，又高于现行系统，它是对现行管理系统的高度概括、修改、补充和提高。

（3）建立数据字典。数据流程图描述了系统的“分解”，即描述了系统由哪几部分组成，各部分的数据流之间有什么联系等，但并没有说明系统中各个数据成分是什么含义，因此必须对图中出现的每一个数据成分给出具体的定义之后，才能较完整地描述一个系统。

数据流程图与数据字典是密切联系的，两者结合在一起才能构成“需求说明书”，单独一套数据流程图或单独一本数据字典都是没有任何意义的，因而是不完全的。数据流程图中出现的每一个数据流名、文件名和加工名都应与物流管理中常用术语一致，并在数据字典中都应有相应条目给出这个名字的定义。

三、系统设计

（一）系统目标

物流信息系统设计应紧密结合用户的客观实际与管理模式，运用结构化设计方法，从总体出发，自上而下，将具体的管理模式进一步优化、抽象成一般的带有普遍性的信息系统管理模式；应严格划分人机工作界面，合理划分子系统，每个子系统具有本身特定的功能要求和相对独立性；各子系统之间边界清晰，相互接口用关键字连接，能互相交换有用信息，实现信息共享。具体说来，应达到以下一些目标或要求：

（1）必须较好地满足用户工作的实际要求，这是衡量系统设计工作的首要标准。

（2）系统具有通用性，能适应不同用户、不同管理模式的需要与使用，做到只要输入用户单位名称、用户信息等，就可以通过系统生成，变成用户自己的物流信息系统。

（3）系统具有可扩展性，在系统分析与设计中应充分考虑到管理模式的改变与整体管理信息系统的接口安排，做到功能上可扩展、数据量可扩展、系统本身可扩展。

（4）系统具有可维护性，系统结构设计应符合简单、合理、易懂、实用、高效的原则，数据采集要统一，设计规范要标准，系统文档应齐全。

（5）系统具有可移植性，应能在不同机型的微机上稳定运行，具有可靠性。应使用标准的程序设计语言，标准的操作系统，具有内部自动纠错功能。用户使用的计算机应具有足够大的内存容量和高速外存，运行可靠，维护方便，具有软硬件方面的扩充余地。

（二）物流管理的规范化要求与功能划分

1. 物流信息系统规范化要求

根据以上的系统分析，可将整个物流信息系统分为三个职能子系统，即仓库管理子系统、计划管理、采购管理子系统。

（1）仓库管理子系统。要求对仓库管理物品进行统一规划，每个仓库尽可能按大类物资归类，将主要物品、备品配件、其他产品分仓库分类别管理。编制统一的物资编码、料号、报表代号，按本系统要求的代码标准对物资进行登记、归档。货架、货位、货垛需合理、整齐、牢固。尽力按“四号定位”、“五五化”规范要求摆放，做到每种物资登建保管账，标明货位号，档案编号和 ABC 分类，做到账、卡、物三相符，账单处理要及时，料单发放需规定有效期等具体措施。

（2）计划管理子系统。要求对每一份物流计划和任务书进行编码登记，每一种计划供应物品归类汇总，便于查找核对和管理，同时管理物品的调运工作。

(3) 采购管理子系统。要求对各类合同统一编码管理，分类存放，对在途物资实行跟踪管理，到货物资及时验收入库，在途物资及时清理，无拖欠货款，做到货款相符。

2. 物流信息系统主要功能

物流信息系统的功能分析是为了达到系统的目标要求。系统功能分析工作一般是通过系统功能层次结构图进行系统功能结构分析；通过功能关联图进行功能之间的关系分析；通过职能机构与管理活动关系表等工具进行职能与功能关系分析。按一般情况，系统设计是系统分析工作的继续和发展，设计阶段的系统设计（SD）方法与分析阶段的系统分析（SA）方法有着密切的联系，系统设计（SD）方法通常与系统分析（SA）方法衔接起来使用。

(1) 功能分析图。系统分析阶段产生的数据流程图，可以逐步导出各自的功能分析图。数据处理系统的数据流程图一般有两种典型的结构：变换型结构和事务型结构，对整个系统使用"变换分析"，对系统的局部使用"事务分析"。在分析的过程中应注意不断消除重复的功能。

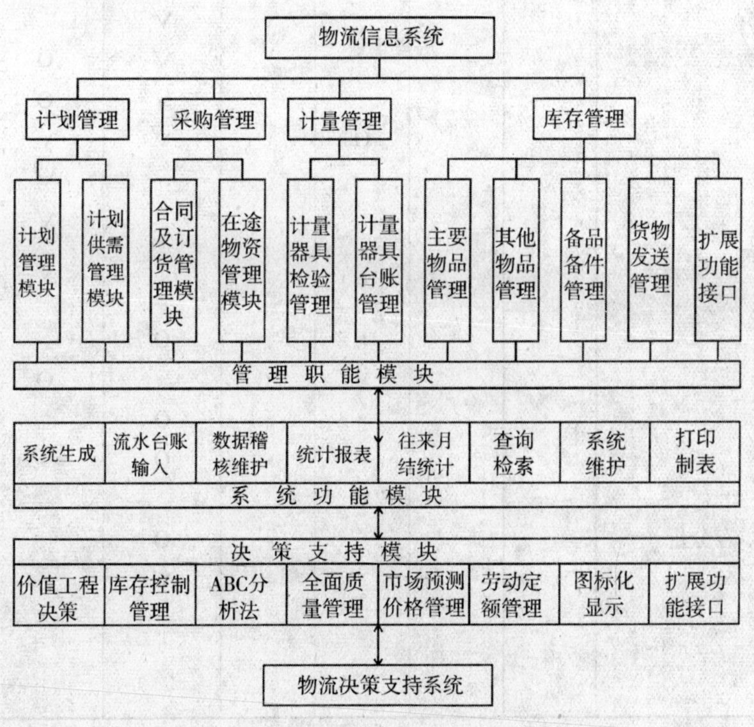

图2-31　某物流信息系统的功能分析图

功能分析图体现了按功能从属关系形成的层次结构，它不受部门和任务大小限制，而决定其实现方法、步骤和数据逻辑结构的复杂程度等。

（2）功能关联图。在功能分析图和现场流程图的基础上，进一步找出功能与业务活动的互相联系，为进一步分析功能与业务之间的关系，给出详尽的标志。通过功能关联图还可以检查信息的质量，如信息的精确度、完整性、逻辑性、重要性及可扩充性。图 2－31 为简化的功能分析图

（3）职能机构与管理活动关系表。一个企业系统的职能机构，是按照实现系统目标所要求完成的功能建立的。职能机构与管理活动关系表是分析职能与功能关系的一种简单工具，通过系统调查可以归纳出现行系统的职能机构与管理活动关系表，从中反映各种管理活动的主管职能机构，也可从中找出与外部环境的联系。一般说来，从功能关联图可以导出职能机构与管理活动分析表（见表 2－7）。

表 2－7　职能机构与管理活动分析表

职能机构 / 管理活动	上级公司	计划科	财务科	生产科	物供科		
					计划管理	采购管理	仓库管理
用户计划任务书		*			√		
计划物资分析					√		O
计划供需平衡表					√	O	O
单据审批					√	O	
采购计划			O		√	√	O
合同管理						√	
合同分析						√	
在途物资管理						O	√
到货验收							√
库存统计			*		O		√
出库统计			*			O	√
入库统计			*		O		√
用户统计			*		O		√
发货统计			√				O
库存收、支、存分析					O		√
备品管理					√		O
统计报表	*						
…							
…							

注：主管单位：*；主办单位：√；协办单位：O

有了职能机构与管理活动分析表，就可以确定物流管理各子系统之间的接口以及和外部环境的接口与联系。

（三）系统主要功能描述

系统功能描述是在系统功能分析的基础上对各个功能作进一步的深化和描述，以便搞清系统各个功能的具体目标、操作和设计要求。现将上述企业物流信息系统的主要功能描述如下：

（1）仓库管理子系统。每一种物品应有唯一的编码与之对应。分析每一种物品的描述数据项，可以分为两类，一类是在相当长一段时间内（如一年内），基本不变的数据项，如物品名称、规格型号、计量单位、单价、清仓数量等。另一类是对每一张单据都需变化的数据项，如单据编号、发生时间、收支数量等。根据关系数据库的规范化理论，可以将物流数据库设计成相对固定的信息和变动信息两类数据库。

子系统应设置各种清仓库存与账户输入、修改、稽核、查询、打印等功能。台账输入是用户每天都要操作的模块，一定要方便、清晰、可靠、高速，应注意将输入的原始数据量降低到最小的程度。

账目修改应能有多种数据项作为可选择的关键字，应能在修改中任意选择记录号，或向下、向上连续翻动查找要修改的记录，应能在任何位置插入用户需要的记录，删除用户不需要的记录等。账目稽核采用依次显示单据内容的方式，稽核过的账目不再重复出现。

用户对账目数据有疑问可以通过查询和打印的方式解决，查询方式应灵活、方便、满足用户的需要，打印输出的格式应标准、统一，重要账目的打印应设置专用打印模块。打印的账目应保证正确无误并经过财务、审计部门检验、认可后才能使用。同时设置各种报表和各种统计功能，以满足财务部门的需要。

（2）计划管理子系统。计划管理职能在物流管理中起着龙头作用，各下属单位需用的物品报计划科确认后，发送调运任务。物流部门通过汇总，落实物流任务，制订仓储生产经营体系，进行有计划的物流管理工作。计划管理子系统即负责调运任务的实施、统计、控制，并通过完善的信息系统不断反馈任务执行情况，随时作出调整采购与供应的计划，保证全面完成物流管理的任务。

计划的主要功能应有下达调运任务书，调运物资的数据输入、修改、稽核、查询、打印等功能，系统根据输入的原始计划数据进行各单位供应物资的统计汇总，并可从仓库管理子系统中统计实际供应的物品数量、金额，以此来统计本期内需要采购的物资数量、金额，编制采购计划；统计本期内完成供应任务的百分比，编制计划平衡表。

（3）采购管理子系统。采购职能对物流管理的进货质量、经济效益起着重要作用。在我国现有体制下，有计划的采购工作是保证物流管理的必不可少的环节。采购人员依据计划人员制定的期内采购计划，进行市场调查与价格、质量分析，选择最佳方式与厂商洽谈业务，签订购买合同。当厂商履行合同时，采购人员通过财务汇款承付。这时需转入在途物资的跟踪管理。当在途物资到达后，采购人员还需安排搬运提货，交仓库有关人员验收，开出收料单，办好入库手续。

采购管理子系统应有合同管理与在途物资跟踪管理、对外委托加工管理等基本数据库。合同管理为采购人员在年度内对外签订的各种合同提供系统的管理，包括合同输入、合同执行、合同分析、合同注销、合同结转、作废合同处理等功能。在途物资管理为用户对已经在财务上付款的在途物资实行跟踪管理。在途物资与合同管理之间有一定联系，用“合同序号”关键字相连接。合同执行情况、在途物资到货入库验收情况、委托加工原料与成品之间的成本核算等功能和仓库管理子系统有数据共享的关系，可以通过合同序号、在途序号、物品编码作关键字相连接。子系统还应提供采购费用，运杂费统计，产生实际单价，进行采购成本计算汇总，可以打印各种合同卡、合同执行与分析表、在途物资到货汇总表及催货单。

思考题

(1) 试述物流管理信息系统的开发方法。

(2) 试述结构化系统的分析方法与工具。

(3) 试述结构化系统设计的方法与工具。

(4) 试述物流管理信息系统的分析与设计。

第三章　物流管理信息系统结构

推动物流发展和物流地位改变的环境要素主要是：消费者行为的变化；多品种、小批量生产的转变和零售形式的多样化；无在库经营的倾向；信息技术的革新；新物流需求的产生等。为适应这些变化，流通各经济主体都在调整自身的物流活动，构筑新的流通系统。当然，不同的主体形式，如厂商、批发商和零售商所面对的物流不同，处理的方式与方法也不同。因此，没有也不可能存在统一的物流管理信息系统模式，下面将分别加以介绍。

第一节　厂商物流管理信息系统

厂商物流可以划分为充实原材料、零部件等调达活动的调达物流、生产产品搬运过程中的制造物流或企业内物流，以及将生产出的产品向批发商或零售商传递的销售物流三种类型。因此，厂商具有自己独特的物流管理信息系统。

厂商物流管理信息系统的目的是使企业的生产物流、供应物流、销售物流、废旧回收物流能够以最低的成本、最快的速度实现。厂商物流管理信息系统共分 12 个子系统，其中某些子系统的某些功能已广泛运用于美国以及其他一些国家的企业管理和物流管理中。为了更好地理解物流信息系统的作用和地位，下面将把整个系统的功能和结构加以介绍。

一、工程技术和生产数据控制子系统

工程技术和生产数据控制子系统的作用是建立、组织和维护工厂的各种工程技术和生产要素数据，以提供给其他子系统使用。这些数据包括：①产品的结构；②工程图的情况；③生产制造工艺规程；④描述机器、工作中心和其他生产要素的数据；⑤上述这些数据的历史记载。

由于这些数据纵横交错，结构复杂，所以一般都采用数据库来管理它们。该子系统的基本功能见图 3－1。

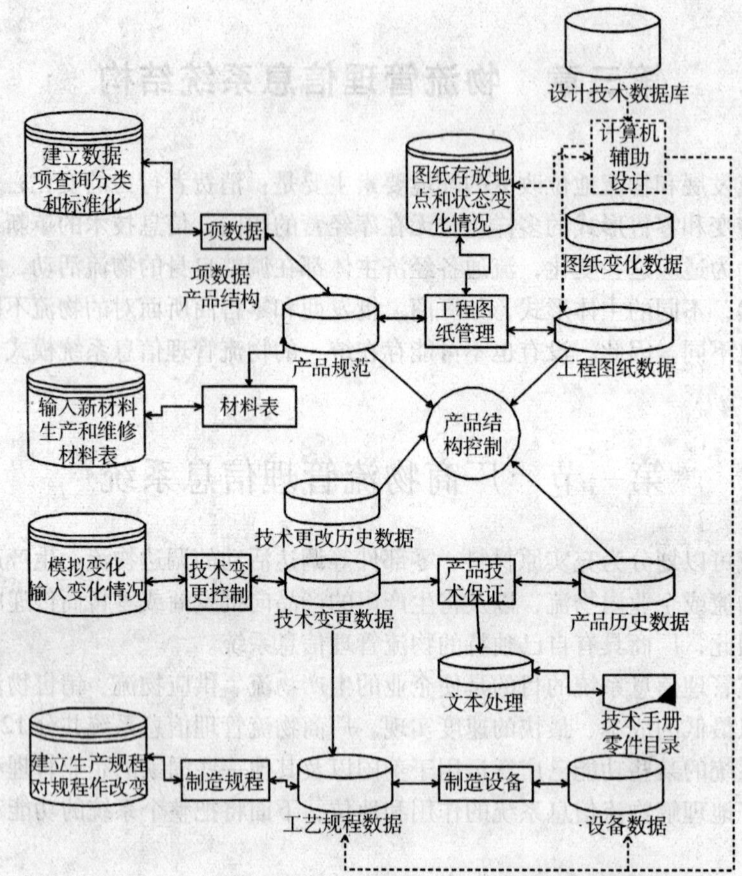

图 3－1　工程技术和生产数据控制子系统的基本功能

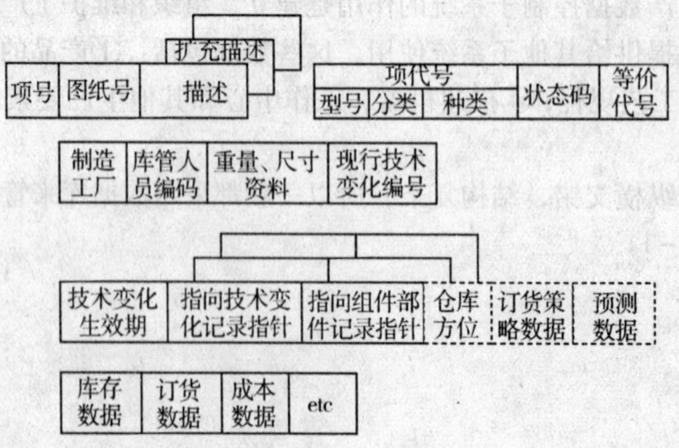

图 3－2　项记录逻辑格式

1. **数据和产品结构数据**

系统把每一制造件或采购材料定义成“项”。最终产品、组装件、原材料都是项。每一个项有唯一性编号。除此之外每个项还赋以分类码，分类码含有具体分类属性，便于检索。分类码可以经常变，但只要不是重新定义一个新项，项编号是不能变的，一般项编号用6位就够了。项记录的逻辑格式如图3－2示。

项数据是靠工程设计部门、生产部门、库存部门、销售、采购和财会等各部门，并由它们提供项数据完善的工作是逐步进行的。当一个项产生以后数据还不完整时，系统通过行动文件在各部门终端上作出报告，督促各管理部门补充它们应提供的数据。

一个组合件可以用结构的形式来表达其组成（见图3－3），在计算机中表达这种结构是靠产品结构记录，如图3－4所示。产品结构主要用于产品的“展开”（拆零），即从一个产品出发，详细了解它的各个层次的组成情况。产品展开对库存管理和成本管理等功能是必不可少的。产品结构数据和项数据一样也是由各部门逐步完善的。

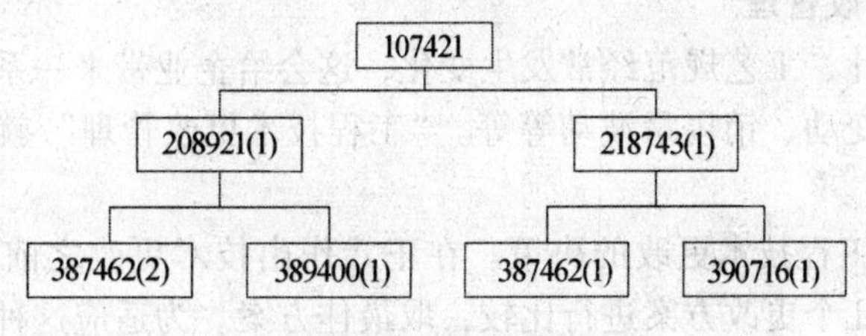

图3－3　产品结构（材料表）

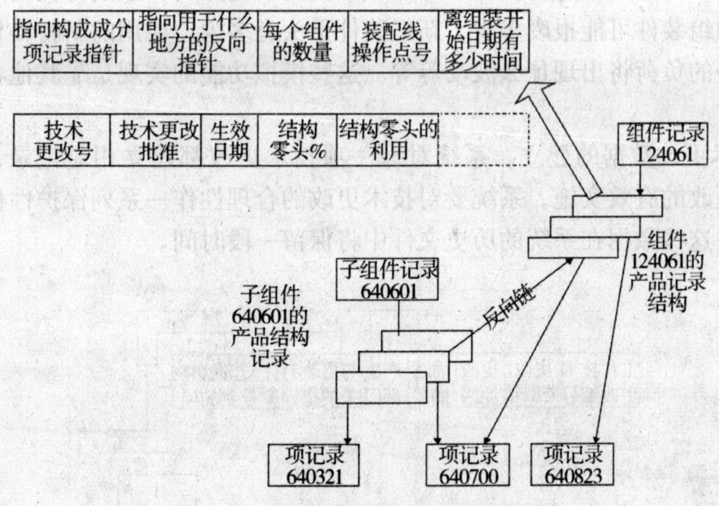

图3－4　产品结构记录

2. 工程设计图管理

工程设计中除了用项数据和产品结构数据来表示产品组成之外，还要有表示它们配合关系、形状、尺寸等属性的图纸、微缩胶卷等工程图。工程图的管理是十分重要的，系统对每一张工程图都有相应记录，如图 3－5 示。

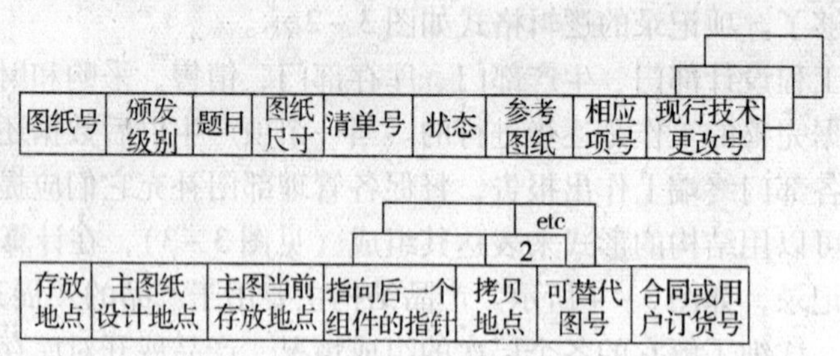

图 3－5 工程图管理记录

3. 工程技术更改管理

实际工作中设计、工艺规范经常发生变化，这会给企业带来一系列的影响，比如造成材料短缺、成本变动、销售量波动等等。“工程技术更改管理”就是控制这些变化的功能。

（1）辅助作出工程技术更改的决策。在正式作出技术更改之前必须估计到更改后的影响，或者选择几个更改方案进行比较，取最佳方案。为适应这种要求系统提供一套模拟功能，管理人员可以在终端上发出各种更改指令，由系统模拟作出相应的变化，并输出变化的效果。比如设计更改以后产品成本波动情况如何，预期得到的总利润效益将是多少，老的组装件可能报废多少，新组装件手头有多少，要用的新材料什么时候能备齐，生产设备的负荷将出现什么波动等等。这些模拟功能的实现是靠其他各子系统来支持的。

（2）技术更改数据的建立。系统对每一项技术更改都建立相应记录，如图 3－6。为确保技术更改的有效实施，系统要对技术更改的合理性作一系列保护性检验。技术更改实施以后，这些数据在系统的历史文件中将保留一段时间。

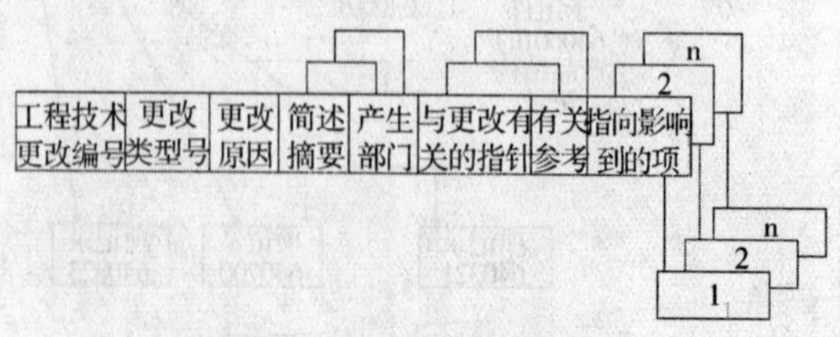

图 3－6 技术更改数据记录

（3）工程技术更改的实施。技术更改的生效时间可以根据不同要求来确定，例如可在某天开始生效；可以按某一材料耗竭或新材料到货时生效，也可按产品某出厂号开始生效等等。系统按上“开关”，满足条件时自动切换。

（4）产品技术保证。“产品技术保证”的功能是通过产品结构控制保证生产出的产品符合用户需要，并将每种产品的演变历史存放在历史文件中，这样出了问题可以查，提供备品备件也有依据。产品的技术说明书也在计算机中存放，随时可以修改、打印。

（5）生产制造工艺规程。生产制造工艺规程描述产品的生产过程，说明制造流程，使用哪些机器、工具、操作顺序，并提供计算生产前导期和工作中心负荷所需要的数据。工艺规程记录如图3－7所示。

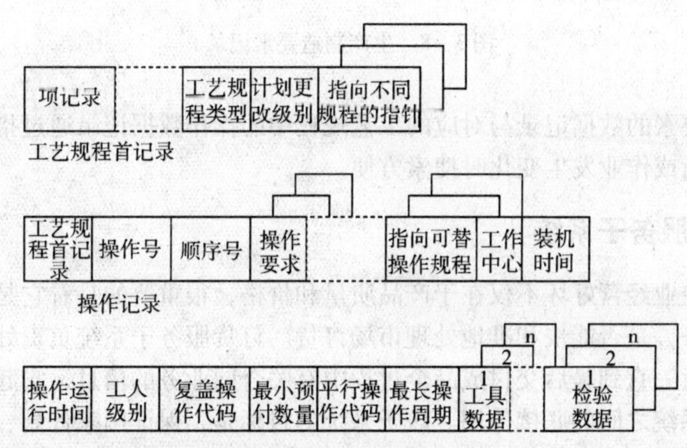

图3－7　工艺规程记录

对一些标准件等产品，比如齿轮，可以通过工艺规程设计逻辑自动分析出工艺规程。操作时间标准为生产活动计划和成本计划与控制子系统提供重要依据。建立这个参数常用以下几种方法：①估计；②工作量实测；③计算机根据操作要素和经验曲线计算出一个标准。

（6）生产制造要素。生产制造要素包括以下几类：①工作中心：完成一项特殊工作的人机生产区，工作中心可按加工性质划分（如车库工作中心），也可按产品为中心划分，也可按流水线区段划分；②机器组和人员小组；③机床和工具。

系统在数据库中保存每个生产制造要素的数据记录，为制造活动计划、工厂监控、工厂维护、成本计划与控制等子系统提供必要信息，例如机床的记录如图3－8所示。

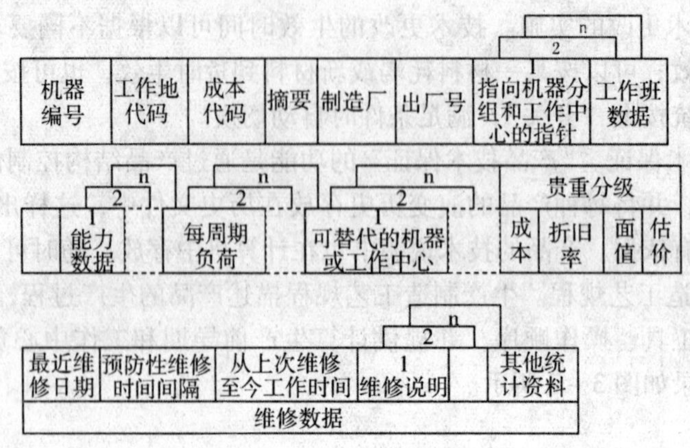

图 3－8　生产制造要素记录

生产制造要素的数据记录与对应的工艺规程中的操作数据记录通过指针相联，在调配工作中心负荷或作业发生变化时搜索方便。

二、订货服务子系统

判别一个企业经营好坏不仅在于产品质量和价格，很重要的是看它是否能按国家计划完成生产任务，是否能快和准地处理市场订货。订货服务子系统负责处理从接受国家计划、市场订货一直到最后交付成品全过程中有关合同业务的信息，它起到生产制造系统与销售信息系统之间的联接作用。该子系统的目标是，保证国家计划、市场订货及时准确地进入系统，准确估计产品的成本和价格，在整个合同生命期内加强对合同执行情况的监控。该子系统与其他子系统有广泛的联系，它们之间的关系可用图 3－9 来表示。

订货服务子系统的功能有以下几方面：

1. 国家指令性计划的接受和分析

国家计划下达之后，办事人员通过终端向系统输入计划数据，除了人工审阅之外，系统对进入的数据进一步做合理性检验，如编号、名称、数量、期限、特殊要求等等。系统对每一项计划赋以统一编号，生成对应的合同订货记录。与企业有关的客户都有相应的静态数据，如客户名、地址等等，存放在数据库的客户文件中，如果合同上注明的客户在文件上找不到，系统将建立新的客户记录。订货记录、客户记录以及它们的联系见图 3－10 示。如果计划下达时没有明确客户，那么在合同订货最后兑付之前一定要建立起相应的联系，否则系统将提出质疑。

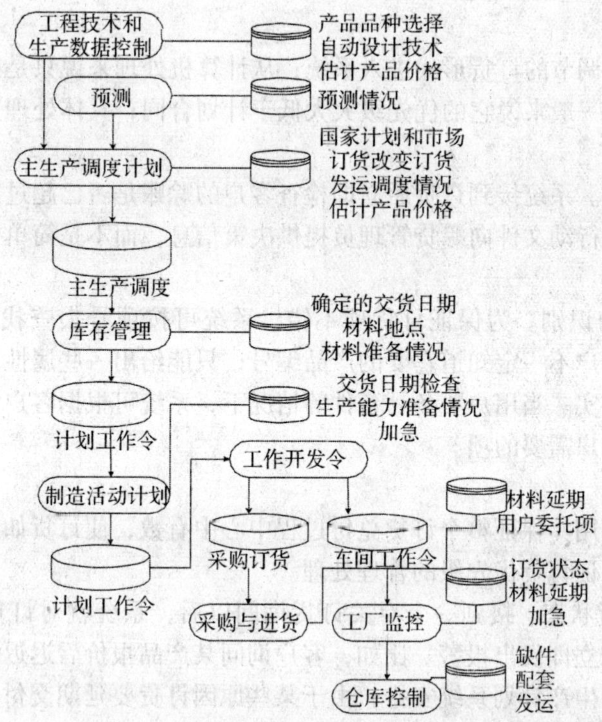

图3-9　订货子系统与其他子系统的联系

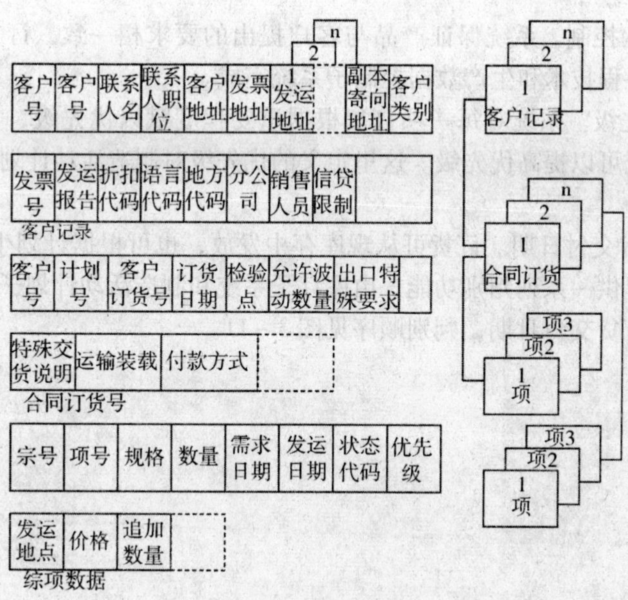

图3-10　订货记录、客户记录及其他的记录

2. **市场订货**

系统允许市场调节的订货形式进入系统；从计算机处理来说只是在合同订货记录中标上非计划合同，一般来说它的优先级大大低于计划合同；具体处理上，对这类订货有两方面要求：

(1) 赊贷控制。系统接到订货后立即检查客户的赊账是否已超过规定限额。如已超出限额，系统通过行动文件向赊贷管理员提供决策信息，而不是简单代替管理人员做任何决定。

(2) 订货项的识别。为保证订货项不错，系统可按项号去查找该项的一些摘要，加以核实。有时客户不一定知道它要的产品编号，只能给出一些属性，系统将从数据库中找出有关项供核实。当用户要备品备件等情况下，系统可根据客户订货历史资料和产品历史资料找到客户需要的项。

3. **订货控制**

订货的控制作用：保证整个订货兑付过程中心中有数，使订货如期交付；保证产品符合订货要求；保证订货优先级的合理处理。

(1) 跟踪订货状态。接到一个有关订货询问以后，系统就对订货的每一状态进行监视，一旦不正常立即发出报警。比如，客户询问某产品报价后迟迟不作正式订货；订货接纳以后正等待生产计划系统安排；由于某些原因订货要延期交付或者货物已准备发运，但运输问题未落实等，系统都会向管理人员提供信息。货物一旦发出，控制转向财务会计系统。

(2) 产品结构控制。系统保证产品与客户提出的要求相一致，订货服务子系统发出控制信息后由工程技术和生产数据控制子系统完成。

(3) 订货优先级。系统对每一项订货根据重要程度赋以优先级，在完成兑付过程中根据拖延的情况可以提高优先级。这里定义的优先级对制造活动计划子系统来说提供了外部影响因素。

(4) 确定订货交付日期。订货可从现库存中发放，也可根据计划生产出来后支付。订货服务子系统提供一系列判别功能，由库存子系统和制造活动计划子系统提供必要的信息，最后确定订货交付日期，判别顺序见图3－11。

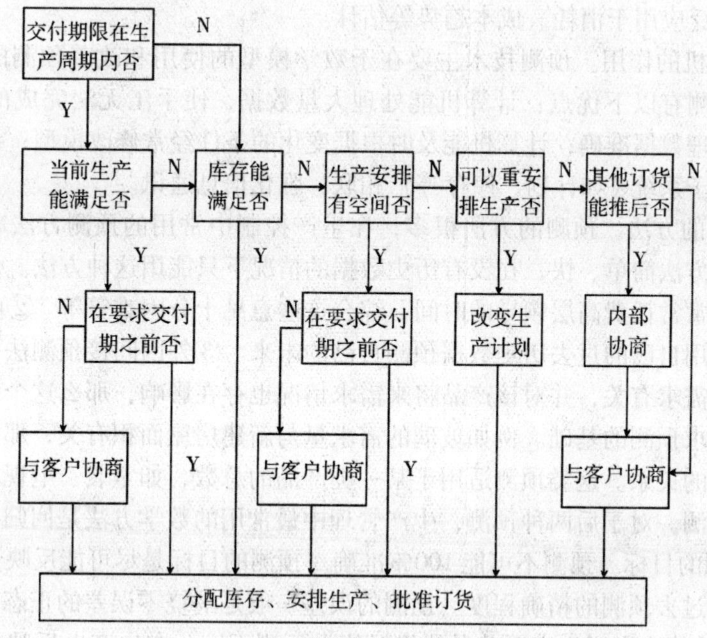

图3－11　确定订货交付日期

一开始约好的日期不一定符合实际生产情况，一旦出现延误的情况，系统将反映给管理人员。

4. 查询

订货服务子系统提供全面的查询功能，以便管理人员和客户及时了解他们所关心的订货执行状态。如果中途要改变订货，比如取消订货、加急订货、修改订货等等，订货服务子系统将通过其他子系统提供的信息，汇总后输出改变订货的可能性和要付出的代价。

5. 评价订货服务的执行情况

订货服务的执行情况包括交货是否及时，对查询是否快速响应，订货处理的时间是否减少等等，这些评价来自于各合同订货记录中的记载。评价分析可以把历史情况拿出来比较，也可以以产品类型、计划完成情况来分类比较，定期打出分类情况报表，为改善管理提供依据。

三、预测子系统

1. 概述

一个企业要作出某个决策，一定有某种预测在起作用。预测的对象不局限于产品需求，预测还广泛应用于消耗、成本趋势等估计。

（1）计算机的作用。预测技术主要在于数学模型的使用和改善预测的精度，使用计算机进行预测有以下优点：计算机能处理大量数据，使手工无法完成的工作可以完成；计算机处理数据准确；计算机能及时根据变化的条件经常修改模型；计算机预测系统可以和其他子系统（如计划、库存等）相联，强化信息通讯。

（2）预测的方法。预测的方法很多，在生产控制中常用的预测方法有三种：①综合手法，这种方法简单、快，在没有历史数据的情况下只能用这种方法。但这种方法也有不少缺点，常常耗费高层领导的时间，综合这些意见十分困难等等。②内因直接预测法，每个项目用自己的过去历史数据预测自己的未来。③外因间接预测法，如果一外部因素与某产品需求有关，并对该产品将来需求情况也存在影响，那么这个外部因素可作为这个产品需求预测的基础。例如玻璃的需求量与新建房屋面积有关，那么就可用一模型来表达它们的关系。这类预测适用于某一类产品的总数，如童装、电视机、数控机床整体数量的预测。对于后两种预测，生产管理中最常用的数学方法是回归技术。

（3）预测的目标。预测不可能100%准确。预测的目标是尽可能反映真实需求的情况，并计算出过去预测的精确程度。预测的误差一般是围绕零误差的正态分布，平均绝对离差 MAD 的值决定了生产缓冲量的绝对值；预测不准，在生产上反映出来的后果是缓冲量增加；预测的好坏不在于模型的复杂程度，而在于使用人员彻底了解这个模型。

（4）预测子系统的功能：①收集和整理数据，滤除不合理的历史数据；②选择最好的预测模型，以准确表达需求行为，从而改善预测精度；③用产品寿命曲线修正长期预测，增加长期预测和新产品预测的精度；④ 管理人员可以根据预先知道的外界影响，调整模型；⑤ 使用模型维护技术，减少历史数据的存贮量；⑥使用监控手段，保证现行的预测模型延续使用，减少人工干预；⑦根据企业外部的经济因素不断发展预测模型。

预测子系统与其他子系统的关系可用图 3－12 表示。预测不等于计划，只是向主生产计划调度提供初步根据。

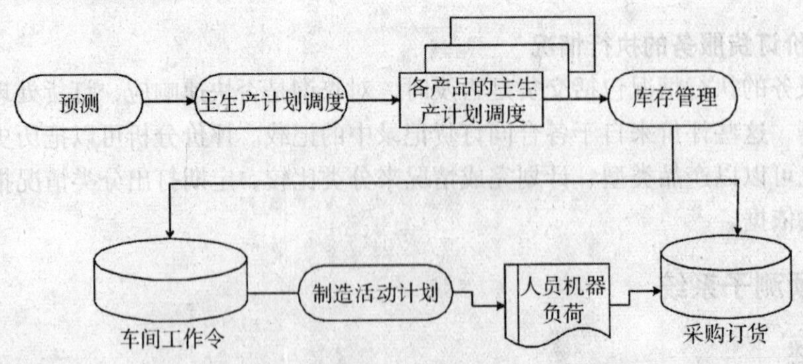

图 3－12　预测子系统与其他子系统的关系

2. 内因直接预测

预测首先要考虑收集整理数据。预测需求时应收集需求数据。销售数据与需求数据之间是有差别的，不能简单地把销售数据当作客观需求来处理。一般来说统计数据越多越好，不太重要的情况下找7点即可，重要情况下至少找12点，观察季节性需求形态至少要两年的数据。数据的时间跨度对预测是有影响的，跨度过长，季节性波动会被掩盖。像库存这样的问题要考虑吸收需求的波动，所以一般要求时间跨度短些。

在建立预测系统时要编辑大量的数据，系统提供很强的编辑功能，比如某周期缺少一个原始数据，可用前后周期的平均值来代替，人工通过光笔直接在终端添上。系统提供自动回归的功能，回归线可以是线性的，也可以是非线性的。可以根据需要任意选配。如果每一点到拟合线的离差绝对值的均值超过规定，系统将通知分析员，数据在终端的屏幕上显示出来，分析员可删去不合理的数据点或老的数据点重新回归。当需求情况出现峰和谷时，就要考虑季节性需求，真正季节性需求行为要求峰值在各个周期的同一时期出现，并且高峰需求必须超过平均需求的MAD/2。季节性需求行为在计算机中用趋势线和季节因子来表达，假设某一年12月份需求的直线趋势值为1000，季节因子为0.8，那么真正需求预测为 $1000 \times 0.8 = 800$。在现实中往往一个偶然因素影响需求行为，而这些偶然因素在历史数据中反映不出来，因此系统提供很强的人机接口功能，允许管理人员根据当前的实际情况来调整预测结果。

计算机预测系统是一个自维护系统。它不仅建立初始预测模型，而且当得到一个新的数据以后能自动调整模型，使之适应新的情况，具体来说，就是或者重配回归线，或者用指数平滑，或者重新建立新的预测模型。要做到自动调整，必须对预测有严密的监控，执行这种监控是靠各种跟踪信号，表3-1列出了几种跟踪信号的例子。比如预测持续过高，误差之和越来越大，大到一定程度（比如4MAD），就提请分析员注意，采取措施重新建立新的预测模型。有的自动调节预测模型随着跟踪信号的值变大，自动增大平滑系数 α。

表3-1　预测监控中的不同跟踪信号

周期	1	2	3	4	5
实际误差	+200	+50	+50	+10	+5
误差总和	+200	+250	+300	+310	+315
平滑误差	+200	+185	+171	+155	+140

3. 外因间接预测

间接预测首先要确定与需求真正相关的外部因素，即指示因素。指示因素的情况可能是政府部门，贸易交往的单位。也有时候来自企业内部，比如汽车的销售对以后某备件的需求是个指示因素。对每一个预测指示因素应不少于30个观察点，因此间接预测比直接预测要求有更多、更广泛的数据来源。需求往往是不止一个指示因素的函数，数学上一般用多元回归的方法来处理。

4. **综合预测**

对一种产品的需求进行预测，一般先对一组类似产品作间接预测后，再对这组产品的该种产品的直接预测作调整。

四、主生产调度计划子系统

生产计划是根据国家指令性计划、市场订货和预测制订的，它要考虑生产平稳、资源的充分利用、成本、销售策略等一系列因素。

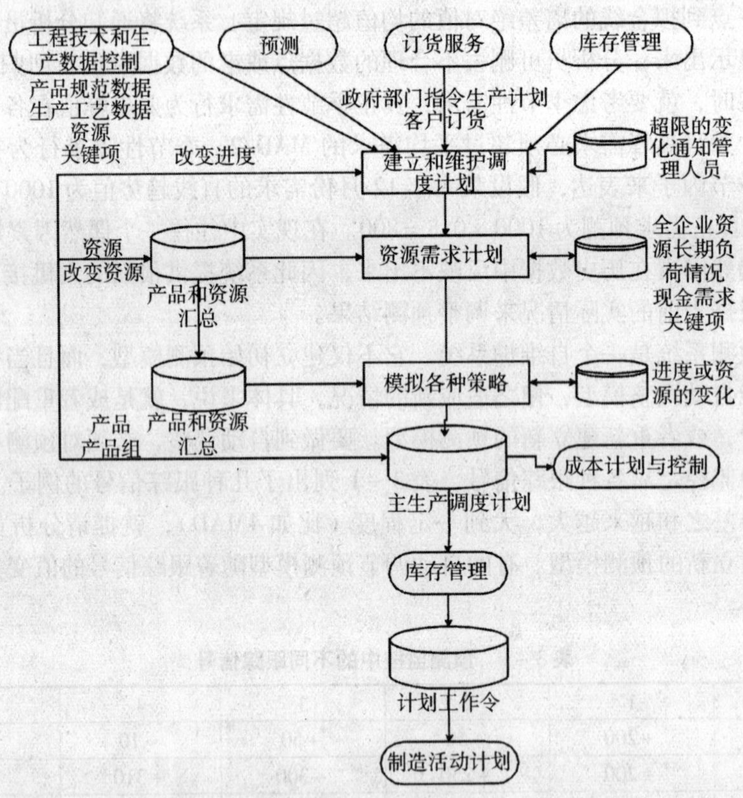

图 3－13 主生产调度计划系统与其他子系统的关系

主生产调度计划子系统的功能包括：拟订生产大纲，作为材料需求、生产作业计划等更详细的计划的出发点；估计企业资源（包括人、财、物）的长期需求；实际环境发生变化时能自动维护主生产调度计划，并提供一套模拟的方法，管理人员可以比较各种生产大纲方案的效果，以选择最满意的方案。主生产调度计划只管最终产品或相当最终产品的高级组件，其他零件和半成品的计划由库存子系统和生产制造活动计划子系统来管。并且，主生产调度计划主要从资源的角度考虑，因此它是一个“粗”计划。

主生产调度计划是处于动态的，根据客观情况的需要，每过一定的时间滚动一次。图3－13表示了主生产调度计划子系统与其他子系统的关系。

（1）主生产调度计划的建立。主生产调度计划建立的主要依据是国家计划、市场订货，企业自己的预测。一般来讲预测与国家计划不会出现矛盾，如果出现矛盾要靠政府部门和企业领导加以协调。另外，要形成生产大纲还必须考虑当前库存量、安全库存量、产品的批量和资源的合理调配。在现实中很难讲什么样的计划“最优”，系统可以列出若干生产大纲供管理人员选择，也允许管理人员进行人工干预，输入各种变化的可能性，系统反复模拟、比较，最后确定“最满意”的生产大纲，作为进一步细化的计划和成本管理的依据。

（2）资源需求计划功能

为了制订合理的主生产调度计划，必须既保证满足客户的需要，又能充分合理运用企业资源。“资源需求计划”功能保证了主生产调度计划子系统做到这一点。一般考虑的资源类型有：机器、人员、材料，现金、合同等。资源在一个时间区段内有一定的分布，每一种资源都赋以统一编码。一个产品有一个结构，根据完成日期可确定资源需求的时间和资源需求量。系统对这些资源需求按时间周期汇总，便得到了“产品资源需求分布”。根据主生产调度计划和产品资源要求分布立即可求得每个产品对各种资源的需求。再在这基础上对各种资源进行汇总，可得到各个资源的总需求分布。资源需求计划功能不断调节主生产调度计划，使各种资源的总需求量不超出最大允许值，并使需求分布线尽量平稳。

（3）系统的使用。主生产调度计划子系统是企业高层管理与整个系统的主要界面。为了使管理人员作出正确决策，系统提供多种形式的模拟功能。为了说明主生产调度计划子系统如何辅助决策，我们举个例子。假如正在开一个会议讨论电冰箱生产的计划。一开始系统显示出原预测的情况，讨论中大家认为随着工资的改革，电冰箱销售量将比原预测有所增加，于是通过终端把这个意见输入系统 。这是一个季节性需求，生产部门希望维持均衡生产，系统显示出平均需求。假设看到了产品需求量增加50%，那么劳动力够吗？装配线负荷怎么样？系统将根据不同资源分别显示出需求变化的情况。管理人员再通过计算机系统查明调整的可能性，最后作出决定。同样，当某种资源发生变化并冲击计划的落实时，系统将提请管理人员进行分析、裁决。

五、库存管理子系统

在厂商信息系统中库存管理子系统起着特殊重要的作用，它是整个系统的基石，库存的范围是广泛的，包括成品库存、半成品库存、原材料库存、备品备件库存等等。库存管理子系统的目标是按时向用户交货，降低各种库存投资。

库存管理要求其他子系统对它及时准确地输入数据，这些子系统包括工程技术和生产数据控制子系统、订货服务子系统、预测子系统和主生产调度计划子系统等（见图3－14）。

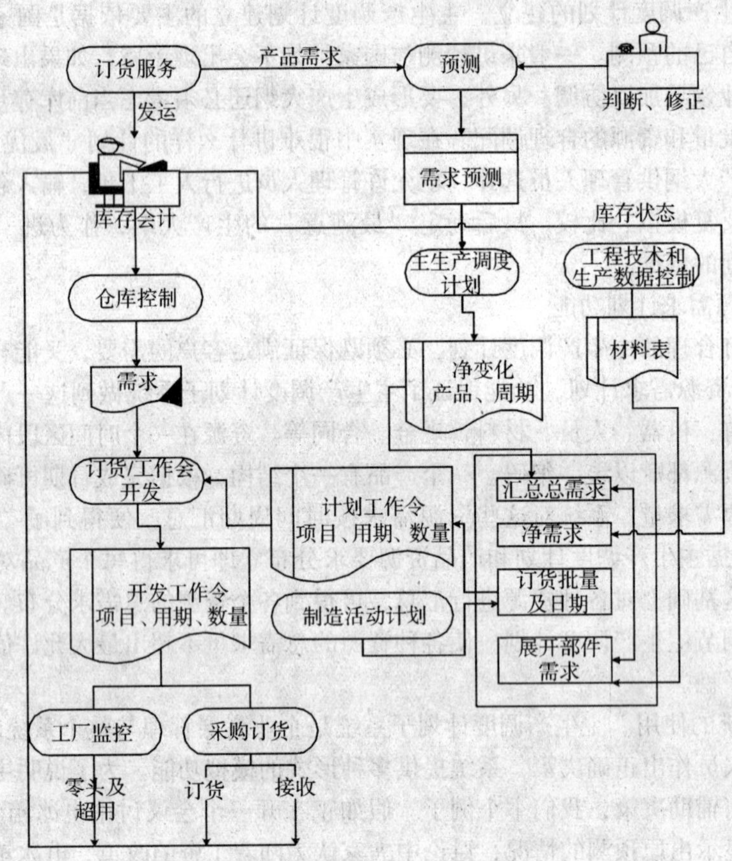

图3－14　库存管理子系统与其他子系统的关系

库存管理子系统包含库存会计和库存计划与控制两大功能：

1．库存会计

库存会计是库存的簿记和报表业务的总称，它维护库存记录的准确性和完整性，保证库存计划与控制的实现。库存会计的任务简单通俗，但接触面十分广泛，几乎整个生产信息系统都与库存会计直接相关。

库存会计负责审核库存发生额的合理性，比如发放的材料数量应与“工作令开发”所规定的数量一致，接收的订货不超过批准的数目等。一笔业务发完以后，系统将在历史文件中记录下来，比如每项产品保留最近5个接收数据和20个发放数据，这样不但有助于审计，还可以判别哪些属于呆废物资。

库存会计还负责发出盘点库存的命令。一般根据ABC分类，重要物资盘点频率高些；并且当库存量降到最低的程度时通知盘点，能使工作量小、精确度高。

2. 库存计划与控制

（1）库存控制的基本方法。库存控制有两种基本方法：订货点技术（即统计库存控制）和材料需求（MRP计划法—Manufacturing Resource Planning）。对于统计的方法，计算机可以根据消耗的历史数据自动统计出消耗的均值与方差。不断修正订货点（$R = ut + \alpha\sigma t^{1/2}$），如用对前导期t也作均值与方差统计，可使订货点更为精确。但订货点法的前提是消耗平稳；每次消耗量小，而且适用于独立需求。对大多数相关需求行为，并且是突发性的批量需求，必须用材料需求计划法来处理。MRP方法要求处理大量数据，一般制造厂大约需要几万个记录，只有借助计算机才能解决。当某种物资需求既来自独立需求，且消耗平稳，又来自相关需求，且消耗是批量的情况，系统将把两种控制方法综合起来。

（2）库存计划的实现。库存计划是通过一个循环机制来实现循环的，步骤如下：①库存计划首先确定各个周期的产品总需求，初始根据是主生产计划确定的产品需求量和备品备件需求、试验用需求等。②根据历史统计资料和生产上的要求，确定安全存量。③根据安全库存的要求和当前可用的库存量求得净需求量。④考虑经济批量。⑤确定订货的开发日期，一个产品要求某个日期交货，一般要往前推一个安全前导期，而对相关需求一般考虑用安全前导期，两者的目的是一样的，都是考虑生产缓冲；再往前推一个生产制造前导期，即得到这个产品的订货开发日期。⑥产品按产品结构用MRP的方法展开，展开是逐级进行的，需求的展开是一级一级进行的。每展开一级，下一级的组件需求又作为“总需求”的一部分来对待；返回到第①步由系统汇总后继续处理，一直展开到原材料、元件为止。

这里要着重指出一个“抑制变化”的问题，由于系统是一个实时系统，对计划变化的适应和库存出入库业务可以非常敏感，但过于敏感会降低系统运行的效率。例如一个订货使某材料需求增加1，几秒钟以后有一个计划使该材料需求减少1。那么从系统效率来看第一次变化可以不作处理，等待下次变化，积累到必须处理时才一次性处理。因此库存管理系统应及时准确地记录每一微小变化，但不是一有变化立即作出全面反应。抑制变化要制定应变的标准，可以定时采取行动，定时标准可根据实际情况来定，可以几小时，一天，也可按模拟的时间周期来定，也可按库存量来制订标准。

系统采用“限定需求”技术，即某项的需求可通过计算机搜索追溯到需要它的上一级需求项。“限定需求”技术对实现各种跟踪功能起很大作用。这种“限定”技术一般都靠数据库来实现。由于篇幅限制，这里不再介绍。

3. **系统的输出**

库存管理子系统输出的类型大致有以下几种：

（1）指示库存管理人员作出行动的命令。

（2）向"生产制造活动计划"子系统提供机内输出信息，指示每个项的开发初步计划。

（3）库存系统执行主生产调度计划情况报告。

（4）库存会计与库存控制的执行情况报表。

六、生产制造活动计划子系统

生产制造活动计划的功能是细化主生产调度计划，它在大的资源平衡的基础上对工作中心和机器的负荷作出细致的安排。生产制造活动计划子系统与主生产调度计划子系统中间是通过库存子系统来衔接的，库存管理子系统根据主生产调度计划作出每个项的工作令，初步计划时并没有考虑具体实际生产能力的平衡，制造活动计划子系统就根据这个初步计划，考虑实际生产诸因素、尽量维持可行的生产能力和原定交货期，产生工作令实际开发的日期和操作顺序，通过数据库分别提供给一件令开发子系统和工厂监控子系统（见图3－15）。

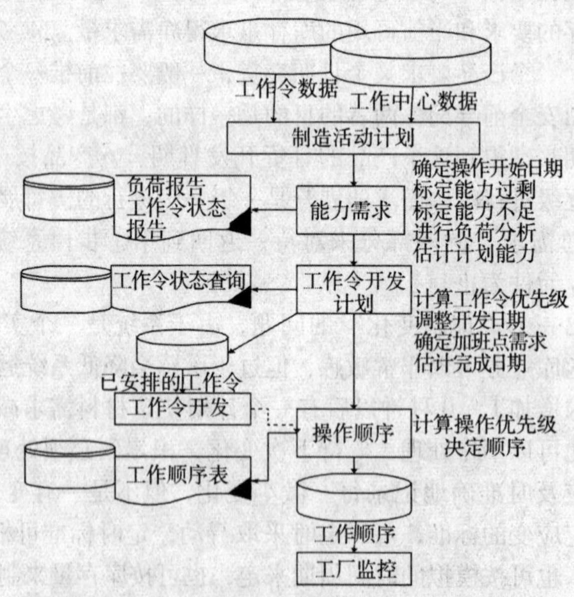

图3－15　生产制造活动计划子系统基本功能

整个生产制造活动计划子系统基本上分能力需求计划、工作令开发计划和操作顺序三大块功能，逐级将生产计划细化。

1. 能力需求计划

库存子系统原则上确定了某项产品的交货期，生产制造活动计划子系统反推出最晚开工日期，根据某工序所要的一切原材料、组件必须齐备，以及中间产品积压的最大容许量等原则可以确定最早开工时间。能力需求计划功能根据这些约束，对每个工作中心加载负荷，使每个工作中心的负荷既不超出最大生产能力，又比较平稳。如果作出平衡后发现工作中心负荷大大不满，那么系统提请管理人员作出决策，比如有计划地降低生产能力，或改变一些工作的最大允许提前量来提早开工一部分工作。如果工作中心的负荷超出了生产能力，也将提请管理人员作出决策，可以放宽提前期，找早期的欠负荷区填补，也有提高生产能力（如加班、加点），也可转向外包。如果实在平衡不下来，就将延期交货，这时等于颠复原计划，这是不希望出现的情况。不难看到，整个系统将重新作一系列的权衡。因此看一个系统是否稳定且有效，主要看计划是否合理，计划一开始留有余量，系统容易稳定，但余量太太，系统效率降低。

2. 工作令开发计划

工作令开发计划功能与生产能力需求计划功能相仿，不过考虑的时间范围更短些，考虑的问题更细，运行频率更高。它首先确定工作令的优先级，根据优先级顺序对工作中心逐渐加负荷。如果实际生产能力的情况与“能力需求计划”的计划情况相差不多，那么不用再作很多调整，否则还必须再进行负荷平衡工作。最后把调整好的工作令开发日期提供给“工作令开发子系统”。

3. 操作顺序

操作顺序功能比工作令开发计划考虑的时间范围更短，一般是几天的视野，运行频率很高，它考虑的对象不仅是整个工作中心，而且细到每个机器的作业顺序。在工作令开发计划和操作顺序功能中要考虑工作令优先级和操作优先级问题。工作令优先级表明两个工作令优先关系，操作优先级决定了工件排队的次序。这里外部优先级是指工作令涉及到的订货的优先级。操作优先级主要考虑在机器上加工的工件优先级要比不在机器上的工件优先级高，下道工序的工作中心是“关键”，且它的队短于正常时，就要提高本工序的优先级。

系统综合这些优先级关系，作出曲线。这等价于动态比率法，动态比率法用公式表示：

动态比率 = 从现在到交付的剩余时间 / （操作时间 + 操作之间的时间）

当动态比率 = 1 时，说明按计划进行；动态比率越小，优先级越高。事实上系统不是简单地作这些计算。系统排计划的过程是一个模拟作业的过程，在模拟的过程中使用这些方法来尝试和“预见”。

现在我们来看看系统是如何制订作业计划的：系统先设一个内部时钟。它是一周一跳，周期可定20分钟、1小时等等，周期定得越长系统工作精度越低，但系统工作频度越小。顺序安排的原则是在一周期中排队的作业都考虑，对每个工作中心轮番地处理，工作中心的次序可以是无所谓的，但一般根据生产流程来排次序。优先级高的先安排第一个机器，次优先级的分配给第二个机器，依此类推，分妥后在每个机器的时间表上加上操作时间。一个工作中心安排完后，同样对第二个工作中心进行安排，一直到所有工作中心安排完为止。这时时钟进一个周期，又周而复始，一直进行到“操作顺序”的计划范围结束。

每一个加工完的作业加上操作之间的时间间隔，进入下一个工作中心的队中，在模拟的处理过程中排队时间也同时考虑进去。工作安排要注意工作班的衔接，有的作业要考虑加工的连续性。操作顺序功能的结果是作业计划，为管理人员提供管理信息。

七、工作令开发子系统

工作令开发子系统起到计划和执行之间的连接作用，它把工作令从“计划”状态变成“开发”状态。它的目标是保证计划工作令按期开发，并自动产生工作令报告，包括制造作业流程、工作令卡（工票）等。工作令开发子系统与其他子系统的关系见图3-16。

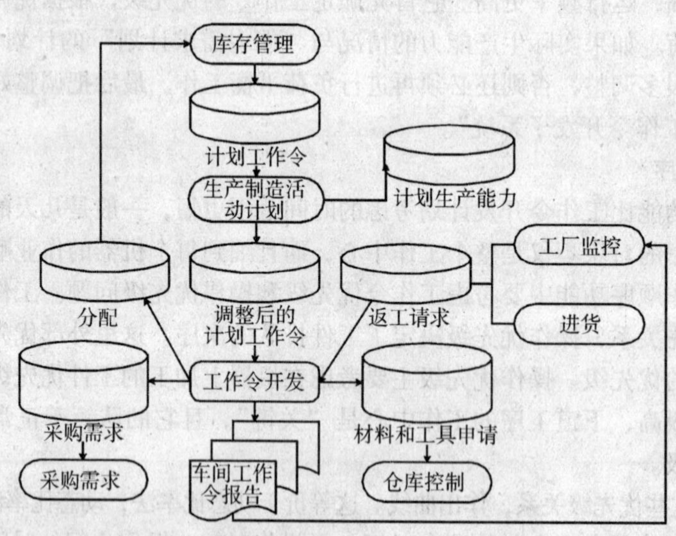

图3-16 工作令开发子系统与其他子系统的关系

工作令开发子系统的功能说明如下：

系统每天要审核每个计划好的工作令，检查所需要的材料是否齐备。一般情况下在工作令正式开发之前，库存管理子系统已经把短缺的情况报告给库存管理人员，并通知了计划系统调整计划。系统不断对条件尚不具备的工作令跟踪，一旦条件具备立即开发。

有时实际工作中可以在某种材料短缺的情况下强制开发，短少的材料从其他工作令的准备材料中借用，或在加工中途解决。

工作令批准开发之后产生物料申请单，通过行动文件向仓库保管发出提货请求。同时打出制造工艺卡，注明操作工序细则；打出工作令卡用来报告车间工作令执行情况；并通过行动文件对管理部门、技术部门请求提供图纸和数控带等。工作令一旦进入开发阶段就很不容易再作改变了。

八、工厂监控子系统

工厂监控子系统起到接受计划、反馈执行情况的作用。它综合了人、计算机、现场终端和生产机器，形成一个完整的信息通讯系统。工人可以通过工作区终端报告作业完成情况，并领取下一个任务。这些终端可以读标识职工的磁性卡和标识作业的穿孔卡，也可复制各种硬拷贝，也带有屏幕显示供查询用，甚至可播放声响命令。工厂监控子系统与其他子系统关系可用图 3－17 表示。

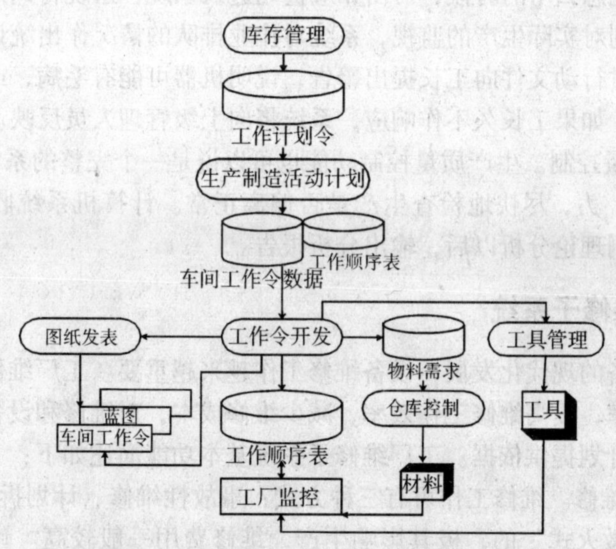

图 3－17　工厂监控子系统与其他子系统的关系

该子系统的基本功能简单叙述如下：

(1) 出勤报告。每个职工对应一个主记录存放在计算机中。每个职工有一个身份证（磁性卡或穿孔卡），上班时插入终端，签到时间进入系统，主记录作出记载。上班后调动工作必须在新岗位的终端上再次签到。下班时同样要把身份卡插入终端，系统进行核对，发现不合法时系统将通知工长。系统对每个职工的出勤工时统计是工资发放的一个主要依据。

（2）材料申请。工作令开发以后仓库自动送出第一道工序必备的材料，但一定要等“工厂监控”报告执行情况以后才送下一道工序的材料。遇到报废等情况，工长可通过终端直接申请材料。

（3）作业分配。前面讲过“操作顺序”功能对作业分配有所考虑，系统可以自动做分配工作。但有时实际因素它是考虑不到的，比如机器和人当时的情况就要根据工长凭经验随机应变，工长可以接受系统分配方案，也可作出自己的决断，只有这样才能做到系统适应性强。为了向工长提供信息，系统保存有两种表，一种是机器分配情况表，标明了当前机器上的作业和操作工，并附有机器状态标志，说明正常运转。修理、待料等。另一种表是工作进程表，说明该工作中心当前的作业和以后几天内作业到达的情况。

（4）生产制造活动报告。系统通过“生产制造活动报告”功能来实现计划执行的反馈。当操作工完成一个作业后要立即汇报，系统作出一系列的响应。当机器出现故障或操作人员不清楚怎么干的时候，可由相应代码进入系统，系统将判别以后通知有关部门来解决。为做到对实际生产的监视，系统对作业排队的情况作出统计，它认为排队情况不正常时会通过行动文件向工长提出警告，说明机器可能有毛病，或者操作工擅离岗位或工作效率低，如果工长久不作响应，系统将向上级管理人员反映。

（5）生产质量控制。生产质量控制功能也可以说是一个完整的系统，它以“预防”代替“事后分析”力，尽快地检查生产是否偏离正常。计算机系统收集质量检验数据之后，按质量控制理论分析以后，输出分析报告。

九、工厂维修子系统

随着工厂设备的现代化发展，设备维修工作越来越重要。工厂维修子系统的目标就是降低设备故障率，提高维修工作效率，减少维修成本，对维修和设备故障情况及时分析，为设备更新计划提供依据。工厂维修子系统基本功能简述如下：

（1）预防性维修。维修工作可有三种方式：事故性维修、计划拆修和预防性维修。事故性维修是“救火式”的，极其影响生产，维修费用一般较高。计划拆修有一定计划性，实际生产中是经常遇到的。预防性维修是指日常维护工作，它有一个最佳维修频率问题。靠人来确定预防性维修时间间隔存在许多问题，往往定得很短，计算机能帮助解决这个问题。方法是：①统计方法。一个机器二次损坏时间有一定间隔，譬如45小时，对同类型机器的损坏时间间隔作出统计，可得到正态分布。如果要可能达到

97.5%的机器不坏，必须39小时修一次。系统作出这样的统计，并根据事故停机损失和维修费用，确定合理的维修时间间隔。②分段法。统计法不能使用的情况下可采用分段法。一般出厂设备都标有机器维修间隔，但一般都订得比较短，在实际工作中不尽适用。我们可以把这个值订为初始值，比如200小时，按这个标准进行维修活动。不出现什么问题以后可以增加一定时间比例，譬如300小时，一直到失败，再退回去，考验一段时间后增加一个较小的比例，比如5%，再进行分段尝试，最后可以得到一个比较合适的时间间隔。所有这些都是借助计算机记录维修作业情况来实现的。

（2）维修工作令的准备和开发。维修工作令的准备是指建立计算机记录，用来跟踪维修工作令从开发到完成的各个状态，预防性维修工作令来自于预防性维修作业文件。对于事故性维修和计划拆修来说，更多地依赖具体情况建立维修工作令。系统根据维修工作令的优先级开发维修工作令。工作令开发之前要检查材料、备品、备件是否齐全。维修工作顺序的安排是比较困难的，事故性维修工作经常打断正常的预防性维修工作。

（3）劳动力计划。维修技工中心可以看成一个工作中心，生产计划中一套能力计划的方法同样适用于维修劳动力的安排。事故性维修工作量可用统计、预测的方法制订。预防性维修机动性较大。在事故性维修出现少时，可将计划拆修和预防性维修适当提前，确保维修工作的均衡。

（4）维修工作的费用核算和维修工作的评价。维修工作一完成，就进行费用核算。如果费用摊到固定资产上（比如换一个大部件），那么固定资产的记录要作相应修改。每类机器的维修费用的历史情况，与当前机器运行情况，及机器价格行情一起作为设备更新的决策信息。系统要定期作出维修工作的评价，包括事故性维修工作令的响应时间、维修成本、计划完成的情况、设备完好率等等。

十、采购与进货子系统

一般工厂企业外购件占生产成本的30%～60%，如果它们的采购价格降低1%的话，企业利润增加10%以上，可见采购与进货工作十分重要。采购与进货子系统保证了企业及时地如数得到高质量的外购件，节省采购人员的事务处理时间，让他们腾出时间来寻找更合适的货源。采购与进货子系统是执行系统，它与其他子系统关系见图3－18。

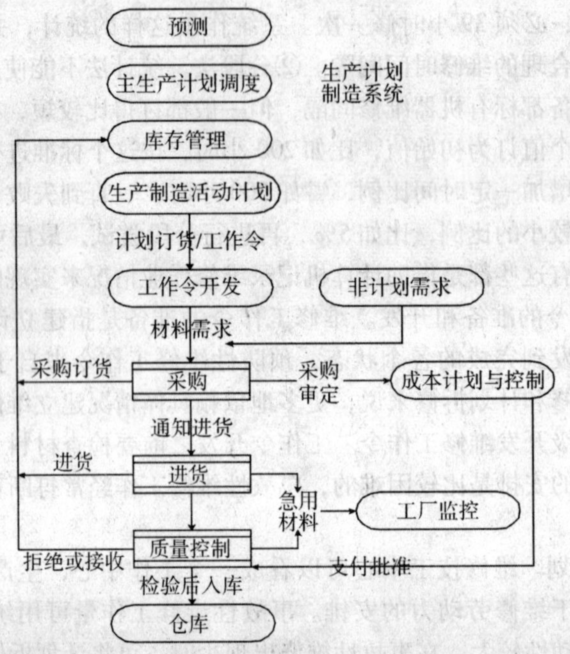

图 3－18　采购与进货子系统与其他领域的关系

采购与进货子系统基本功能简述如下：

（1）采购。系统为支持采购功能，存有一系列基本数据。对每个供应厂有一个基本情况数据。每个厂家的每个产品有一个行情数据，行情数据由采购员不断更新，行情数据可以与项记录、货源厂家记录联在一起。

系统每次进货以后要对货源的表现作出评价，比如质量、价格、信用等等。通过评价的积累为以后采购提供决策依据。采购员可以根据系统的建议和具体实际情况选择货源。一旦作出采购决定，系统随即产生采购订货工作令，建立采购订货记录，跟踪采购活动。同时，系统作出各种采购报告，如订货单、回条等等。

（2）进货和质量控制。采购的货物一到，系统将采购记录置“到货”状态，触及一系列的活动。新货必须经过严格检验，检验以后确定进库还是退货，或者重新加工等。检验的结果将作为货源厂家的质量评价数据。

十一、仓库控制子系统

仓库控制的对象是物料的物理存储，它负责的业务是实物的进出，它和库存管理系统密切相关，是库存管理的延续。仓库控制子系统的基本功能及与其他子系统的关系分别列于图 3－19 和图 3－20。

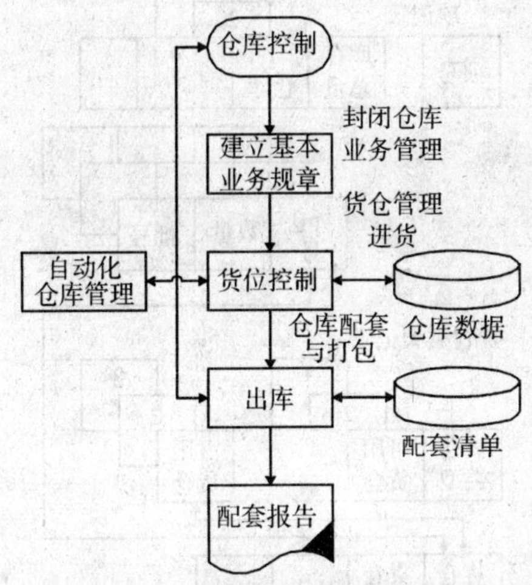

图 3－19　仓库控制子系统的基本功能

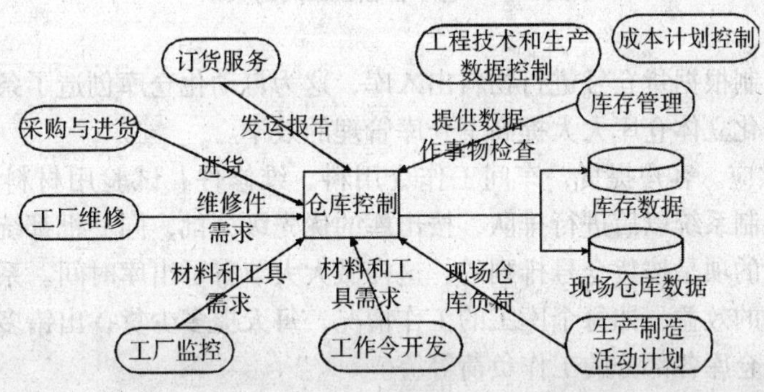

图 3－20　仓库控制子系统与其他子系统的关系

（1）货位管理。库存是按项号来处理问题的，而仓库是按货仓号来处理问题的。正像项的概念那样，货仓的概念也是广泛的，它可以是放油的桶，也可是放碎料的箱，也可以是放木料、钢材的露天货场。特别要指出的是“货仓号”与“项号”没有直接联系，一种货物并不是固定放在一个货仓内。这样做的优点是：各类货仓得到充分利用，减少存贮费用，货物分批清楚，易做到先进先出。系统对项有各种描述，如重量、体积、对环境要求、出入库频率、保管寿命等等；对货仓也有特殊描述，如存贮环境、货仓类型、允许最大存贮体积和重量、存取机械、现有存放量等等。一旦有货物进库，系统根据项的特点寻找最合适的货仓进行存放。如果要出库，系统自动找到应该取出的货仓。项记录和货仓记录的关系可用图 3－21 表示。

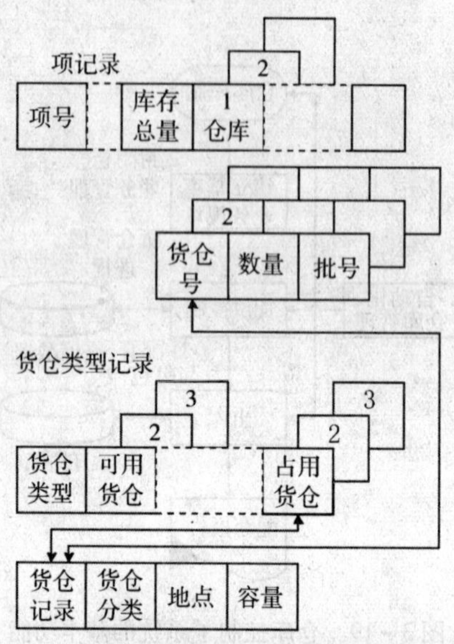

图 3－21　仓库管理数据间的关系

由于仓库控制根据货仓号进行物料出入库，这为自动化仓库创造了条件。用计算机直接控制的自动化立体仓库大大提高了仓库管理的效率。

（2）仓库供应。客户提货，车间工作令用料、维修件、试验用材料等所有出库申请，进入仓库控制系统以后进行排队，按出库的优先级分批，同一批都统一到一张提货单上，提货单上的项是按货仓号排列的，这样做大大节省了出库时间。系统还提供各种报告来评价系统的效益，如每个库工的工作情况，每天提多少货，出错多少次，出入库总量和总金额，仓库各部分的工作负荷等等。

十二、成本计划与控制子系统

企业要作决策必须考虑每种产品的制造成本和销售成本，以及影响成本的各方面的因素。生产部门与财会部门考虑问题的侧重面是不同的，财务部门从生产部门取来的信息质量较差，时间晚。成本系统往往企图有自已的一套数据记录，这样做不但事倍功半，而且会造成数字不准的混乱现象。为了保证数据一致性和完整性并使成本核算及时，成本管理系统最好与生产信息系统共享数据，生产数据通过数据库和实时通讯系统，直接进入成本管理系统，避免大量的中间打印、编辑、穿孔等转换环节。例如工厂监控系统直接向成本管理系统提供工资数据。

成本计划与控制子系统与其他子系统的关系可用图 3－22 表示。可以看到，实际上成本子系统借助于其他子系统的支持，大大简化了它本身的执行过程。

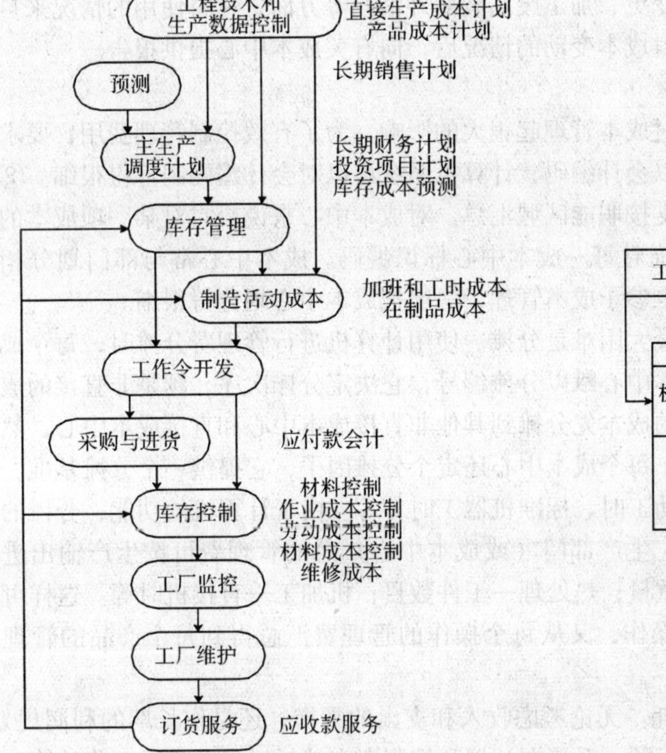

图3－22　成本计划与控制子系统及其他子系统的关系

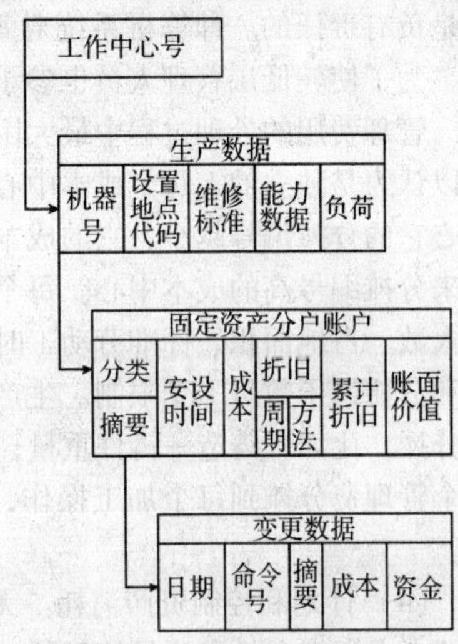

图3－23　数据库中有固定资产分户数据

成本计划与控制子系统的主要功能如下：

（1）直接劳动成本的计划与控制。一个项的计划直接劳动成本可以估算，也可以从直接劳动标准推导而得，即用劳动标准和操作时间数来求得。每个项记录中都存放该项的计划直接劳动成本。信息系统的计算机一次运行，就可根据产品的结构对各个组件的各个组成部分的标准直接劳动成本进行累加，得到该组件的标准直接劳动成本。随着生产方法和费用的变化，直接劳动成本的标准要经常改变，每过一定时间在作利润预测时要进行一次复核。标准直接劳动成本的变化情况可用来分析成本的偏差。实际直接劳动成本的基本信息来自工厂监控子系统，这些信息包括车间工作令号、机器标识、工作令开始结束时间等等。系统分析了实际直接劳动成本与标准直接劳动成本之间的偏差，通知有关成本中心，督促管理人员调整不合理偏差。

（2）材料成本计划与控制。标准材料成本是按标准材料消耗和标准材料单价来计算的。标准价格要由采购部门经常审核。每个项的合理需用量和合理损耗量定为标准材料消耗，按产品结构逐层累加可以得到最终产品的标准材料消耗。实际材料成本偏差来自采购价格波动、工艺过程变更、加工废品和额外消耗等方面，材料使用的情况来自仓库控制系统。系统分析了材料成本变动的情况后，向有关成本中心提供报告。

(3) 管理费的处理

管理费用的计划和控制对成本管理起很大的影响。为了有效控制管理费用，要求做到：①对每类开支项目都赋以会计编码，计算机系统可以对会计编码制订得很细。②划分成本中心，其目的是使开支按职能区域汇总。对成本中心来说，它对某一项成本的升降是负有责任的。计算机系统对每一成本中心标识编码。成本中心常与部门划分相一致。为了使较低层管理人员也参予成本管理，一般把成本中心划分得很细。

管理费用的处理过程中最大困难是分摊。使用计算机进行管理费分摊时，每个成本可以认为是独立的，每个成本中心赋以分摊编号，它决定分摊次序，越是非直接的成本中心它的分摊编号越小，它的成本先分摊到其他非直接成本中心和直接成本中心，然后再来分摊编号高的成本中心。每个成本中心还定个分摊因子，它提供一个分摊基准，比如人数、占地面积、标准劳动工时、标准机器工时等等。由于计算机的功能，分摊的分组和分摊因子数目不受限制。生产部门（或成本中心）总的管理费可按生产输出进一步分摊，比如，铸造—铸件重量；热处理—工件数目；机加工—直接机时等。这样可把整个管理费分摊到每个加工操作，又从每个操作的管理费汇总得到每个产品的管理费用。

(4) 计划和控制资产消耗。无论考虑收入和支出的平衡，还是作长期的利润规划，都要考虑资产和投资项目的问题。系统在计划和控制资产消耗时自动执行一些计算：①固定资产一旦设置，就有相应记录（图3－23），系统自动按期进行折旧，并记录每一个变化。②在一个项目开发的过程中，系统不断重复计算项目投资对将来产品成本的影响。在长期计划范围中反映利润的情况。系统可用关键路径方法利用一切可用资源，加速工程完成，减少投资。

第二节　中间商物流管理信息系统

中间商在整个物流系统中起着举足轻重的作用。根据服务对象的不同和经营规模的大小，我们可以把中间商分为两种：批发商和零售商。它们的信息系统各有特点：

一、批发商物流信息系统

批发业的机能就是在流通过程中起中介作用，减少单个厂商与零售商间的交易次数，在降低流通整体成本的同时，实现零售业一定程度的多样化进货要求。批发业的机能大致可以划分为备货机能、物流机能、信息机能、金融机能和零售店经营支援机能。在发挥这五种机能的基础上，批发业作为连接厂商与零售业的经济主体，在流通过程的中间阶段积聚商品，向零售业迅速提供其所需求的产品和服务。但是，这些批发机能并不是只有由批发商才能完成，随着信息化的发展，没有批发商的中介，各流通主体也能获取信息，并实现相应机能。特别是具备高度备货机能、销售支持机能的大型零售业或便民店的出现，以及构筑销售公司使其具备批发机能的强有力的厂商的出现，使批发商面临前所未有的危机和挑战，批发业存在的意义遭到质疑。无论在发达国家还是在我国，传统批发业的衰落都是一个共同现象，在这种状况下，现代批发业开始从原来作为厂商销售代理人的地位转向零售购买代理人的地位，支持这种转换的基础正是信息系统化的推进，以及以信息系统现代化为基础的零售业支持机能的强化。

从总体上看，现代批发业的物流系统构筑表现为：

（一）备货范围广泛化、配送行为快速化

如前所述，当今越来越多的厂商都在积极实行多品种、少量生产战略，与此同时，零售业者为了降低在库成本，实现即时销售的战略目标，要求多频度少量配送。尤其是随着便民连锁店的发展，往往要求物流配送能直接送到各店铺，零售业的这种物流要求有时会对厂商直送带来困难，亦即虽然厂商正在积极从事多品种少量生产，但过于分散的配送势必会增加厂商的物流成本，特别是对于一些中小型的厂商而言，一方面由于自身规模较小，不具备直送业务的能力，也没有相应的物流中心、物流设施等手段；另一方面，因为缺乏经验、发展时间短等各种因素，且不具备物流服务所必需的技术和Know－how，难以适应如今零售业多频度少量配送的要求，也就是说，部分厂商难以实现厂对店的直送，即使能从事这种物流活动，也要等到多个店铺配送总和能达到厂商的配送规模经济才能够开展，这违背了零售业及时化、多频度输送的方针。这种厂商与零售业在物流配送上的分歧为批发业提供了生存、发展的空间，即批发商通过扩大备货范围和幅度，利用自己在物流服务上的经验以及相对完善、先进的物流设施，运用快速的配送服务来媒介厂商与零售商，消除他们在商品配送要求上的差异。例如，日本1995年对194家批发商在物流问题上所做的调查表明，批发业者越来越向“订货少量化”（79.5%）、“少量、多频度配送”（73.5%）、“在库时间缩短”（63%）等方向发展，这表明针对地域分散的零售业店铺配送要求，充实灵活的物流能力，是当今批发业发展的一个重要趋势。

（二）建立高度化的物流系统

批发业者的物流系统为了对应多频度、少数量配送的要求，需要在配送中心或物流中心的高度化发展上下功夫。在物流中心的高度化发展中，最重要的问题是在取极品种多样化和订货少量化的过程中，迅速进行单个商品的包装作业以及按照订货要求提供正确的物流服务。为此，批发业者在导入信息通讯系统，实行订货合理化的同时，相对物流多频度、少量化的状况，积极采用计算机在库管理、自动分拣机器、立体自动仓库、

数码化备货等机械化、自动化的作业手段，推动物流中心现代化，这是批发业备货范围广泛化、配送行为快速化的物质基础。否则，没有物流系统高度化的发展，批发业要在扩大商品品种幅度的同时保持输送管理的高效率是不太可能的。因此，伴随批发业的战略转变，批发商在自身的硬件和软件建设上都需要做出重大调整，可以认为，这是批发业革新必须的战略投资。

（三）物流中心的机能分化

随着商品消费的多样化以及企业营销战略差异化的发展，对于不同商品种类、不同商品品种或同一商品不同销售方式、不同生命周期，物流管理的要求或在库、配送要求是不一致的。如果将这些不同要求的产品物流管理集中在一起进行，既增加了批发企业物流管理的复杂性和难度，不利于管理效率提高，又难于灵活对应零售业物流活动以及物流服务质量的不同要求，所以根据一定的物流要求、流通特性等标准进行适当划分，在物流中心内成立单独的物流机能是目前批发业为适应物流发展而进行组织机能变革的重要举措。例如，在一些发达国家，随着书籍流通的不断扩大，一些大型图书批发商在加强物流、信息网络建设的同时，在物流中心内设置了相应的退货部门、杂志经营部门、书籍经营部门、24 小时专业部门、VCD 相关部门等等，从而确立了计划性的进货、发货体制，推动了专业化、机械化的分拣作业。从产业的角度看，物流中心机能分化最显著的是大型食品批发业，在食品批发业中根据不同的销售对象和商品周转速度，常常划分为 24 小时店专业部门、一般包装箱发货部门以及具有广域商圈、单品出货、周转率低等特点的部门，经过这种机能分化后，在物流作业机械化、自动化基础上，降低了次品率，提高了作业精度，因而很容易确保顾客信赖，渐渐使物流活动向无检查进货发展。

（四）向零售支持型发展

批发业在强化自身物流效率的同时，要对在顾客群中占有绝大多数、自身无法充分对应信息系统化的中小型独立零售商给予支持，努力确保顾客源是当今批发业物流发展战略的重要课题。这其中之一的举措是扩大不同产业批发商共同取极商品的范围，或者说打破批发业中的产业界限，实行零售支持和共同配送。作为服务支持的对象，主要是以小型超市为代表的综合型、独立进货型的中小零售业。这种零售支持型的发展能否成功，关键在于批发业所提供的信息系统以及零售支持的服务水准能否与大型零售业或 24 小时连锁店相匹敌。

从发达国家的发展状况看，现金批发商零售支持强化的动向也很明显。所谓现金批发商是指以现金进行交易决算，无退货形式的批发商。目前，现金批发商的主要客户——中小零售业的经营环境十分严峻，为此，批发商纷纷采取了各种支持行动来维持与顾客的关系，其中作为支持的一环，很多现金批发商为了能获得零售支持中的诀窍，直接进入零售领域试着开展一些商品促销活动。从具备市场竞争条件的角度看，如果这种试验性的促销活动能成功，无疑能提高中小零售业的经营效率，推进零售业经营行为的合理化，触发活性化的市场竞争。

（五）批发业的组织再生

在追求实现信息系统化等批发机能高度化的过程中，能采取对应行为的批发企业与不能相应变化的企业在效率和利益上产生了很大的差异，从而为批发组织的再生和调整提供了基础，这一方面反映在一些全国性规模的大型批发企业通过兼并或参股的形式，将不具备条件的中小批发业纳入到自己所控制的系列之下。另一方面，一些地域性的强大独立批发企业开始快速发展，此外，在竞争中生存下来的中小批发业为了进一步确保生存发展的空间，积极从事相互间的合并或联盟。从日美发达国家的情况看，批发业的组织再生形式一是来自零售业物流要求而产生的集约化，即由零售业主导的来自下游企业的组织再生，二是中小批发企业，特别是不同产业批发企业之间推动共同物流或订、发货信息系统化方面的协作。

从未来的发展角度看，我国批发业也将面临重大发展，特别是随着零售业竞争优势的确立，在对应不同规模、不同业态、不同地域零售业发展状况的条件下，明确配送时间、配送频度、订发货时间等等规则，抑制物流作业的波动性，实现批发业务效率化是我国批发业革新的方向之一。

二、零售商物流信息系统

零售业自20世纪80年代以来，急速地向信息系统化方向发展，这种信息化是在企业内就经理业务、人事管理业务等实现合理化、效率化的同时，通过POS系统实行单品管理，把握每个商品的需求动向。但是，仅仅通过分散在各店铺中的POS数据还不能实现经营的效率化，为了真正达到这个目标，还必须通过EOS将信息与订、发货作业连接在一起，并使整个物流系统协同运转、综合作用，才能实现适时的备货和在库成本的削减。从当今零售业物流系统的发展来看，最具代表性的零售企业是24小时连锁店（便民连锁店），其物流系统的设计、管理已成为零售业物流发展战略的标志，因此，首先了解零售业中24小时店的运作与物流管理，对于把握整个零售业物流发展的动向是十分重要的。

（一）24小时连锁店的物流

在当今整个零售业中发展最快、最先进的业态是24小时连锁店，1996年日本流通新闻社对零售业进行的调查表明，1996年24小时店成为所有零售业中发展速度最快的零售形式，增长速度达到11.4%，与此同时，百货店为4%，超市为0.2%，无店铺销售为2.7%（《市场98%占有率》日本产业新闻）。这表明24小时店在经营和物流管理方面具有独到的竞争优势。当然，不同的 24 小时店有自己独特的销售战略，但在总体管理上存在着一些共同的特征：

（1）在店头设置上，24 小时连锁店实行的是在有限的空间陈列大量商品，其店铺平均销售面积有 $100m^2$ 左右，一般存放近 3000 个品种的商品。此外，为了使店铺销售面积实现最大化，就必须尽可能地把补充商品的在库空间压缩到最小限度，因此，24 小时连锁店很少在店铺里面存放补充商品。24 小时连锁店基本上是通过配送来实现补充进货，而不是通过仓储来补充商品。

（2）在销售进货管理上，必须避免店铺中出现顾客欲购商品断货的现象。对 24 小时连锁店来讲，由于陈列空间及商品数量都有限，一旦出现断货，不仅使企业丧失了销售机会，承担了机会成本，同时也使消费者失去了对店铺的信赖，所以，为了防止断货发生，24 小时连锁店通常实行对售完商品频繁订货的制度，与此同时，24 小时连锁店本部，在对应各店铺订货状况的基础上，实行高频度的商品配送。

（3）在物流活动上，适应于店铺经营的特征，必须对多品种少量商品实行多频度小单位配送。由于店铺是在一定区域内分散分布的，这就要求实现能网络各店铺，进行效率化的配送。不仅如此，多频度小单位配送中心还必须对应各店铺的订货要求实行必要的备货作业，也就是说，所进行的备货作业不是以箱为单位，而是以件为单位来进行。

通过上述 24 小时连锁店的管理特征可以看出，它的物流活动典型地表现为多频度、小单位物流，或者说，支撑 24 小时连锁店兴盛和店铺扩展的核心是多频度、小单位物流系统。对于 24 小时连锁店来说，实现既能避免成本上升，又能提高效率的物流服务是至关重要的，为此，24 小时连锁店就必须在构筑充满效率的物流系统方面下功夫。

在日本，24 小时连锁店物流系统中评价最高的是 7－11 日本公司，7－11 公司的物流系统特征表现为：首先，作为构筑物流系统的前提是实现商品调达的集约化。以前日本的流通过程是由多个批发业者介入，在厂商主导的基础上由厂商将批发商纳入到企业系列之中，这也被称之为特约批发制度，正因为如此，如果零售业要购入同一种类不同厂商的产品，还必须与不同的批发业者交易。针对这种状况，7－11 公司以零售主导为标志，改变了原来的特约批发制度，变成在特定批发业者中建立窗口，由该批发业者统一几种不同厂商的产品，实行集约流通的方式，这种方式在日本被称为窗口批发制，据此 7－11 公司实现了作为构筑高效物流系统前提的商品调达的集约化。其次，以商品调达集约化为前提，在物流方面开展独自的共同配送。尽管原来批发业者或厂商都是独自向 24 小时店的店铺实现配送，但连锁本店的要求是将多品种、少量商品统一起来对各店铺的订货实现共同配送，即在指定厂商或批发商的物流中心把各种商品集中起来，根据各店铺的订货将多种商品装卸在 1 辆车中实现配送，这样共同配送的产品数量慢慢扩大。这种制度与原来各产品独自配送相比，一方面向店铺运载的车辆大大减少，另一方面，由于商品配送的集约化，配送成本也大大降低。再次，由于共同配送是一种集约化的物流行为，因而配送中心的建设十分重要。7-11 公司实行一种称之为“主旋律”的战略，即新店铺设立的基本标准是店址必须在可以实现从配送中心到该店铺的高效率配送范围内。7-11 公司物流系统的特征之一，就是公司自身并不拥有这种具有重要作用的配送中心，而是与厂商或批发商共同投资建设，据此，7-11 公司节约了配送中心建设时所必须的设备投资。另外，由于配送中心是以合资形式建立，同时又是以 7-11 为主导展开的，即使委托给厂商运营，也能确保 24 小时店所要求的服务水准。

（二）零售业物流革新的特征

上面主要介绍了 24 小时店的物流系统，虽然 24 小时店只是零售业态中的一种，而且所介绍的是日本 24 小时店的发展情况，但其所表现出来的特点和趋势具有某些共性，也为整个零售业物流系统的革新提供了可资借鉴的先例。从现代零售业物流系统革新的发展状况看，主要体现为如下几点：

（1）通过物流中心或配送中心实现效率化。随着当今零售业不断扩大，特别是连锁店的发展，出现了流通广域化、店铺复数化、商店规模大型化以及商品构成多样化的现象，相应地，订货的频度和配送车辆数也大大增加，为了解决由此而带来的商品搬运、检查作业繁琐化以及效率低下的问题，物流中心或配送中心的建设是实现物流效率化的必然举措。从当今发达国家的情况看，大多数零售业者都配有物流中心或配送中心，例如，1991 年日本连锁店协会对其成员企业所做的调查表明，73.8% 的零售业都拥有物流中心，在美国这个比例也很高。物流中心通过集中处理所辖区域内各店铺的订货，并实行各店铺的商品集中或共同配送，来推进物流效率。具体看，物流中心的好处在于店铺进货时间的确定化、作业的计划化以及成本的节省化。从商品类别的角度看，经物流中心配送比例较多的商品是衣料、加工食品、肉类制品、日用品以及与生活相关的其他各种商品。

（2）商品配送的计划化与集约化。为了灵活运用物流中心，提高物流效率，必须在软件方面推进联网化，实现计划性发货，并将之与物流系统紧密结合起来，实现配送的计划化和集约化，要达到这一目标，必须积极推进条形码标签的导入、账单以及物流手续的标准化。此外，在硬件配置上，为了实现物流中心或店铺作业的合理化及省力化，要推动分拣、检查业务过程的自动化与机械化，这些都是实现商品配送计划化和集约化的前提条件。

（3）物流系统设置成本的合理分担。对于零售企业来讲，在进行物流系统建设时还应该重视的一个问题是物流建设成本的合理分担，亦即信息系统化物流中心的建设虽然提高了物流效率，推动了物流体系的合理化，但在构筑这一系统时，必须充分重视建设成本由谁负担的问题，特别是随着当今零售业逐渐在流通体系中占据主导地位，应防止将成本全部推向厂商或批发商的情况发生，因为要维持一个安定和长期有效的物流系统，必须与批发业、厂商等发货方进行充分协商，不断根据环境和流通的变化来完善物流系统，在这种状况下，没有批发商和厂商的合作，从长远看无法保证有效的物流体系的建立。

三、中间商物流信息系统

（一）销售订货和记账数据处理系统

中间商主要从事商品的分销和零售，在中间商物流信息系统中，销售业务如果与生产、会计和人事等业务相比，涉及的范围更广，处理的数据量也更大。

按处理内容来分，销售处理业务可以分为公司内部的信息处理和公司外部的信息处理。前者是与销售事务和会计处理相关的业务，而后者是与市场调查分析的系统相关的。另外，如果按照数据处理形态，对利用计算机的销售业务处理行动进行分类，可以分为基本业务和信息产生两种类型。基本业务是每天所进行的日常工作的处理，作为处理体系的多采用联机系统。信息产生是指由基本业务收集起来的各种数据，经整理加工之后，能用于制作与各种经营活动相匹配的各种报表体系所需的新信息的产生阶段。

1. 系统适用范围

（1）销售数据处理。这是企业即时处理从订货到交货为止的一系列业务的系统。按照其处理流程（图 3－24）进行介绍。首先是由营业员将来自特约店的订货做成“出库委托单”，送给数据制作部门。在这里按照规定的格式制成纸带，并立即从终端机输入。通过联机线路进入系统中心，对数据的种类加以判定，转送给销售数据处理程序。通过格式检查、内容的逻辑检查、对方特约店和品种名称的检查等所获得的正确的数据，经过与库存文件的核对，在确认仓库现有库存的基础上发出传票，出库并在指定的仓库终端机上打印出单据。与此同时更新库存文件，以更新后的库存等待下次订货。

在出库单据上自动记入销售单价，并算出销售金额。为了节省交货过程中的手工作业和节省时间，还打印出交货时按品种、按单据的货物重量和体积。错误数据立即返回输入的终端，由终端将纸带修正之后，再重新输入。万一在库存品不足或无货时，也和出现数据错误时一样，将信息返送回去，由其他仓库参考库存状况进行处理。因此，能在本地区的仓库进行调剂，即变更指定的交货仓库重新输入，以达到交货的目的。交货后做完单据的数据，记录在信息收集磁带上，待联机处理完之后，制成销售结算表和销售统计资料，分发给营业部门和经理部门。另外，通过给仓库管理部门提供货品收发明细表，也可使记账事务做到完全省力化。

（2）收发数据处理。为了正确处理销售数据，就必须经常准确地掌握最新库存状况。促使仓库的库存量增减的因素，除了销售数据以外，还有生产额、采购额、仓库相互间的转移保管处理以及其他的收发数据等。仓库部门在每次变动这些收发数据时，都要进行联机输入，尽力保持能应付订货的库存文件。这些数据也和销售数据同样被记录在信息收集磁带上，以便在每月作经理月度决算时使用。库存文件在联机处理结束以后，就要按顺序进行检索，并以文件中设定的标准库存、最低库存或订货量为基础，把充当库存的采购品，按其采购点做成订货单。

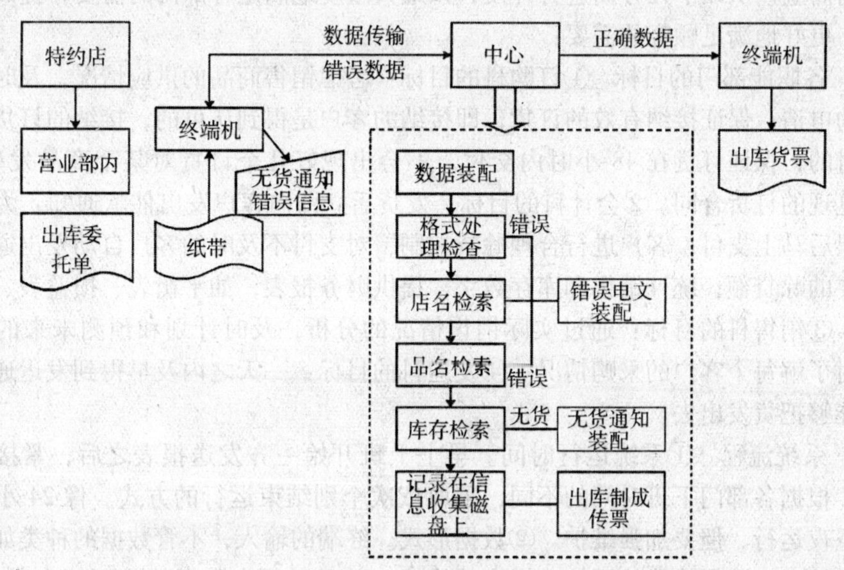

图3－24　销售数据处理流程

(3) 信息交换的自动配送。过去，各部门之间的信息交换都是通过手动交换机人工地进行信息集中和配送。本系统把它改为通过联机线路进行的信息自动集中和配送，可以提高信息传输的准确性和传输速度。

(4) 查核业务。及时而准确地采集销售数据和收发数据，其结果可在联机处理中或联机处理结束后作出分类整理的文件，用它满足来自各终端的查核要求，能够及时反映出销售、库存量、账务数据和报表信息。

(5) 数据收集。把以往通过邮寄的办法收集数据，改为现在的通过网络、传真等收集，将所收集的数据记录在系统中心的数据收集盘上，并与批处理结合起来。以此来提高数据收集速度和减少设在系统中心的大量纸带机操作的麻烦。

(6) 同时发送。在联机处理开始的时刻，将前一天所处理的信息同时送给各个终端，其内容是以销售速报为中心的。

2. 系统的功能

中间商的成功很大程度上取决于对客户需要的快速响应，最大程度地满足订货要求，并制定有竞争性的价格，因为客户一旦不满意就立即转向其他批发公司。因此系统的主要功能是：①降低客户订货处理和销售记账处理的费用；②限制库存积压资金；③及时向客户交货，改善服务质量；④减少业务中的差错。

3. **系统分析**

中间商应该从以下几方面进行开发，以最大限度地满足各部门的需要，提高系统运转效率，更好地满足顾客的需要：

（1）各职能部门的目标。①订购科的目标：考虑销售商品的供应情况，及时回答客户的预约申请；保证接纳有效的订货，即接纳的客户是得到认可的，接纳的订货商品是可以兑付的；保证订货在48小时内交付，不会出现好几个订货对某个商品发生争夺；统计非兑现的订货合同。②会计科的目标：发货后立即向客户发出催款通知，力求客户接到发票后马上支付；客户进行合理赊贷控制，对支付不及时的客户自动发出通知，减少不必要的赊贷额；统计销售和库存数字，提供财务报表，如平衡表、损益表、利润上缴账目。③销售科的目标：通过实际销售情况的分析，及时计划和预测未来的销售情况；随时了解每个客户的采购情况。④发运科的目标：一天之内及早得到发运通知，以便尽快能够把货发出去。

（2）系统流程。①系统运行时间。早上上班开始一齐发送报表之后，紧接着就开始通信。根据各部门下班时间的不同，采取依次个别结束运行的方式。像24小时便利店，可昼夜运行，但要加强维护。②数据形式。终端的输入，不管数据的种类如何，全部用纸带输入。数据格式按照统一规定的格式，并且必须在数据的前面打出联机标题。联机标题由终端代码、数据种类和输入编号所组成。向终端的输出，全部由打印机进行，出库传票的输出，则采用行式打印机打印，同时用发送和电报传真的电文用纸带进行输出。③数据检查。在数据制作时，同各种委托单核对后，记入表中，在联机传送后，按终端、按数据的种类确认从中心向终端传送输入、错误和输出等的次数。另外，关于销售数据和收发数据，用次日早晨到达终端的按输入终端的输入数据检查明细表确认其内容。④与成批处理业务的关系。库存文件、信息和数据收集磁带等转给成批处理方面，当成批处理业务结束后，把最新的库存文件、主文件等一齐发送给主系统。⑤联机结束时的作业。联机结束后要把未送出的数据加以保存，并打印当日处理数据件数及记录数目等项的报表。根据这些表制成统计用的磁盘，掌握数据量的变化，为经营决策提供依据。

4. **系统设计**

（1）实体编码。① 商品编码：第一位用字母表示助记码，例如，洗衣机用W，后二位用数字表示厂家，三、四位表示个别商品号，一个厂家的同类产品不会超过100种，所以两位够了，最后一位是校验位（模11），第一位字母按字母顺序转换成数字来确定这个校验位，如W＝33；商品码如W22188。②客户账号：用四位数字和一位校验位表示，客户账号不要与客户类型联系起来，因为类型会变。③客户类型：用一位数字

（1～9）表示。④订货号：6位连号，只作标识，无其他含义。⑤分区号：用一位数字（1～7）表示发货地址的区域。

（2）系统目标。物流信息系统显然应满足物流系统各部门的目标，同时要对现行处理方式作些改革，使系统更经济、实用、有效、安全。系统主要目标：①及时了解客户当前赊贷情况和商品的供应情况，迅速判断订货是否可以接纳。②未兑付的订货要有记载，作为以后“补充”订货来处理，它们应赋以优先级，客户可中途取消这些“补充”订货。③每天输出销售清单、发运报告单，及时更新销售分户账。④保存销售数据，以适应销售分析和预测。⑤及时更新库存记录，不会因库存记录更新不及时而引起错误。⑥查询准确、方便。

（3）输入数据的内容。①客户订货；②仓库业务；③会计业务。

（4）逻辑文件。①商品文件（定长记录）；②客户文件（变长记录）；③分户账文件（变长记录）；④销售文件（定长记录）；⑤销售主账（定长记录）；⑥兑付订货文件（变长记录）；⑦补充计货文件（变长记录）。

（5）程序说明。系统的计算机流程图如图3－25和图3－26所示。

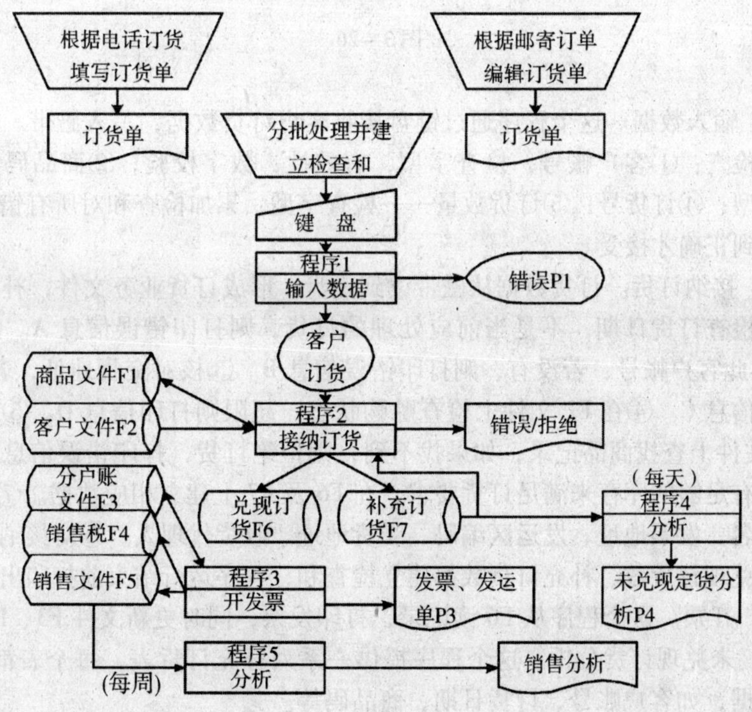

图3－25

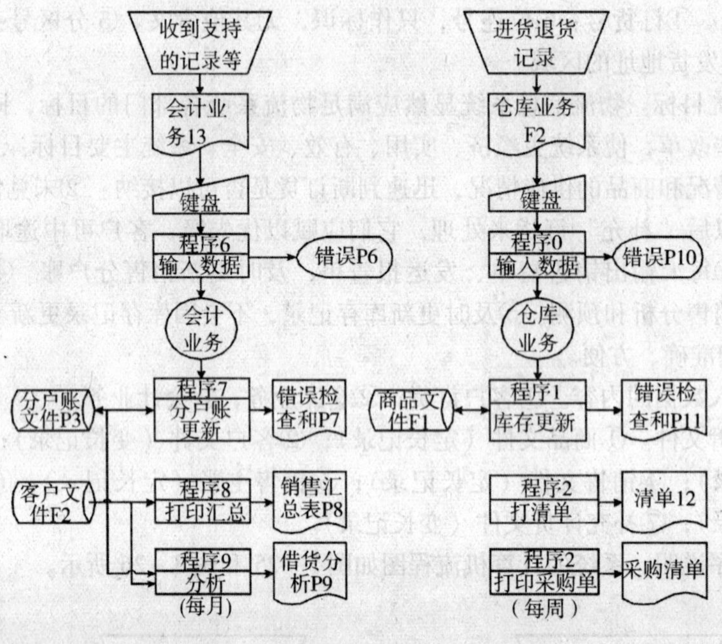

图3-26

程序1：输入数据。这个程序通过键盘接收客户订货数据，写入磁带。对每个订货作以下五项检查：①客户帐号，检查字型，有效性，数字校验；②商品码；③交货地址，检查字型；④订货号；⑤订货数量——检查字型，累加检查和对所有错误都有屏幕显示，校正到正确才接受。

程序2：接纳订货。订货数据从磁带读到磁盘，形成订货业务文件，补充订货赋以优先级。①检查订货日期，不是当前应处理的订货，则打印错误信息A。②检查文件F2上是否有此客户帐号，若没有，则打印错误信息B。③核对交货地址，若没有地址，则打印错误信息C。④在F2文件上检查赊购状态，超限则打印信息D。⑤对每个订货项，在F1文件上查找商品记录，如果找不到，则拒绝订货，打印错误信息E。⑥在F1上核对是否有足够的库存来满足订货要求，在F6及F7上建立相应数据。⑦从F2向F6中填进客户名、发票地址、发运区编码、受货地址、收货代理人。⑧对接纳订货数、拒绝订货数、兑现订货数、补充订货数都建立检查和，程序运行结束前打印出来。

程序3：开票。这个程序从F6读记录，打印发票，同时更新文件F3、F4、F5。

程序4：未兑现订货分析。这个程序提供一系列补充订货表，每个表都含有F7文件需要的数据，如客户账号、订货日期、商品码等。

程序5：销售分析。从F4文件可作许多分析。例如，按客户来分析月发生额，按商品类来分析利润额，按地区来分析销售商品类，等等。

程序6：输入数据。这个程序输入会计业务数据，与程序1结构相似。

程序7：更新分户账。每个业务相应在F3中建立一个记录，包括收到现金、支票、转账等等。

程序8：打印销售汇总表。每个客户一个月的业务发生情况和当前支付平衡情况在月底打印出来，数字来自F3。

程序9：负债客户情况分析。这个程序分析客户负债是否过高，或长期赊购。程序根据分析员提出的不同分类标准来做各种分析。

程序10：数据输入。这个程序输入仓库业务数据，与程序1结构相似。

程序11：更新仓库账。各种仓库业务，包括进货、退货等都要对商品文件Fl不断更新。

程序12：打印库存清单。为盘库、查询等用途，系统设打印库存清单的程序。

程序13：打印采购单。

根据销售分析和库存情况，系统可作出采购的建议。

5. 系统实施

（1）文件的建立。F1，F2，F3三个文件在系统切换之前要建立起来，其他文件在处理过程中自动建立。①商品文件F1。这个文件中的数据项有三种：历史的（如以往的销售单价）、静态的（如制造厂编码）、动态的（如库存量）。动态数据是要注意的，系统切换过程中要冻结一段时间，以后靠新系统来更新。②客户文件F2。这文件基本上是静态文件，旧系统的数据拷贝到新系统就行。③分户账文件F3。这个文件最好在月末建立，此后发生一次业务就处理一次。若不可能在月底建立，那么可先把当前的平衡数字放进文件中去，以后的业务暂时搁起来，到月底一批处理。

（2）操作人员要点。系统备有编码表供操作人员使用，操作人员使用必须准确无误。这些编码包括客户账号、商品码。仓库业务类型、会计业务类型、客户类型、地区编码等等。详细了解各种输出报告的含义，包括错误信息检查和稽核，系统备有一套样本，说明各项细则。

（3）系统评价。系统运行一段时间之后，要对它作出评价，看它是否达到设计要求。例如：它实际处理数据的能力是否满足需要，实际费用是否在预算范围内，订货处理时间是否大大减少，出错的概率是否大大降低，是否很容易找到出错的地方，等等。

（二）库存管理系统

随着JIT的推进，中间商都崇尚零库存，但是由于各种条件的限制，它是很难达到的。中间商，特别是批发商，充当着厂商和零售商联系的纽带，更需要加强库存管理，最大限度地发挥信息系统功能，使物流更具效率，高速、迅速地满足各方的需要，同时也调节库存各个环节，使库存尽可能少，降低存储成本和流通成本。

1. **产品库存管理系统的设计**

产品库存管理系统，与其他系统和子系统具有相互关系，组成为广义的库存管理系统，如图 3 – 27 所示。用于这些系统的计算机系统是以“查询库存管理系统”为首的多个计算机系统。

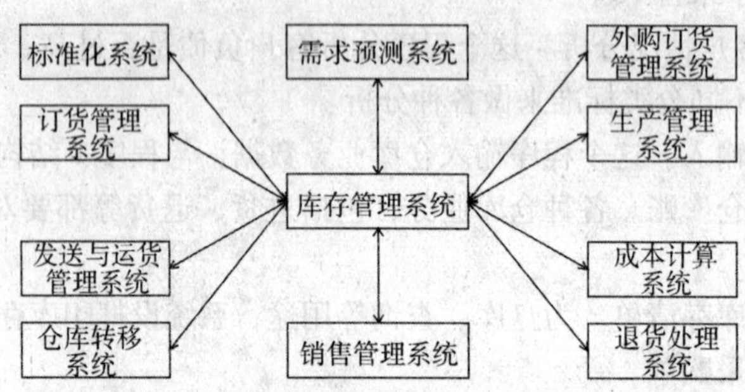

图 3 – 27　产品库存管理系统（广义）的组成

由于有如前所述的中间商企业特性，故产品库存管理的重点放在以下几个方面：

（1）订货工作人员能够掌握关于库存的最新信息，即：①对于常备品，要能够确认有效库存。如果库存用完时能够掌握订货情况。另外，当库存少于订货点时，就能自动地发出订货指示。②对于特殊订货的货品，要能够掌握库存和调达状况，能立即回答或很快回答可否接受订货、交货期限和产品单价等。③能把库存状况反映到订货计划中。④入出库处理中的票账与实物不符的错误要尽量少。⑤能以少的经费进行管理。因此，采取连贯进行订货、库存管理和生产安排的组织体制，形成广义的库存管理系统，由计算机系统来支援。在计算机系统中是以“查询式库存管理系统”为中心的，但也包括有前后的子系统。

2. **标准化系统**

可以将产品分为 A、B、C 三大类。即：A 产品……是一般的品种。它是根据每月确定的销售计划或者根据确定的订货点、订货量进行库存数量管理。B 产品……是特殊订货的产品。有的产品有库存，有的没有库存。要不要库存的判断和库存量的确定，由销售部门负责。C 产品……是特殊订货产品和特殊用途的产品，指的是不轮番生产的品种。原则上是有订货时才调达，没有库存。A、B 两类产品的成本是分别根据产品规格说明书计算的，并以此确定其成本。而 C 类产品，除了批量大以外，都是按照分组（品种、容量、批量），用预先计算的代表值进行成本计算和库存评价。其计算机支援系统有成批处理的产品成本计算系统和主文件登记管理系统等。

3. **查询式库存管理系统**

为了利用计算机提高库存管理的质量，采用联机实时处理是非常有效的，但在中等规模的企业中往往遇到经费或其他方面的困难。可以利用中型计算机成批处理的操作系统，加上小规模联机处理功能的查询系统。在采用实施以后，花钱不多却可以收到相当大的效果。

现对这个查询系统（询问系统）作某些说明：这种计算机虽然是中规模的，但可并行处理数个作业，并分为主机系统与子机系统。查询是在主机系统进行一般的成批处理时，由子机系统利用中断进行像询问之类的比较简单而时间短的作业。在系统的磁盘里存贮着两部程序，由于中心存贮器能够相互共用两部程序，所以能以较小的磁盘容量，亦即低成本来完成两项业务。例如，利用总公司的计算机主机系统计算工资时，假定从工厂的终端输入了产品的入库信息，这时入库数据经过通信线路输入计算机，计算便暂停工资的计算，把中心存贮器中的工资计算程序退到系统磁盘的主机系统回避区之后，再把库存管理程序从系统磁盘中调入中心存贮器进行入库处理，即确认产品品种、更新库存文件和记录数据等，然后，把必要的信息通过原来线路返送给工厂终端。处理完毕后，就把库存管理程序退到系统磁盘的子机系统回避区中，再把计算工资的程序从系统磁盘中调回到中心存贮器进行工资计算。

这个处理过程如果写成文字，似乎感到处理时间很长，但实际上输入输出时间是共通的，对于处理工资计算的人来说，仅仅感到计算机只是停了一刹那。另外，尽管实际上中断的件数不同而停机时间略有差异，但是平均滞后不过20%左右。在终端上操作的人感到计算机好象是只对他一个人似的，充分显示出信息系统的效果。

4．系统的功能

（1）库存情况查询功能。从公司或事务所的终端键盘打进“Q、Z、品名代码”，就能把当时的品名、实际库存数、充抵交货数、制造安排数和各仓库的库存数，立即返回给原终端。实际操作是在终端键盘上按下R和S两个键，然后打进数据，结束后，再按下Esc键。以下各项的操作也是同样的。

（2）订货与调运安排状况查询功能。在上述的库存查询功能中是用下式进行的：

可能接受订货数＝实际库存数－已充抵交货数

当这个数不能满足订货时，需要进一步了解详细情况，也就是要有查询充抵交货数据的内容和调运安排状况的内容的功能。

（3）交货指示传票的发行功能。这是对常备品和已入库的特殊订货品发出交货指示传票的功能。公司终端根据传票通过键盘输入“A、订货者符号、店名代码、数量（品名代码、数量、品名代码、数量）”。括号内的内容用于两三个品种时。计算机则进行店名代码和品名代码的检查，以及用库存充抵交货和订货的登记。在库存充抵交货能满足要求时，则对终端作出交货指示传票。而库存充抵交货数量不足时，就要打出其信息和内容，而且不制作传票。交货指示传票包括有订货传票副本、订货传票存根、交货指示单、交货确认单、交货单和签收货单等。除此之外，还包括以下所述的各种传票，及时作出内容已确定的传票，并按计算机作出的传票进行产品的转移。这样一来，就不会发生品名代码等项错误，精度显著提高。交货指示传票的交货处与摘要两栏的内容，采取在检查传票时由人根据需要填写的方式。

(4) 交货确认数据的接收功能。在产品交货时，从仓库终端键盘输入“K、交货号码、变更或需要数据”，把这个交货数和实际库存数中减去，记录下交货指导书所需要的数据。这里所说的变更或需要数据是指特价、发送地点、运输手段和摘要等。输入这些数据就会变更单价和运费标准。此外，摘要等栏在下一个交货指导书的编制过程中还要填写。

(5) 制造或外购指示传票的发行功能。按照制造传票从终端键盘输入“G、制票者符号、品名代码、数量、预定入库日期（交货处代码、品名）。括号内的只用于特殊订货的产品。计算机则校验代码、记录调运安排情况，并制作传票。传票包括容器委托传票、检查委托传票、检查报告传票、货物运达通知书、入库传票和制造指示传票等。

(6) 退货受理功能。关于产品退货，要记入另外的退货处理文件上，并从该文件制作退货保管通知书、退货处理书、退货处理书副本等退货传票。这些传票送回给销售经手人，并再次将处理结果输入计算机。

(7) 插入式文件的功能。关于指定的产品，当库存量在订货点以下时，制造传票的发行和分批入库时制造传票的补充发行，或者分批交货时交货指示传票的补充发行等等，这时传票不一定在指定的终端处，而是每当发生这种情况时，由计算机的插入式文件中制作，并存贮这种传票，在需要时或每天业务结束时，根据终端的指示作出这种传票。这就是插入式文件的功能。

其他的功能大致与上述几种功能相同。另外，辅助程序有以下几种：①计算机故障时的修复程序；②一日工作结束后的记录保持程序和库存表编制程序；③按产品种类编制入出库记录的程序。

这个查询系统与没有计算机支援时代或成批处理时代相比，有如下的特征：①提高了对任一时刻掌握库存量的准确性。②能确切地判断库存无货的情况。③简单的决策由计算机进行，因而使人们从繁琐之中解放出来。④在终端也有人—机相互作用的感觉，把库存的矛盾只集中在实物管理的问题上，因而便于管理。⑤易于发现偏离标准状态的情况或丢失传票等异常现象。

5. 与销售管理系统的关系

每天结束业务之后，从上述查询库存管理数据中抽出销售交货的部分，与各主文件核对销售单价、运费、标准重量和交货地址等，然后用以写成交货指导书。这个与主文件核对后的数据包括所有必要的项目，因而可用于销售管理的各种统计和写成收款通知书等。

6. 与库存管理系统的关系

查询库存管理的数据可分为按仓库的和按品种的两种，并在月末或必要时，编制按产品品种的收发明细表。为了保持适当的库存状态，要从经过时间考验的库存数或销售数（如有必要可加上仓库之间移动数）等数据中，算出库存的变化，波动和周转率等，并与事先规定的水准进行比较，在异常的数据上打上记号或者把它抽出来。这种抽出处理的管理方法与其他行业是相同的。库存的品种多时，可把系统做成为周转系统，即对计算机处理结果，由人再作必要的处置，然后，再一次输入计算机进行比较判断，从而改进计算机的处理结果，这样会收到更大的效果。

7. 与订货管理系统的关系

根据一段时间的统计，可以预测整个系统一个周期里的销售量和需求量，采取按期订货的方式，每月制订一次订货计划。在确定订货计划时需要有销售能力、销售计划、月末库存估计数和产品进库计划等资料。至于非主要品种的常备品，则采取订货点方式，根据库存量逐渐减少的情况，确定订货安排或外购安排。这类品种的订货点，可简单地规定如下：

制备期间的平均需要量 + 保险库存量

在确定订货量时，首先要根据仓库能力和服务效率等先定出大的品种群的平均库存月数。关于每个品种的订货量，可用这种平均库存月数和推测的需要量来确定。这种需要量可用下项介绍的需要预测方法求出。在进行这种确定时，除了关系到生产厂商和调配单位以外，还与产品的销售季节和区间有关（如空调）。因而在目前的情况下，只作为参考的计算机预测结果，但它正在成为有力的资料。

由于能同查询库存管理系统相连，如果把所有的需求指示传票都存入计算机的文件中，就能利用计算机进行交货期管理和订货管理，所以，在物流管理方面的效果颇大。

第三节　运输管理信息系统

物流系统是通过“运输”完成对客户所需的原材料、在制品和制成品的“库存”(Inventory) 的地理上的定位的。一般来说，运输成本也是目前物流总成本中最大的成本项。我们以美国的情况为例：1994 年美国的运输开支为 4250 亿美元，占当年美国物流总成本的 58.2%。从欧洲发达国家的情况来看，运输成本一般也都会占到物流总成本的 1/3 以上。运输是物流不可或缺的环节，运输管理是物流战略管理中的重要内容，运输管理信息化在物流管理中十分重要。对于运输的合理化和优化，在此不加详述。

一、运输系统

物流管理的目的是：在总成本最低的条件下，满足既定的客户服务水平。因此，企业通常会采用JIT适时管理法，以及快速反应战略（QR）等，力求使物流系统维持在一个最低的库存水平，甚至是库存为零。这种情况下，不仅对运输成本，而且对运输服务的时间性要求都是很高的。在JIT体系下，“产品完工那一刻正好是要运输给顾客的那一刻；同样，材料、部件等到达某一生产工序时正是该工序准备开始生产之时。没有任何不需要的材料被采购入库，没有任何不需要的半成品被加工出来。所有的‘存货’均在生产线上。由此使存货降到了最低限度”。实施JIT管理，不仅取决于生产企业内部，更重要的取决于物流服务水平。只有当生产企业需要什么样的原材料、零部件、就能供给什么样的原材料、零部件；什么时间需要就能什么时间供应，需要多少就供应多少时，企业才能真正实现库存为零。因此，采用JIT管理体系，需要运输服务保证既不滞后，也不能提前，按质按量地，把所有需要的东西运到所要求的地方。这一方法在制造领域和商业领域的应用，无疑对运输服务提出了更高的、更苛刻的要求。

二、运输功能

一般地说，运输功能可分为运货和送货两种功能来掌握。运货功能是指把较大批量的商品通过中远距离运到少数收货单位而言的，而送货功能则是指把较小批量的商品送到距离近的多数需要用户手中而言的。

企业中的各项物流活动有五种功能：运输功能、保管功能、装卸功能、包装功能、信息功能。

在这些功能中，运输功能占重要的位置。这是由于运输活动几乎所有的情况都在物流成本中占最多的缘故。运输功能在成本与服务这一点上，与其他物流功能尤其是与保管功能有密切的关系。

（一）运输手段的种类和特点

运输货物时要重视经济、迅速、安全和准确（可靠性）。

担任运送的运输手段有汽车、船舶、铁路、飞机等。各种运输手段的优缺点，如表3－2。在不同的条件下各种运输工具的选择如表3－3。

表3－2　各种运输手段的优缺点

运输手段	优点	缺点
铁道运输	（1）集中大量商品在中、远距离上运输时，运费比较便宜，而且方便 （2）因为是利用轨道运输，在天气不好时与其他运输方式相比，安全性（可靠性）高 （3）由于是全国性的运输组织，所以在国内任何远距离的运输都是可能的	（1）近距离运输时，运费较高。 （2）除了集装箱专用直达列车等特殊的运输方法以外，在货车车箱调配的途中滞留时间较长，另外，在发车站和到车站，装卸货物的作业相当麻烦 （3）申请车皮时间较长，不适合于紧急运输
汽车运输	（1）中、小批量产品的近距离运输，运费比较便宜 （2）可与从家门口到门口进行自由性较高的连贯运输，途中碰伤货物的情形较少，到达时间比较准确	（1）因为是单个车辆，不适于大量运输 （2）远程运输的运费较高 （3）运行的安全性稍差
船舶运输	（1）与陆上运输相比，大宗商品的远程运输，运费低得多 （2）最近的集装箱专用船，其运输效率（迅速性）显著提高，越来越变成为经济的运输方式 （3）按物资分类的专用船向大型化方面发展，运费便宜的优点越来越多 （4）滚进和滚出的协同连贯运输（渡船）的发展推动汽车轮渡高效率化	（1）与其他运输手段相比，速度较低，因而不适合紧急运输 （2）港湾设施费用庞大，装卸费用比其他方式要多 （3）总体来说，杂项货物的运费较高 （4）海上遇难事故和其他货物损伤事故引起的责任范围比较复杂，很难判断清楚 （5）天气发生异常时，运行和装卸货物工作都要推迟
飞机运输	（1）超高速是其他运输方式无法比拟的 （2）最适合能负担高运费的少量商品的远程运输 （3）与其他运输方式相比，包装简单	（1）没有负担运费能力的低价商品，不适于这种运输方式 （2）重量受到限制 （3）因发货地和到货地受到限制，自由性较差

表 3－3　不同运输状态的合适运输手段

运输状态	应考虑的因素	合适的运输手段
工厂到存货点之间的运输	运输日数如果长，库存点的库存量就要增加，因而使库存费用增大 交货期不需要以小时为单位的准确性 大量、低价	（1）5T 的集装箱（速度高、价格低） （2）车辆（没有 5T 集装箱的地区，大量、低价） （3）船舶（存货点远时，远程运输的大量性和低价性）
工厂到大户需求者	交货期短而准确	汽车（迅速性、低价性） （1）5T 集装箱。 （2）汽车轮渡（只有远程时采用）
存货点到小户需求者	小批量 交货期短而准确	（1）汽车（迅速，到达时间准确） （2）零星混装、顺路带运（只有交货期限充裕时才采用） （3）飞机航运（只有在货物批量小，商品紧急需要时才采用）

（二）信息系统的应用

在运输信息系统中，对以下几个方面进行管理和规划：

（1）运输管理（配车管理、人员管理、运行管理、车辆管理、集装箱管理等）。

（2）分析与计划（车辆效率和运输效率的分析、运输费用的分析、人员配备计划、运输设施及设备计划、运输路线的设定等）。

从这些活动中可以体会到，运货系统要有很强的计划性，而送货系统则特别要求运行性。运送活动受外界因素的影响较大，因而要计算机化是有许多困难的，但在推进物流活动系统化的过程中，不管人们是否喜欢都会促进信息系统的利用。

三、运输工具

如果系统地考察现有的运输状况，就会发现它具有降低成本和提高服务质量这样两大目标。这些目标具有相互协调的关系，但要追求两者系统的平衡是非常困难的。这时重视两者的因素相结合同模仿现实构造模型，并用它进行仿真实验的方法，具有很大意义。也就是通过费用和服务的互相变化，探讨对系统影响程度，即灵敏度分析，能把相反的两者设定在适当水平上。换句话来说，仿真模型能对多数目标进行综合调整，使整个系统趋于最优化。在探讨运输系统时应用仿真的方法是不可缺少的。

另一方面，还要沿用一定的算法对运输系统进行公式化，使用最优化定量的方法，这种方法可分为以线性规划法等为代表的最优规划法和探试（逼近）法。

四、运输系统的特点和目标

提出物流革新的口号已经很久了，担当运输、保管、包装、装卸和信息等项工作的物流系统，正在缓慢地进行着改进。但是，物流系统的许多功能中最基本的功能是运输和送货，但是由于交通不畅和交通限制，以排气和噪音为中心的交通公害的增大（外部不经济性的增大）以及人工费高涨和送货效率恶化所引起的运输成本的提高特别是担任向终端小量运送的送货系统，其改进的工作更困难。这些问题是运输系统面临的很大阻碍。送货功能的充实和调整，对于企业来说，是一个生死存亡的问题，对于社会来说，则是城市的一项重要课题。

促进物流运输系统的信息化应从以下几个方面进行努力：①采用大型车运输（同小型车分开使用）；②装卸工作机械化（省力化）；③改进信息处理；④计划送货；⑤同向送货；⑥有效利用公用设施；⑦改变销售方式；⑧请求顾客协助提高服务水平。

送货工作的改进如果赶不上交通量的增加、人工费的高涨和顾客高服务水平的要求等，就会变成更加困难的状态。因此，作为重要的流通课题，甚至社会问题，迫切需要予以合理解决。

送货系统的探讨项目有：①送货服务水平的设定；②送货区域的探讨；③送货路线的探讨；④送货方法的探讨；⑤送货时间和单位的探讨；⑥配车计划。在上述项目中，特别是对顾客服务水准的设定，是送货系统的重点。从顾客那里接受的订货商品到交给顾客的一系列过程中，要求有许多不同的服务条件，其具体的服务水平有下列几项：一是严格遵守交货期；二是缩短交货期；三是按时进货；四是减少进货过程中破损等不良品（与库存管理相结合“减少短缺率”）；五是增加送货频率；六是定期的循环送货；七是送货小量化；八是对特别紧急需要的订货加速送货；九是顾客的费用。

设定上述这些服务水平是重要的问题。一方面是顾客要求各种较高的服务水平，另一方面是必须设法降低送货成本和处理交通公害等问题，于是就要在成本和顾客的服务要求之间找出适当的服务水平。为了保持稳定的送货系统，实施最低交货制、大量交货折扣制、送货日期（星期几）指定、订货截止时间等交易准则是行之有效的。

思考题

（1）试述物流系统环境的变化。

（2）试析厂商物流管理信息系统。

（3）试析中间商物流信息系统。

第四章　物流数据库及决策支持系统

在推动物流业飞速发展的现代的信息技术中，数据库技术无疑居于中心的位置。物流的分析、决策过程无不要用到大量数据。如何收集、存储、加工这些数据，如何快速、开放的使用这些数据，就是数据库技术要解决的问题。在可靠、快捷的数据支持下，利用现代物流技术和模型进行决策，才能使管理真正有效，决策支持系统便应运而生。

第一节　物流数据库基本知识

数据库技术是研究数据库的结构、存储、设计和使用的一门软件科学，是进行数据处理和管理的技术。随着计算机的普及，现在企事业、交通运输、情报检索和金融等各行各业都纷纷建立以数据库为核心的信息系统。数据库在当今信息管理和处理中的作用越来越重要。从某种意义上讲，数据库建设的规模，数据库信息的数量和质量及数据库的使用程度，是衡量一个国家信息化程度的标志。

一、数据管理技术的发展

数据管理技术是指对数据进行分类、组织、编码、存储、检索和维护的技术。数据管理技术的发展是和计算机技术及其应用的发展联系在一起的，经历了由低级向高级的发展过程。这一过程大致可分为人工管理阶段、文件系统阶段、数据库阶段和高级数据库技术阶段等四个阶段。

1．人工管理阶段

人工管理阶段是指20世纪50年代中期以前的阶段。当时计算机处于发展的初期，计算机主要用于科学计算，所用的数量并不很多，而且数据的结构一般都比较简单，计算机系统本身的功能很弱，没有大容量的外存和操作系统，程序的运行由简单的管理程序来控制。这一阶段的特点可概括为：①数据不能长期保存在计算机中；②数据作为程序的组成部分不能独立存在，即数据和程序完全结合成一个不可分割的整体；③数据由程序员在程序中进行管理，无专门的软件对数据进行管理；④数据面向应用，不同应用的数据之间相互独立、彼此无关，即便两个不同应用涉及到相同的数据，也必须各自定义，无法互相参照和使用；⑤数据大量冗余（Redundancy），而且不能共享。

2．文件系统阶段

文件系统阶段是从20世纪50年代后期到60年代中期这一阶段。在这一阶段，由于计算机技术的发展，出现了磁带、磁鼓和磁盘等较大容量的存储设备，软件方面有操作系统，计算机的应用范围也由科学计算机领域扩展到数据处理领域。这一阶段的特点是：①数据可以以操作系统的文件形式长期保存在计算机中，文件的组织方式由顺序文件逐渐发展到随机文件；②操作系统的文件管理系统提供了对数据的输入和输出操作接口，进而提供数据存取方法；③一个应用程序可以使用多个文件，一个文件可为多个应用程序使用，数据可以共享；④数据仍然是面向应用的，文件之间彼此孤立，不能反映数据之间的联系，因而仍存在数据大量冗余和不致性（Inconsistency）。

3．**数据库系统阶段**

数据库系统阶段从20世纪60年代后期开始，随着计算机硬件和软件技术的发展，开展了对数据组织方法的研究，并开发了对数据进行统一管理和控制的数据管理系统，在计算机科学领域中逐步形成了数据库技术这一独立分支。数据管理中数据的定义、操作及控制系统也由数据管理系统来完成。说明了这一阶段的特点是：①采用一定的数据模型来组织数据，数据不再面向应用，而是面向系统；②程序独立于数据，实现了数据的独立性；③数据的冗余度明显减少，从而减少了数据的不一致性；④为用户的数据操作提供了方便的用户接口，实现了数据共享；⑤提供了数据的完整性（数据的正确性和一致性）、数据的安全性（数据的安全和保密，以防被窃和失密）、数据的并发控制（实现数据共享，防止相互干扰和恶意破坏）和数据库的恢复（发生数据损坏时尽可能恢复到一致状态）等数据控制功能。

4．**高级数据库技术阶段**

高级数据库技术阶段大约从20世纪70年代后期开始。在这一阶段中，计算机技术获得更快的发展，并更加广泛地与其他学科技术相互结合和相互渗透，在数据库领域中诞生了很多高新技术，并产生了许多新型数据库，其中有些已经成熟并进入了实用阶段。

下面对具有代表性的分布式数据库和面向对象数据库作一简单介绍。

（1）分布式数据库。分布式数据库是数据库技术和计算机网络技术相互渗透和有机结合的产物。分布式数据库是由一组数据组成，这些数据物理上分布在计算机网络的不同结点上（结点也称为场地），既能完成本地的局部应用，又参与涉及多个场地的全局应用。即这些分布的数据逻辑上属于同一个整体。分布式数据库的这个定义强调了数据与处理的分布性，各场地的自治性和数据的逻辑整体性。分布性是指数据不是存储在一台计算机的存储设备中，从而和集中式数据库相区别：自治性是指各场地相互独立，完成本地应用，并无主次之分；逻辑整体性是指在逻辑上与集中式数据库相同，数据是一个整体，而不是分散在计算机网络不同结点上的各自逻辑独立的数据库（或文件系统）。

分布式数据库的重要特性是数据分布的透明性，分布式数据库是一个统一整体，用户不必关心数据的逻辑分布，更不必关心数据的物理分布的细节。对用户来说，访问分布式数据库如同访问集中式数据库一样，只要指出访问哪些数据，而不需指出哪里或如何访问这些数据。

(2) 面向对象的数据库。20 世纪 60 年代末期，在程序设计语言领域中引入了面向对象的概念，通过面向对象的程序设计来解决程序的重要问题。将面向对象的概念引入数据库领域，产生了面向对象数据库系统。

面向对象技术最重要的进展是，数据和数据操作的方法作为对象由面向对象的数据库管理系统来统一管理，任何被开发的应用都成为对象目标库的一部分，由开发者和用户所共享。共享缩小了数据库和应用程序间的差距，降低了应用程序的开发费用，同时也减少了系统出现问题的可能性。同时，面向对象技术中所用的方法能精确处理现实世界中复杂的目标对象。例如，图像、声音、文本文件等，都可以被定义为抽象数据类型，而且在系统运行时可对它们的内容进行检查。在面向对象技术中，属性的继承性可能在对象共享数据中得以操作，成为数据和程序间交换信息的标准。面向对象的数据库技术已经可以处理复杂的企业范围内变化的事务对象。

二、数据模型

模型是抽象地模仿现实世界的事物，在数据库技术中，使用数据模型（Data Model）的概念描述数据库的结构和语义。根据应用的不同，数据模型可分为两类或两个层次；

（一）概念数据模型

只描述信息的特性和强调语义，而不涉及信息在计算机中的表示，是现实世界到信息世界的第一层抽象。最常用的是实体联系模型（Enity Relaionship Model）。

（二）结构数据模型

直接描述数据库中数据的逻辑结构，这类模型涉及到计算机系统，又称为基本数据模型。它是用于机器世界的第二层抽象，通常包括一组严格定义的形式化语言，用来定义和操作数据库中的数据，最常用的有：

1. **实体联系模型**（Entity Relationship Model）

实体联系模型（简记为 E－R 模型）是 P. P. Chen 于 1971 年提出的。E－R 模型中的基本语义单位是实体与联系，它可以形象地用图形表示，称为 E－R 图。

E－R 图是直观表示概念模型的有力工具。在 E－R 图中，以矩形框表示实体类型（考虑问题的对象），用菱形框表示联系类型（实体间的联系），用椭圆形框表示实体类型和联系类型的属性，相应的名字均记入框中。联系类型与其涉及的实体类型之间以直线连接，并在直线端部标注联系的种类，例如，1∶1 表示 1 对 1 的联系；1∶n 表示 1 对多的联系；n∶m 表示多对多的联系。

下面通过例子来说明 E-R 模型：

图 4-1 为仓库管理设计一个 E-R 模型。仓库主要管理零件的进库、出库、采购等事项，仓库根据需要向外面厂家购买零件，而许多工程项目需要仓库供应零件。这个 E-R 模型如图 4-1 所示，它的具体建立过程将在数据库概念设计中给出。

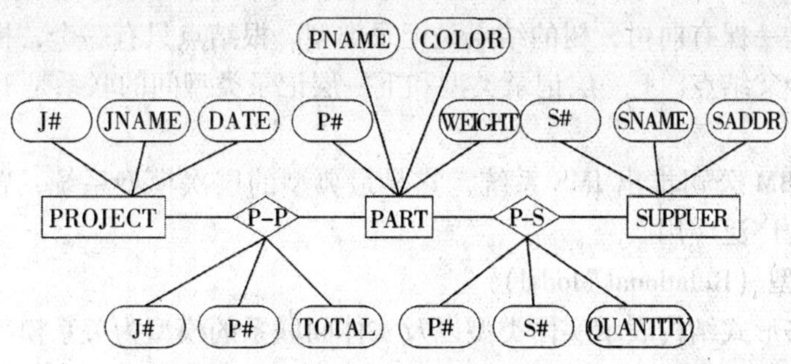

图 4-1　E-R 图示例

联系类型也可以发生在多于两个实体类型之间。

需注意的是，在 E-R 图中，联系类型的属性中可以不包括与它相关的实体的键，当将 E-R 转化为逻辑模型时再将它给出。

E-R 模型有两个明显的优点：①接近人的思想，容易理解；②与计算机无关，用户容易接受，因此 E-R 模型已成为数据库概念设计的一个重要的设计方法。

E-R 模型是一个很好的方法，但现有数据库系统没有一个能直接接受 E-R 模型。主要是因为 E-R 模型只能说明实体以及实体间语义的联系，还不能进一步说明详细的数据结构。一般遇到一个实际问题，总是先设计一个 E-R 模型转换成计算机能实现的数据模型。

2. 网状模型（Network Model）

用网状结构表示实体类型及实体之间联系的数据模型称为网状模型。网状模型是美国 DASYL 委员会数据库任务组（DBTG）于 1969 年提出的一种模型，用于设计网状数据库。在网状模型中，一个子结点可以有多个交结点，在两个结点之间可以有一种或多种联系。网状模型有许多成功的数据库管理系统，它们在 20 世纪 70 年代和 80 年代得到广泛的应用。

网状模型实现实体间 m∶n 联系比较容易，记录之间联系是通过指针实现的，因此数据的联系十分密切。网状模型的数据结构在物理上也易于实现，效率较高，但是应用程序的编写较复杂，程序员必须熟悉数据库的逻辑结构。在网状模型中，任意两个记录类型之间都可以组成一个系类型结构，因此以记录类型为结点的结构图是网络结构。从

E-R 图到网状模型的转换规则主要有两条：①把 E-R 图中实体与有联系的每个联系类型，分别组成一个系类型。②把 E-R 图中实体类型与有联系的每个联系类型，分别组成一个系类型。

3. 层次模型（Hierarchical Model）

用树型（层次）结构表示实体类型以及实体间的联系是层次模型的主要特征。

层次结构是一棵有向树，树的结点是记录类型。根结点只有一个，根结点以外的结点有且只有一个父结点。上一层记录类型和下一层记录类型间的联系是 1∶n 联系（包括 1∶1 联系）。

1969 年，IBM 公司推出 IMS 系统，它是最典型的层次模型系统，曾在 20 世纪 70 年代商业领域中广泛应用。

4. 关系模型（Relational Model）

用二维表格形式结构表示实体类型以及实体间联系的模型为关系模型。关系模型比较简单，容易为初学者接受。

关系模型和网状、层次模型的最大区别是，关系模型用表格数据而不是通过指针链来表示和实现实体间联系。关系模型的数据结构简单、易懂，只需用简单的查询语句就可对数据进行操作。而且关系模型是数学化的模型，可把表格看成一个集合，因此集合论、数理逻辑等知识可以引入到关系模型中来。关系模型已是一个成熟的有前途的模型，已得到了广泛应用。

5. 面向对象模型（Object-Oriented Model）

由于关系模型比网状、层次模型更为简单灵活，因此在数据处理领域中，关系数据库使用已相当普遍。但是，现实世界存在着许多含有更复杂数据结构的实际应用领域，例如 CAD 数据、图形数据等，需要有一种数据模型来表达这类信息。随后，在人工智能研究中也出现了类似的需要，这种数据模型就是面向对象的数据模型。

面向对象数据模型的核心概念有以下几点：

（1）对象和对象标识（OID）：对象是现实世界中实体的模型化，与记录、元组的概念相似，但远比它们复杂。每一个对象都有一个唯一的标识，称为对象标识（OID）。对象标识 OID 不等于关系模式中的记录标识 RID 或元组标识 TID。OID 是独立于值的，全系统唯一。

（2）封装（Encapsulate）：每一个对象是状态（State）和行为（Behavior）的封装。对象的状态是该对象属性的集合。对象的行为是在该对角状态上操作的方法（程序代码）的集合。被封装状态和行为在对象外部是看不见，只能通过显示定义的消息传递来访问。

（3）对象的属性（Object Attribute）：对象的某个属性可以是单值或值的集合。对象的一个属性值本身在该属性看来也是一个对象。

（4）类和类层次（Class And Class Hierarchy）：①类：所有具有属性和方法集的对象构成一个对象类。任何一个对象都是某个对象类的一个实例（Instance）。对象类中属性的定义域可以是任何类。包括整型、实型、字串等基本类，以及自身属性和方法的一般类。

②类层次：所有的类组成了一个有根有向无环图，称为类层次（结构）。一个类可以从直接/间接祖先（超类）中继承（Inherit）所有的属性和方法，该类称为子类。

（5）继承（Inherit）。子类可以从其超类继承所有属性和方法。类继承可分为单继承和多重继承两种：①单继承——一个类只能有一个超类；②多重继承——一个类可以有多个超类。这样，在已有类的基础上定义新的类时，可以只定义特殊的属性和方法，而不必重复定义父类已有的东西，这有利于实现可扩充性（Extensibility）。

面向对象数据模型比网状、层次、关系数据模型具有更加丰富的表达能力。但正因为面向对象模型的丰富表达能力，模型相对复杂，实现起来较困难，所以尽管面对对象系统很多，但大多是实验型的或专用的，尚未通用化。

三、数据库、数据库管理系统和数据库系统

1. 数据库（Data Base）

数据库（Data Base，简称 DB）一词起源于 20 世纪 50 年代，美国因战争需要，把各种情报集中在一起，存放在计算机中，称为 Information Base 或 Database。数据库可以被定义为是在计算机存储设备上合理存放的，互相关联的数据集合，这种集合具有如下特点：

（1）以一定的数据模型来组织数据，数据可能不重复（最少的冗余度）。

（2）以最优方式为某个特定组织的多种应用服务（应用程序对数据资源共享）。

（3）其数据结构独立于使用它的应用程序（数据独立性）。

（4）对数据的定义、操纵和控制，由数据库管理系统统一进行管理和控制。

2. 数据库的分类

数据库的分类方法有许多种，按数据库的结构数据模型分类，可分为：采用层次模型（Hierarchical Model）的数据库称为层次型数据库；采用网状模型（Network Model）的数据库称为网状型数据库；采用关系模型（Relational Model）的数据库称为关系型数据库；采用面向对象模型（Object-Oriented Model）的数据库称为面向对象型数据库。

3. 数据库技术

数据库技术是研究数据库结构、存储、设计和使用的一门软件科学。

4. 数据库系统

数据库系统是采用数据库技术的计算机系统，是可运行的，以数据库方式存储、维护和向应用系统提供数据或信息支持的系统。它由计算机硬件、软件（OS、DBMS 和

应用程序等）、数据库管理员（DBA）组合而成。

5. **数据库管理系统**

数据库管理系统（DataBase Management System，简称 DBMS）是基于某种结构数据模型，以统一的方式管理和维护数据库，并提供访问数据库接口的通用软件。DBMS 一般具有如下功能：

（1）数据库定义功能，提供 Data Defined Language（DDL）及其翻译程序，定义数据库（模式及模式间映像）、数据完整及保密性的约束等。

（2）数据库操纵功能，提供 Data Manipulation Language（DML）及其翻译程序，实现对数据库的查询、插入、更新和删除等操作。

（3）数据库运行和控制功能，包括数据安全性控制、数据完整性控制、多用户环境的并发控制等。

（4）数据库维护功能，包括数据库数据的载入、转储和恢复，数据库的维护和数据库的功能及性能分析和监测等。

（5）数据字典（Data Dictionary，简称 DD），存放数据库各级模式结构的描述，是访问数据库的接口。在大型系统中，DD 也可单独成为一个系统。

（6）数据通信功能，包括与 OS 的联机处理、分别处理和远程作业传输的相应接口等，这一功能对分布式数据库系统尤为重要。

6. **数据库管理员**

数据库管理员（DataBase Administrator，简称 DBA）负责管理企业组织的数据库资源；收集和确定有关用户的需求，设计数据库，实现数据库，按需要修改和转换数据；为用户提供资料和培训方面的帮助。

7. **数据库语言**

数据库语言一般有两种：一是交互式命令语言，它语法简单，可以独立使用；二是嵌入到某种程序设计语言中，如 C、FORTARAN、COBOL、PASCAL 等，称为宿主型语言。DBMS 对一交互式命令语言通常采用解释执行方式。对于宿主型语言提供两种方法：①预编译方式：DBMS 提供预处理程序，对源程序进行扫描，识别数据库语言的语句并把它们转换成主语言调用语句，以便原来的编译程序能接受和执行它们。②修改并扩充主语言编译程序方法（也称增强编译方法）。

未来的数据库语言应该是净数据库语言与通用的程序设计语言相结合，除能对传统的数据库功能提供透明访问外，也应能支持面向对象的程序设计方法。

四、数据库的体系结构与数据独立性

1. **数据库的体系结构**

数据库系统的体系结构是数据系统的一个总框架。尽管实际数据库软件产品品种繁多，使用的数据库语言各异，基础操作系统不同，采用的数据结构模型相差甚大，但是绝大多数数据库系统在总体结构上都具有三级模式的结构特征。数据库的三级模式结构由外模式、模式和内模式组成，如图4－2。

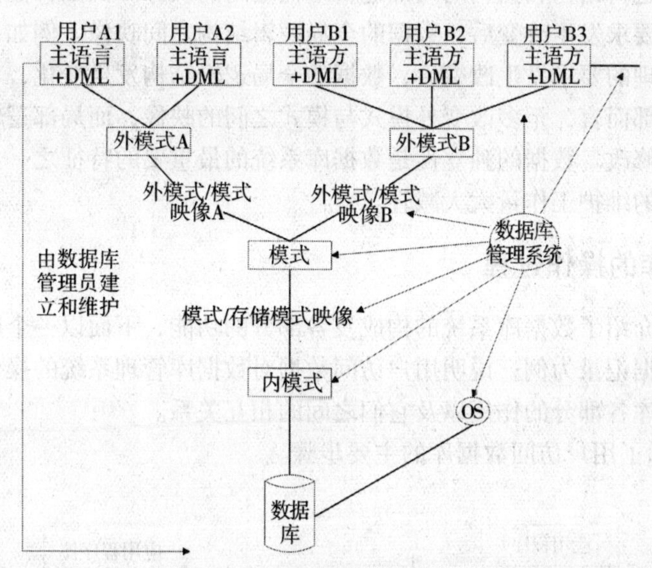

图4－2　数据库系统的体系结构

（1）外模式：又称子模式或用户模式，是模式的子集，是数据的局部逻辑结构，也是数据库用户看到的数据视图。

（2）模式：又称逻辑模式或概念模式，是数据库中全体数据的全局逻辑结构和特性的描述，也是所有用户的公共数据视图。

（3）内模式：又称存储模式，是数据在数据库系统中的内部表示，即数据的物理结构和存储方式的描述。图4－2示例性地描述了数据库系统的体系结构。

2. 数据独立性

数据库系统的三级模式是对数据的三级抽象，数据的具体组织由数据管理系统负责，使用户能逻辑地处理数据，而不必考虑数据在计算机的表示和存储方法。为了实现三个抽象层次的转换，数据库系统在三级模式中提供了两次映像：外模式/模式映像和模式/内模式映像。所谓映像就是存在某种对应关系。

外模式到模式的映像，定义了外模式与模式之间的对应关系。模式到内模式的映像，定义了数据的逻辑结构和物理结构之间的对应关系。

由于上述的两次映像，使数据库管理中的数据具有两个层次的独立性：一个是数据物理独立性。模式和内模式之间的映像是数据的全局逻辑结构和数据的存储结构之间的映像，当数据库的存储结构发生了改变，例如，存储数据库的硬件设备变化或存储方法变化，引起内程序可以不必修改。另一个是数据的逻辑独立性，外模式和模式之间的映像是数据的全局逻辑结构和数据的局部逻辑结构之间的映像。例如，数据管理的范围扩大或某些管理的要求发生改变后，数据的全局逻辑结构之间映像。例如，数据管理的范围扩大或某些管理的要求发生改变后，数据的全局逻辑结构发生变化，对不受该全局变化影响的那些局部而言，至多改变外模式与模式之间的映像，而局部逻辑结构所开发的应用程序就不必修改。数据的独立性是数据库系统的最重要的特征之一，采用数据库技术使得应用程序的维护工作量大大减轻。

五、数据库的操作过程

上面概略地介绍了数据库系统的构成及各部分的功能，下面以一个应用程序从数据库中读取一个数据记录为例，说明用户访问数据对数据库管理系统的操作过程，同时也具体反映了数据库各部分的作用以及它们之间的相互关系。

图 4－3 表示了用户访问数据库的主要步骤。

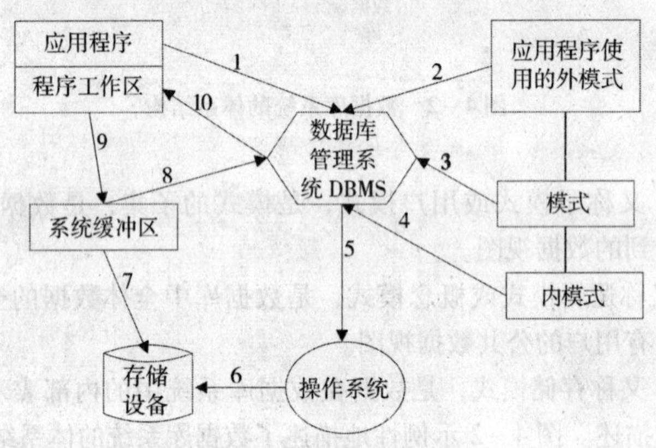

图 4－3　数据库的操作过程

（1）在应用程序中，用户向 DBMS 发出读取数据的请求，同时给出记录名及要读取的记录的关键字值。

（2）DBMS 接到请求之后，利用应用程序，A 所用的外模式来分析这一请求。

（3）DBMS 调用模式，进一步分析请求，根据外模式与模式之间变换的定义，决定应读入哪些模式记录。

（4）DBMS 通过内模式，将数据的逻辑记录转换为实际的物理记录。

（5）DBMS 向操作系统发出读所需物理记录的请求。

（6）操作系统对实际的物理存储设备启动读操作。

（7）读出的记录从保存数据的物理设备送到系统缓冲区。

（8）DBMS 根据模式和子模式的规定，将记录转换为应用程序所需的形式。

（9）DBMS 把数据从系统缓冲区传送到应用程序 A 的程序工作区。

（10）DBMS 向用户程序 A 发出请求执行情况的信息。

上述步骤是用户从数据库中读取数据的一般过程。对于不同类型的 DBMS，其具体操作细节可能有所不同，但基本的工作原理是一致的。对数据库的其他操作过程与读取数据的过程有些类似，这里不再赘述。

第二节　物流信息系统关系数据库

关系数据库是当今事务处理型信息系统中最常用也是最有效的一种数据库，物流信息处理常常用到它。顾名思义，关系数据库采用关系数据模型。本节介绍一些关系数据模型的基本概念，包括数据结构、数据完整性和基本设计方法。

一、关系数据模型的数据结构和基本术语

（一）关系数据模型的数据结构

关系模型的数据结构单一，是一种二维表格结构。关系数据模型如表 4－1 所示：

表 4－1（a）　关系名：学生登记记录

学号	姓名	性别	年龄	学部号	原单位
2000101	张　某	男	22	01	数学所
2000102	陈某亭	女	22	01	化学所
2000103	王　某	男	20	03	计算所

表 4－1（b）　关系名：教学部信息

学部号	学部名	办公室	主任	电话
01	计算机	东 103	张某功	301
02	数学	东 202	官某平	123
03	化学	东 303	司某耀	125
04	外语	东 602	姚某善	136

（二）关系数据模型的基本术语

（1）关系模型：用二维表格来表示实体及实体间联系的模型叫关系模型（Raletional Model）。

（2）属性和值域：二维表中的列（字段、数据项）称为属性（Attribute）；列值称为属性值；属性值的取值范围称为值域（Domain）。

（3）关系模式：在二维表中，行定义（记录的值），称为关系模式。

（4）元组（Tuple）和关系：二维表中行称为元组；元组的集合为关系；关系模式和关系常常统称为关系。

（5）关键字（Key）或码：在关系的诸属性中，能够用来唯一标识元组的属性（或属性组合）称为关键字。关键字是一个语义概念。一个关键字是什么，没有办法从数学上证明。同时，关键字的唯一性不只是对关系的当前元组构成来确定的。对表4－1的关系而言，关键字分别是学号和学部号。在一个关系中，关键字的值不能为空，也不能有重复。有些关系的关键字是由单个属性构成（如表4－1），还有一些关系的关键字则需要多个属性的组合才行（如考试成绩的关键字必须由学号和课程号联合才能确定）。

（6）候选关键字或候选码（Candidate Key）：如果在一个关系中，存在多个属性（或组合）能用来唯一标识该关系的元组，则这些属性或（组合）就称为该关系的候选关键字或候选码。

（7）主关键字或主码（Primary Key）：在一个关系的若干个候选关键字中指定作为关键字的属性。

（8）非主属性（Non Primary Attribute）：关系中不能组成码的属性。

（9）外部关键字或外键（Foreign Key）：当关系中的某个属性（或组合）虽不是该关系的关键字或只是关键字的一部分，但却是另一个关系的关键字时，称该属性为这个关系的外键。如学生关系中的学部号虽不是关键字，但它却是教学部关系的关键字，所以学部号为学生关系的外键。

（10）主表和从表：主表和从表是指以外键相关联的两个表，以外键为主键的表为主表，外键所在的表为从表。如上面的学生关系是从表，教学部关系是主表。

注意：关系模式是稳定的，而关系是随时间不断变化的，因为数据库中的数据是不断更新的。

二、关系数据库的数据完整性

数据库的数据完整性是指数据库中数据的正确性和一致性。数据完整性由数据完整性规则来维护。

为了维护数据库中数据的正确性和一致性，在对关系数据库进行插入、删除和修改时，必须遵循下述三类完整性原则（其中前两类是关系模型必须满足的，应该得到关系数据库的自动支持）：

（1）实体完整性规则（entity integrity rule）。这条规则要求关系中元组的主键的属性不能有空值。如果出现空值，主键就起不了唯一标识的作用。

（2）引用完整性规则（reference integrity rule）。这条规则要求不允许引用不存在的元组。

（3）用户定义的完整性规则。这是针对某一具体数据的约束条件，由应用环境决定。它反映某一具体应用所涉及的数据必须满足的语义要求。关系模型中应提供定义和检验这类完整性的机制，以便用统一的系统方法处理它们，而不是由应用程序来承担这一功能。

三、关系数据对关系的限定

尽管关系与二维表类似，但它们是有重要区别的。严格的说关系是一种规范化了的二维表的集合。为了使数据操作简化，在关系模型中，对关系作如下限定：

（1）每一个关系仅有一种记录类型，即一种关系模式。

（2）关系中属性的个数是固定的，并必须命名，在同一关系中，属性间不能同名。

（3）每一个属性是不可分解的。

（4）关系中元组的顺序是无关紧要的。

（5）关系中列的顺序也是无关紧要的。

（6）关系中不允许出现重复的元组。

四、关系数据库设计理论

（一）关系数据库设计理论的主要内容

在数据库设计中，如何把现实世界表示成数据库模式，一直是人们非常重视的问题。关系数据库设计理论就是指导产生一个具有确定的、好的数据库模式的理论体系。

为了表述上的方便，我们先来看一个设计的一组关系例子。

供应者关系：S（SNO，SNAME，STASTUS，SCITY）

零件关系：P（PNO，PNAME，COLOR，WEIGHT，PCITY）

供应关系：SP（SNO，PNO，QTY）

这三者可能有以下两种数据模式：

（1）只有一个关系模式：S-SP-P（SNO，SNAME，STATUS，SCITY，PNO，PNAME，COLOR，WEIGHT，PCITY，QTY）。

（2）用三个关系模式：S，P，SP。

比较这两种方案，第一种可能出现下述问题：①数据冗余。如果供应者提供多种零件时则每提供一种零件就要存储依次供应者的信息。同样，当一种零件由多个供应者提供时，也必须重复零件的信息。②修改异常。由于数据冗余，当修改某些数据项时，可能有一部分有关元组被同时修改，而有些元组却没被修改。③插入异常。当需要使用一种新的零件，而这种零件还没有被任何一个供应者供应，则该零件的细节将无法进入数据库中。因为在 S－SP－P 关系模式中，（SNO，PNO）是主键，此时 SNO 为空值，实体完整性约束不允许主键为空或部分为空的元组在关系中出现，因此该零件的细节不能在数据库中存储。④删除异常。如果某个供应者提供的零件都删除了，那么，次供应者的细节也一起被删除了，显然这不是人们所希望的。

第二种设计就不存在上述问题。数据冗余消除了。不仅如此，即使供应者在不提供任何零件时，它的细节也仍然保存在关系 S 中。然而，还有另外一些问题。例如，使用上述模式时，为找到“红色”零件的供应者名，则需进行三个关系的连接操作，代价很高。相比之下，使用 S－SP－P 关系则直接选择投影就行了，显然代价很低。

那么，对于第一种出现的上述四类问题，是否在第二种设计中完全消除了呢？怎样判断？如何找到一个好的数据库模式？这是数据库设计理论研究的重要任务。

关系数据库设计理论主要包括三个方面的内容：数据依赖、范式（Normal forms）、模式设计方法，其中数据依赖起核心的作用。

（二）关系数据库函数依赖

1．数据完整性约束条件

关系可以定义为属性值域的笛卡尔积的一个子集，它可以模拟现实世界，关系的元组表示实体和它的属性，或实体间的联系。但并非所有的子集都是有意义的，即使这些元组的每个属性值都是对的。例如，一个雇员登记表的元组中，工龄为 40 而年龄为 30 是不合理的，是无意义的。因此就要对关系的值作限制，这种限制称作数据完整性约束条件。一般可分为以下两类：

（1）依赖于值域元素语义的限制。如上述所说的一个雇员的工龄不可能大于年龄；或某人身高不可能大于 4 米，等等。这种检查主要由 DBMS 的完整性子系统去完成，与数据库设计模式几乎无关。

（2）依赖于值的相等与否的限制。这类限制并不取决于某一元组的属性取什么值，而仅仅取决于两个元组的某些属性的值是否相等。这类限制统称为数据依赖，而函数依赖是其中最重要也是最基本的一种。

2．函数依赖的定义

函数依赖普遍的存在于现实生活中，例如，描述一个学生的关系，可以有学号（S#）、姓名（SNAME）、年龄（AGE）等几个属性。由于一个学号只对应一个学生，一个学生只有一个姓名和一个年龄。因而，当“学号”值确定后，姓名和年龄的值也就被唯一的确定了，就像自变量 X 确定后，相应的函数值 f（x）也就唯一确定了一样，我们说 S#函数决定 SNAME 和 AGE，或者说 SNAME、AGE 函数依赖于 S#，记为：S#→SNAME，S#→AGE。

函数依赖的定义：

设 R（U）是属性集 U 上的关系模式，X 与 Y 是 U 的子集，若对于 R（U）的任意一个当前值 r，如果对 r 中的任意两个元组 t 和 s，都有 t［X］≡s［X］，就有 t［Y］≡s［Y］（即若它们在 X 上的属性值相等，则在 Y 上的属性值也一定相等），则称“X 函数决定 Y”或“Y 函数依赖于 X”，记作 X→Y，并称 X 为决定性因素（Determinant）。

函数依赖和其他数据依赖一样，是语义范畴的概念，我们只能根据语义来确定一个函数依赖。例如，姓名→年龄这个函数依赖只有在没有同名人的条件下成立，如果允许有相同姓名，则年龄就不再函数依赖于姓名了，设计者也可以对现实世界作强制性的规定。例如规定不允许同名人出现，因而使姓名→年龄函数依赖成立。这样当插入某个元组时，这个元组上属性值必须满足规定的函数依赖，若发现有同名人存在，则拒绝插入该元组。要注意函数依赖不是指关系模式 R 的某个或某些关系满足的约束条件，而是指 R 的一切关系均要满足的约束条件。

3. 关系数据库中函数依赖的分类

（1）平凡函数依赖和非平凡函数依赖。

设有关系式 R（U），X→Y 是 R 的一个函数依赖。若对任何 X、Y∈U，此函数依赖对 R 的任何一个当前值 r 都成立，则称 X→Y 是一个平凡函数依赖。

显然，如果 Y∈X，则 X→Y 就是一个平凡函数依赖。两个极端的情况是：X→ϕ 和 ϕ→X。对 X→ϕ，任何一个关系都满足，而 ϕ→X 只有那些所有元组的 X 都相同的关系才满足。一般情况下将不考虑这两种特殊的函数依赖。

若 X→Y，但 Y 不属于 X，则称 X→Y 是非平凡的函数依赖，若不特别声明我们总是讨论非平凡的函数依赖。

（2）完全函数依赖和部分函数依赖。

设 X→Y 是一个函数依赖，且对于任何 X′∈X，X′→Y 都不成立，则称 X→Y 是一个完全函数依赖，记作 X＝＞Y。

反之，如果 X′→Y 成立，则称 X→Y 是部分函数依赖 。

一般情况下，我们并不区分 X＝＞Y 和 X→Y，都使用 X→Y。除非特别指明 X→Y 指的是完全函数依赖，并因此也把完全函数依赖简单的称作函数依赖。

（3）传递函数依赖。

设有关系模式 R＝（ABC），若有两个函数依赖：A→B 和 B→C，若 A→C 也成立，但它不是直接的函数依赖，而是通过传递后才成立的，则称 C 传递函数依赖于 A。

（三）关系模式的规范化理论

关系数据库中的关系要满足一定的要求，满足不同程度要求的为不同范式。其中，满足最低要求的叫第一范式，简称1NF；在第一范式的基础上进一步满足一些要求的为第二范式，其余的以此类推。E. F. Codd提出了规范化的问题，并给出了范式的概念。1971年至1972年，他系统地提出了1NF、2NF、3NF的概念，1974年，他又和Boyce共同提出了一个新的范式的概念，即BCNF。1976年，Fagin又提出了4NF，后来又有人提出5NF。不是1NF的关系都是非规范化关系，满足1NF的关系称为规范化关系。数据库理论研究的都是规范化的关系。1NF是关系数据库中关系模式要满足的最基本的条件。

关系模式的规范化过程是通过对关系模式的分解，把低一级的关系模式分解为若干个高一级关系模式。其基本思想是逐步关系模式中不合适的数据依赖，是模式达到某种程度的分离，即："一个关系表示一事或一物"。所以，规范化的过程也被称为"单一化"过程。

第一范式：如果关系模式R的每一个属性都是不可分解的，则称R为第一范式的模式，记为：$R \in 1NF$；

第二范式：如果$R \in 1NF$，且每个非码属性都完全函数依赖于码属性，则称R为第二范式模式，记为：$R \in 2NF$；

第三范式：如果$R \in 2NF$，且没有一个非码属性是传递函数依赖于候选码，则称为第三范式的模式，记为$R \in 3NF$；

扩充第三范式：如果$R \in 3NF$，且没有一个码属性是部分函数依赖或传递函数依赖于码属性，则称R为扩充第三范式模式，记为：$R \in BCNF$（Boyce Codd Normal Form）

关系模式的规范化过程图4－4所示：

1NF
↓　消除非主属性对码的部分函数依赖
2NF
↓　消除非主属性对码的传递函数依赖
3NF
↓　消除主属性对码的部分和传递函数依赖
BCNF
↓　消除非平凡且非函数的多位依赖
4NF

图4－4　关系模式的规范化过程

规范过程中有一个问题很自然的被许多人问到：是否规范化的程度越深越好？这要根据需要来决定。因为"分离"越深，产生的关系越多，关系越多，连接操作就越频繁，而连接操作是最费时间的。特别是对以查询为主的数据库应用来说，频繁的连接会影响查询速度，所以规范化的程度应适宜于具体的需要。应该指出，模式设计理论为数据库设计者提供了理论的指导和方法，但并不是规范化程度越高越好，我们必须结合实际问题和具体情况合理地选择较好的数据库模式。

总的看来，关系模式有四个主要特点：①数据独立性高；②结构简单，实体间的联系都用二维表表示；③集合处理能力强，有坚实的数学基础；④有功能强大的关系数据库语言 SQL 的支持。

五、SQL 数据库语言概述

由于关系数据库有坚实的数学作理论基础，20 世纪 80 年代以来它发展得很快，并且将成为数据库技术的发展趋势。所以了解建立在关系模式上的标准的数据库语言——SQL 是很有必要的。

SQL 是结构化查询语言（Structured Query Language），是 1974 年由 Boyce 和 Chamberlin 提出的，并在 IBM 公司的关系数据库系统 SYSTEM R 上实现。它的前身是 1972 年提出的 SQUEL（Specifying Queries As Relational Expression）语言，在 1974 年作了修改，改名为 SEQUEL（Structured English Query Language）语言。两者在本质上是相同的，其差别是前者更多用数学符号，后者则更像英语，后来就把 SEQUEL 简称为 SQL。

由于 SQL 使用方便、功能丰富且语言简单易学，很快得到推广和应用。例如关系数据库产品 DB2、ORACLE 等都实现了 SQL 语言。同时，其他数据库厂家也纷纷推出各自的支持 SQL 的软件或者与 SQL 的接口软件。这样 SQL 语言很快被整个计算机界认可。1986 年 10 月，美国国家标准局颁布了 SQL 的美国标准，1987 年 6 月，国际标准组织也把这个标准采纳为国际标准，后经修订，在 1989 年 4 月颁布并增加了完整性特征的 SQL89 版本，这就是目前所说的 SQ 标准。一般地，实际系统中实现的 SQL 对 SQL89 有很多扩充。

SQL 最新的版本是新近推出的 SQL SERVR2000，有关 SQL 的详细的知识请读者查阅相关书籍，限于篇幅，这里就这样简单的作一个介绍。

第三节　物流数据库设计

数据库设计是数据应用领域中的主要研究课题。数据库设计的任务是针对一个给定的应用的环境，在给定的（或选择的）硬件环境、操作系统及数据库管理系统等软件环境下，创建一个性能良好的数据库模式，建立数据库及其应用系统，使之能有效地收集、存储、操作和管理数据，满足用户的各类需求。目前关系型数据库管理系统占有优势地位，本节的内容将围绕关系数据库而展开。

一、数据库设计的内容、方法和步骤

（一）数据库设计与数据库应用系统设计

在数据库领域内，常常把使用数据库的各类系统统称为数据库应用系统（DBAS）。一般用于管理的信息系统可以建立在文件系统之上，也可以建立在数据库管理系统之上，既可以是数据库应用系统，也可以不是数据库应用系统。

数据库应用系统通常是指以数据库为基础的信息系统。所以严格说来，数据库设计是数据库应用系统设计的一部分。在实际使用中，这两个概念往往区分不太明确。

（二）数据库设计的内容

数据库设计通常是在一个通用的 DBMS 支持下进行的，即利用现成的 DBMS 作为开发基础。

数据库设计包括结构特性的设计和行为特性的设计两方面的内容（见图 4－5）。

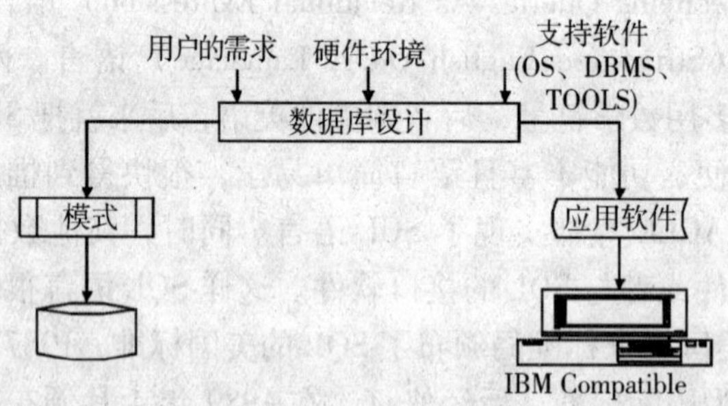

图 4－5　数据库设计的内容

结构特性的设计是指确定数据库的数据模型。数据模型反映了现实世界的数据及数据间的联系，要求在满足应用需求的前提下，尽可能减少冗余，实现数据共享。

行为特性的设计是指确定数据库应用的行为和动作，应用数据库工程也是一项庞大的软件工程，数据库设计的各阶段可以和软件工程的各阶段对应起来，软件工程的某些方法和工具同样可以适用于数据库工程。两者的区别在于：软件工程中比较强调行为特性的设计；在数据库工程中，由于数据库模型是一个相对稳定的并为用户所共享的数据基础，所以数据库工程中更强调对结构特性的设计，并与行为特性的设计结合起来。

（三）数据库设计方法和步骤

为了使数据库设计更合理更有效，需要有效的指导原则，这种指导原则称作数据库设计方法学。

（1）一个好的数据库设计方法学，应该能在合理的期限内，以合理的工作量，产生一个有实用价值的数据库结构。这里的"实用价值"，是指满足用户关于功能、性能、安全性、完整性及发展需求等诸方面的要求，同时又服从于特定 DBMS 的约束，并且可用简单的数据模型来表示。

（2）方法应具有足够的灵活性和通用性，不仅能够为具有不同经验的人使用，而且能够为受不同数据模型及不同的 DBMS 限制的人使用。最后，方法学应该是可再生的（Reproductable），即不同的设计者应用同一方法学于同一设计问题时，应该得到相类似的结果。

数据库设计方法中比较著名的有新奥尔良（New Orleans）方法。它将数据库设计过程（步骤）分为四个阶段：需求分析（分析用户要求）、概念设计（信息分析和定义）、逻辑设计（设计实现）和物理设计（物理数据库设计）。

后来，S. B. Yao 等又将数据库设计分为五个步骤。又有人主张数据库设计应包括数据库系统开发的全过程，并在每一阶段结束时都要进行评审，以便及早发现设计错误，早期纠正，同时主张各阶段也不是严格线性的，而是采取"反复探寻、逐步求精"的方法，如图 4 - 6 所示。

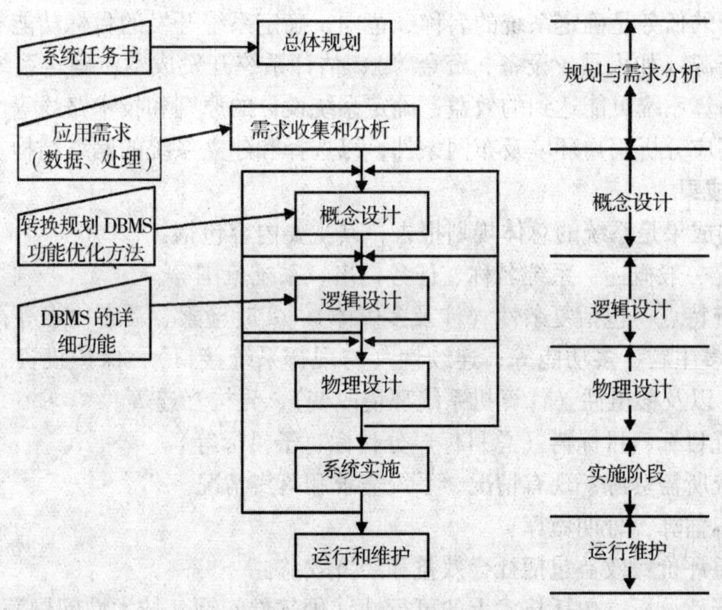

图 4 - 6　数据库设计的步骤

对图 4 - 6 所示数据库设计步骤，要注意以下几点：

（1）这个设计步骤是从数据库应用系统设计和开发的全过程来考察数据设计问题

的，因此，它既包括数据库模型的设计，也包括围绕数据展开的应用处理的设计过程。

（2）在设计过程中努力把数据库设计和系统其他成分的设计紧密相结合。把数据和处理的需求收集、分析、抽象、设计、实现在各阶段同时进行，相互参照，相互补充，以完善两方面的设计。

（3）在有关处理特性的设计描述中，采用的设计方法和工具在软件工程和信息系统设计等课程中已详细介绍，这里不再讨论。本节重点讨论数据特性的设计描述，以及在结构特性设计中如何参照处理特性设计完善模型设计的问题。

二、系统规划

1. 系统规划的任务

系统规划应根据设计系统的规模来确定它的具体内容。如果设计一个规模很大、涉及面很广、用户要求高、难度大的一个大型信息系统，就应该按信息工程的要求来进行总体战略规划，即进行以总体数据规划的方针、战略策略等，有关内容可参见有关信息工程的资料。下面，我们对一般规模的数据库系统提出系统设计各阶段的任务及其工作成果。

系统规划的任务是确定系统的名称、范围；确定系统开发的目标功能和性能；确定系统所需的资源（如人员、设备、资金等）；估计系统开发成本；确定系统实放计划及进度；分析估算系统可能达到的效益；确定系统设计的原则和技术路线等。对分布式数据库系统，还应分析用户环境及布网条件，以选择和建立系统的网络结构。

2. 阶段成果

该阶段的成果是系统的总体规划报告，其主要内容包括：

（1）系统一般概述：系统名称、任务提出、系统范围等。

（2）系统特点，包括复杂性（涉及多媒体）、实时检索、动态检索等；综合性（涉及多层次）、多主题、多功能等；连续性（与现行系统接口）、保护投资、可扩展性等方面的特点，以及移植性（计算机系统环境改变）、异构互连等。

（3）系统目标：目标树（总目标、分目标、子目标等）。

（4）系统所需资源：现有情况、系统需求和落实情况。

（5）成本估算：分期做算。

（6）效益评价：效益包括社会效益和经济效益。

（7）可行性分析，包括技术上的可行性（硬软件问题、技术性问题）；系统开发和运行环境的可行性（含用户迫切需要、领导及职工大力支持、现行管理体制和管理水平以保证系统顺利开发和实现）。

（8）设计原则：用户第一原则，系统开发的各个阶段尽可能吸收用户参加，倾听用户意见，及时交流问题以便统一认识，提高设计质量。

(9) 技术路线：尽可能采用已经成熟的最新技术和方法，尽可能使用国际和国家及技术企业的标准代码，尽可能保护现有投资（包括信息投资），尽可能与周边环境相适应等。

(10) 系统开发计划及进度安排等。

三、需求分析

1. 需求分析的任务

需求分析阶段的任务是：对现实世界要处理的对象（组织、部门、企业等）进行详细调查，在了解现行系统的概况、确定新系统功能的过程中，收集支持系统目标的基础数据及其处理方法。需求分析是在用户调查的基础上，通过分析，逐步明确用户对系统的需求，包括数据需求和围绕这些数据的业务处理需求。需求分析一般自顶向下地进行。

调查的重点是“数据”和“处理”。通过调查要从用户处获得对数据库的下列需求：

(1) 信息需求。信息需求定义未来什么信息系统使用的所有信息，弄清用户将向数据库输入什么样的信息数据，从数据中要求获得什么样的信息内容，将要输出什么样的信息内容，将要输出什么样的信息等，即在数据库中需存付哪些数据，对这些数据将作如何处理等，描述数据间本质上和概念上的联系，描述信息的内容和结构，以及信息之间的联系等性质。

(2) 处理需求。处理需求定义未来系统数据处理的操作功能，描述操作的优先次序，包括操作执行的频率和场合，操作与数据之间的联系等。处理需求还包括弄清用户要完成什么样的处理功能、每种处理的执行频度、用户要求的响应时间以及处理的方式是联机处理还是批处理等，同时也要弄清安全性和完整性的约束。

在需求分析中，通过自顶向下、逐步分解的方法分析系统。任何一个系统都可以抽象为图 4 -7 所示的数据流图（Data Flow Diagram，即 DFD）形式。

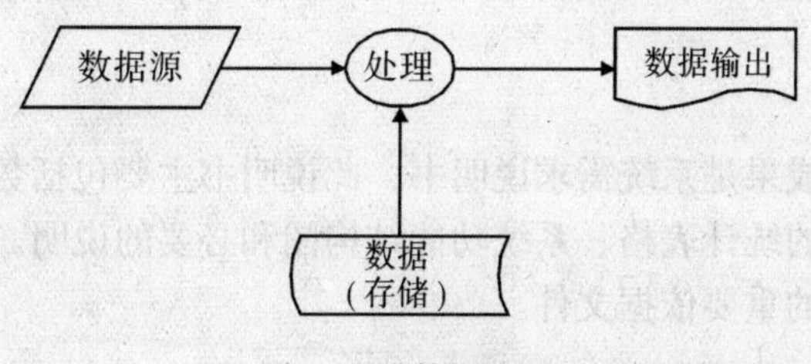

图 4 -7　数据流图

数据流图是从"数据"和"处理"两方面来表达数据处理过程的一种图形化的表示方法。在数据流图中，用方框表示数据处理（加工）；用箭头的线段表示数据的流动及流动方向，即数据的具体存储方式。在此后的实现中，这些数据的存储形式可能是数据库中的关系，也可能是操作系统的文件。

数据流图中的"处理"抽象表达了系统的功能要求，系统的整体功能要求可以分解为系统的若干子功能要求，通过逐步分解的方法，一直可以分解到将系统的工作过程表达清楚为止。在功能分解的同时，每个子功能在处理时所用的数据存储也被逐步分解，从而形成若干层次的数据流图。

2. 需求分析的基本步骤。

（1）需求的收集：需求收集是指收集数据、发生时间、频率，发生规则、约束条件、相互联系、计划控制及决策过程等。注意不仅要注重收集弄清处理流程还要注重规约。收集方法可以是交谈、书面填表、开调查会、查看和分析业务记录、实地考察或资料分析法等。

（2）需求的分析整理：①数据流程分析：以数据流图表示。②数据分析结果描述：除 DFD 外，还有一些规范表格作补充描述。一般有数据清单（数据元素表）、业务活动清单（事务处理表）、完整性及一致性要求、响应时间要求、预期变化的影响等。它们是数据字典的雏形，主要包括：一是数据项。它是数据的最小单位，包括项名、含义、别名、类型、长度、取值范围及与其他项的逻辑联系等。二是数据结构。它包括数据结构名、含义、组成的成分等。三是数据流说明。数据流可以是数据项，也可以是数据结构，表示某一加工的输入/输出数据，包括数据流名、说明、流入的加工名、流出的加工名、组成的成分等。四是数据存储说明。说明加工中需要存储的数据，包括数据存储名、说明、输入数据流、输出数据流、组成的成分、数据量、存储方式、操作方式等。五是加工过程。它包括加工名、加工的简要说明、输入/输出数据流等。③数据分析统计：指将收集的数据按基本输入数据（包括人工录入、系统自动采集、转入等）、存储数据（包括一次性存储量、周期递增量）、输出数据（包括报表输出、转出等）分别进行统计。④分析围绕数据的各种业务处理功能，并以带说明的系统功能结构图形式给出。

3. 阶段成果

需求分析的阶段成果是系统需求说明书，此说明书主要包括数据流图、数据字典的雏形表格、各类数据的统计表格、系统功能结构图和必要的说明。系统需求说明书将作为数据库设计全过程的重要依据文件。

四、概念设计

数据库概念设计的任务是产生和反映企业组织信息需求的数据库概念结构，即概念模型。概念模型不依赖于计算机系统和具体的DBMS。设计概念模型的过程称为概念设计。

1. 概念模型

表达概念设计结果的工具称为概念模型。概念模型应具备：

（1）丰富的语义表达能力，能表达用户的各种需求，包括描述现实世界中各种对象及其复杂的联系，及用户对数据对象的处理要求等。

（2）易于交流和理解。概念模型是DBA、应用系统开发人员和用户之间的主要交流工具。

（3）易于变动。概念模型要能灵活地加以改变，以反映用户需求和环境的变化。

（4）易于向各种数据模型转换，易于从概念模型导出与DBMS有关的逻辑模型。

2. 概念设计的工具

概念设计的工具最著名、最实用的是P. P. S. Chen于1976年提出的“实体—联系法”（Entity – Relationship Approach，简称E – R方法），这种方法将现实世界的信息结构统一用属性、实体以及实体之间的联系来描述。

3. 概念设计的策略和主要步骤

设计概念结构的策略有如下几种：

（1）自顶向下：首先定义全局概念结构的框架，再做逐步细化。

（2）自底向上：首先是每一局部应用的概念结构，然后按一定的规则把它们集成，从而得到全局概念。

（3）由里向外：首先定义最重要的核心结构，再逐渐向外扩充。

（4）混合策略：混合策略是把自顶向下和自底向上结合起来的方法，它先自顶向下设计一个概念结构的框架，然后以它为骨架再自底向上设计局部概念结构，并把它们集成。

这里对常用的自底向上设计策略给出数据库概念设计的主要步骤：进行数据抽象，设计局部概念模式；将局部概念模式综合成全局概念模式；进行评审、改进。

4. 采用E-R方法的数据库概念设计

（1）E-R方法的基本术语。

第一，实体（Entity）与属性（Attribute）。实体与属性都是客观存在并可互相区分的“事物”。如果满足描述另一事物的某一特征的，而且其本身在一定意义（应用需求）上说，是不再需要描述（不可分解），这样的事物一般归为属性。实体必须用一组表征其属性来描述。属性与实体无一定的界限，在设计时可以归为属性的尽可能归为属性，以简化E-R图的处理，但也要根据需求而定。

例如，工程通常为职工的属性，但要涉及劳保部门时，它就成为一个实体，可用以下属性来表征：工种号、工种名、工服类型、工种补贴、保健费……又如仓库一般作为货物的属性：货号、货名、型号、规格、价格、存放仓库……但仓库也可作为一个实体，它包括仓库号、仓库名、地点、容量、主任等。

第二，联系（Relationship）。联系是指实体之间存在的对应关系（它也具有属性）。一般可分为：一对一的联系（1:1）；一对多的联系（1:n）；多对多的联系（m:n）。

（2）E-R 图中的表示。

在 E-R 图中，用长方形表示实体，用椭圆形表示属性，用菱形表示联系。在图形内标识它们的名字，它们之间用无向线相连，表示联系时在线上标明是哪种对应关系的联系。

5. 采用 E-R 方法的数据库概念设计的步骤

采用 E-R 方法的数据库概念设计可分为三步进行：

（1）设计局部 E－R 模型：局部 E-R 模型的设计步骤如图 4－8 所示。

（2）设计全局 E-R 模型：这一步是将所有局部的 E-R 图集成为全局的 E-R 图，即全局的概念模型。设计全局概念模型的过程如图 4－9 所示。

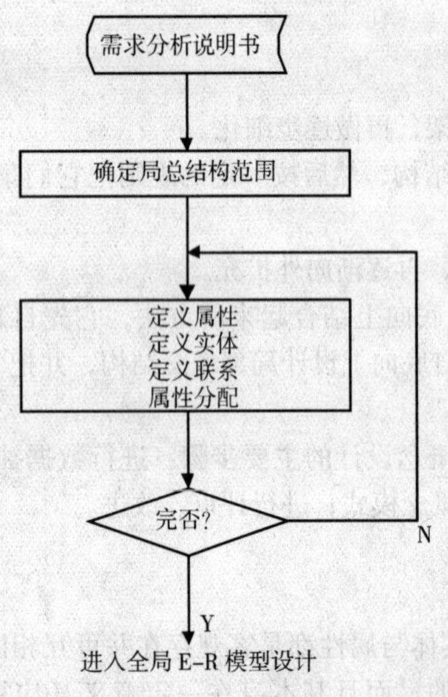

图 4－8　局部 E-R 模型的设计步骤

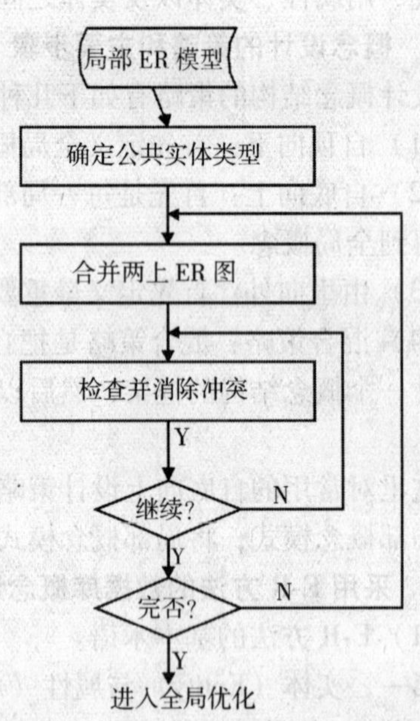

图 4－9　全局 E-R 模型的设计步骤

把局部 E-R 图集成为全局 E－R 图时，一般采用两两集成的方法。即，先将具有相同实体的两个 E-R 图，以该相同实体为基准进行集成，如果还有相同实体的 E-R 图，再次集成，这样一直继续下去，直到所有具有相同实体的局部 E-R 图都被集成，从而成为全局的 E-R。

当将局部的 E-R 图集成为全局的 E-R 图时，可能存在三类冲突：①属性冲突：包括类型、取值范围、取值单位的冲突。②结构冲突：如作为实体又作为联系或属性，同一实体其属性成分不同等。③命名冲突：包括实体类型名、联系类型名之间异名同义或异义同名等命名冲突。

（3）全局 E-R 模型的优化：一个好的全局的 E-R 除能反映用户功能需求外，还应满足下列条件：实体类型个数尽可能少，实体类型所含属性尽可能少，实体类型间联系无冗余、优化就是要达到这三个目的。为此，要合并相关实体类型，一般把 1∶1 联系的两个实体类型合并，合并具有相同键的实体类型，消除冗余属性，消除冗余联系。但有时为提高效率，根据具体情况可存在适当冗余。图 4－10 中是两个局部的 E－R 图（按相同实体“零件”集成局部的 E-R 图的举例）。

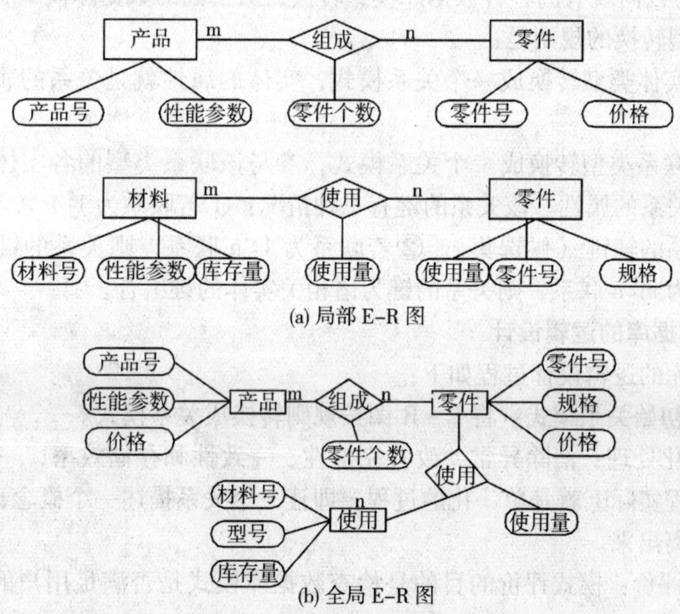

(a) 局部 E–R 图

(b) 全局 E–R 图

图 4－10　集成局部 E-R 模型为全局 E-R 模型

五、逻辑设计

逻辑设计的目的，是从概念模型导出特定的 DBMS 可以处理的数据库的逻辑结构（数据库的模式和外模式），这些模式在功能、性能、完整性、一致性约束及数据库可扩充性等方面都能满足用户的要求。

1．逻辑设计的步骤和内容

（1）形成初始模式：把 E-R 图的实体和联系类型，转换成选定的 DBMS 支持的数据类型（层次、网络、关系、面向对象）。

（2）子模式设计：子模式是应用程序与数据库的接口，允许有效访问数据库而不破坏数据库的安全性。

（3）模式评价：根据定量分析和性能测算，对逻辑数据库结构（模型）作出评价。定量分析是指处理频率和数据容量及其增长情况。性能测算是指逻辑记录访问数目、一个应用程序传输的总字节数和数据库的总字节数等。

（4）修正（优化）模式：为使模式适应信息的不同表示，可利用 DBMS 功能，如索引、散列功能等，但不修改数据库的信息。

2．E-R 模型向关系数据库模型的转换

E-R 模型可以向现有的各种数据库模型转换，对不同的数据库模型有不同的转换规则。向关系模型转换的规则是：

（1）一个实体类型转换成一个关系模式，实体的属性就是关系的属性，实体的键就是关系的键。

（2）一个联系类型转换成一个关系模式，参与该联系类型的各实体的键以及联系的属性转换成关系的属性。该关系的键有三种情况：①若联系为 1∶1 联系，则每个实体的键均是该关系的辅键（候选集）。②若联系为 1∶n 联系，则关系的键为 n 端实体的键。③若联系为 m∶n 联系，则关系的键为诸相关实体的键组合。

3．关系数据库的逻辑设计

关系数据库的逻辑设计过程如下：

（1）导出初始关系模式：将 E－R 图按规则转换成关系模式。

（2）规范化处理：消除异常，改善完整性、一致性和存储效率，一般达到 3NF 就行。规范化过程实际上就是单一化的过程，即让一个关系描述一个概念，若别于一个概念的就把它分离出来。

（3）模式评价：模式评价的目的是检查数据库模式是否满足用户的要求，它包括功能评价和性能评价。

（4）优化模式：如模式有需要新增关系或属性，或模式的性能不好则要采用：①合并。对具有相同关键字的关系模式，如它们的处理主要是查询操作，且常在一起使用，可将这类关系模式合并。②分解。虽已达到规范化，但因某些属性过多时，可将它分解成两个或多个关系模式。这种属性组合分解称为垂直分解。要注意的是，垂直分解所得到的每一关系都应包含主键。

（5）形成逻辑设计说明书。逻辑设计说明书包括：①应用设计指南：访问方式、

查询路径、处理要求、约束条件等。②物理设计指南：数据访问量、传输量、存储量、递增量等。③模式及子模式的集合。模式和子模式可用 DBMS 语言描述，也可列表描述。

六、物理设计

数据库的物理设计是指对已确定的逻辑数据结构（逻辑模型），研制出一个有效、可实现的物理数据库结构（存储结构或物理模型）的过程。物理设计常常包括某些操作约束，如响应时间与存储要求等。数据库的物理设计的主要任务是：对数据中数据在物理设备上的存放结构和存取方法进行设计。数据库物理结构依赖于给定的计算机系统，而且与具体选用的 DBMS 密切相关。

1. 物理设计的步骤

物理设计可分为五步，前三步为结构设计，后两步为约束和程序设计。

（1）存储记录的格式设计。对数据项类型特征作分析，对存储记录进行格式化，决定如何进行数据压缩或代码化。可使用“垂直分割方法”，对含有较多属性的关系，按其中属性的使用频率不同进行分割；或使用“水平分割方法”，对含有较多记录的关系，按某些条件进行分割。并把分割后的关系定义在相同或不同类型的物理设备上，或在同一设备的不同区域上，从而使访问数据库的代价最小，提高数据库的性能。

（2）存储方法设计。物理设计中最重要的一个考虑，是把存储记录在该范围内进行物理安排，存放的方式有以下四种：①顺序存放，平均查询次数为关系的记录个数的二分之一；②杂凑存放，查询次数由杂凑算法决定；③索引存放，要确定建何种索引，及建索引的表和属性；④聚簇（cluster）存放，“记录聚簇”是指将不同类型的记录分配到相同的物理区域中去，以充分利用物理顺序的优点，从而提高访问速度，即把经常在一起使用的记录聚簇在一起，以减少物理 I/O 次数。

（3）访问方法设计。访问方法设计为存储在物理设备上的数据提供存储结构和查询路径（这与数据库管理系统有很大关系）。

（4）完整性和安全性考察。根据逻辑设计说明书中提供的对数据库的约束条件、具体的 DBMS、OS 性能特征和硬件环境，设计数据库的完整性和安全性措施。

（5）应用设计。应用设计包括：人机接口设计（菜单等）、屏幕设计、I/O 格式设计、代码设计、处理加工设计等。

在物理设计中，应充分注意物理数据的独立性。所谓物理数据的独立性，是指消除由于物理数据结构设计决策而引起对应用程序的修改。

物理设计的结果是物理设计说明书，其内容包括存储记录格式、存储记录位置分布及访问方法、能满足的操作需求（界面），并给出对硬件和软件系统的约束。在设计过程中，效率问题的考虑只能在各种约束得到满足且确定方案可行之后进行。

2. 物理设计的性能

多性能测量使设计者能灵活地对初始设计过程和未来的修正作出决策。假设数据库性能用“开销（cost)”，即时间、空间及可能的费用来衡量，则在数据库应用系统生存期中，总的开销包括：规划开销、设计开销、实施和测试开销、操作开销、运行维护开销。

对物理设计者来说，主要考虑操作开销，即为使用户获得及时、准确的数据所需开销和计算机资源的开销。可分为如下几类：

（1）查询和响应时间。响应时间定义为从查询开始到查询结果开始显示之间所经历的时间，它包括 CPU 服务时间、CPU 队列等待时间、I/O 队列等待时间、封锁延迟时间、封锁延迟时间和通信延迟时间。

一个好的应用程序设计可以减少 CPU 服务时间和 I/O 服务时间，例如，如果有效地使用数据压缩技术，选择好的访问路径和合理安排记录存储等，都可以减少服务时间。

（2）更新事务的开销。更新事务的开销主要包括修改索引、重写物理块或文件、写效验等方面的开销。

（3）报告生成的开销。报告生成的开销主要包括检索、重组、排序和结果显示方面的开销。

（4）主存储空间开销。这方面的开销包括程序和数据所占有的空间的开销。一般对数据库设计者来说，可以对缓冲区分配（包括缓冲区个数和大小）作适当的控制，以减少空间开销。

（5）辅助存储空间。辅助存储空间内有数据块和索引块两种空间。设计者可以控制索引块的大小、装载因子、指针选择项和数据冗余度等。

实际上，数据库设计者能有效控制 I/O 服务和辅助空间，有限地控制封锁延迟 CPU 时间和主存空间，而完全不能控制 CPU 和 I/O 队列等待时间、数据通讯延迟时间。

七、实现和维护

1. 数据库的实现

根据逻辑设计和物理设计的结果，在计算机上建立起实际数据库结构、装入数据、测试和运行的过程称为数据库的实现。这个阶段的主要工作如下：

（1）建立实际的数据库结构。

（2）装入试验数据对应用程序进行测试，以确认其功能和性能是否满足设计要求，并检查其空间的占有情况。

（3）装入实际的数据，即数据库加载，建立起实际的数据库。

2. **其他设计**

其他设计工作包括数据库的安全性、完整性、一致性和可恢复性等设计。这些设计总是以牺牲效率为代价的。设计人员的任务就是要在效率和尽可能多的功能之间进行合理权衡。

（1）数据库的再组织设计。对数据库的概念、逻辑和物理结构的改变称为再组织（Reorganization），其中改变概念或物理结构又称再构造（Restructuring），改变物理结构称为再格式化（Reformatting）。再组织通常是由于环境需求的变化或性能原因而引起的。一般 DBMS 特别是 RDBMS 都提供数据库的再组织实用程序。

（2）故障恢复方案设计。数据库设计中考虑的故障恢复方案，一般都是基于 DBMS 系统提供的故障恢复手段。如果 DBMS 已提供它完善的软硬件故障恢复和存储介质故障恢复手段，那么设计阶段的任务就简化为确定系统登录的物理参数，如缓冲区个数、大小、逻辑块的长度、物理设备等。否则，就要制订人工备份方案。

（3）安全性考虑。许多 DBMS 都有描述各种对象（如记录、数据项）的存取权限的部分。在设计时，根据对用户需求分析，规定相应的存取权限。子模式是实现安全性要求的一个重要手段，也可在应用程序中设置密码，对不同的使用者给予一定的密码，以密码控制使用级别。

（4）事务控制。大多数 DBMS 都支持事务概念，以保证多用户环境下的数据完整性和一致性。控制办法有人工和系统两种，系统控制以数据操作语句为单位，人工控制则由程序员以事务的开始和结束语句显示实现。大多数 DBMS 提供封锁粒度的选择，封锁粒度一般有表级、页面级、记录级和数据项级。粒度越大控制越简单，但并发性能差，这些在设计中都要统筹考虑。

3. **运行与维护**

数据库正式运行，标志着数据库设计和应用开发工作的结束和运行维护阶段的开始。本阶段的主要工作是：

（1）维护数据库的完整性：及时调整授权和密码，转储及恢复数据库。

（2）监测并改善数据库性能：分析评估存储空间和响应时间，必要时进行再组织。

（3）增加新的功能：对现有功能按用户需要进行扩充。

（4）修改错误：包括程序和数据。

目前，随着 DBMS 功能和性能的提高，特别是关系型 DBMS 中，物理设计的大部分功能和性能由 RDBMS 来承担，所以选择一个合适的 DBMS，能使数据库物理设计变得十分简单。

第四节　物流决策支持系统及使用选择

物流决策支持系统（DSS，Decision Support System）是 20 世纪 70 年代末期以来在西方发达国家兴起的一种管理信息技术。它是计算机、人工智能和管理科学相结合的最新技术，是近 20 年来计算机信息系统技术的最新发展。它旨在支持决策工作，帮助决策者提高决策能力和水平。

DSS 是管理信息系统（MIS）高级阶段的一种形式。可以单独作为有别于 MIS 的系统而存在，因而既可以被认为是管理信息系统的一种发展，也可以被看成是管理信息系统的自然延伸，并作为管理信息系统高层的一个子系统来调用。人们一般认为，决策支持系统与管理信息系统的不同之处在于：后者更多的是执行企业日常业务活动的常规信息处理工作，而 DSS 执行的是辅助企业领导进行决策；后者的主要目的是提高效率，而决策支持系统的目标是改善决策效果。后者的核心是数据库，而 DSS 的核心是模型库；后者适合于在较稳定的环境下运行，而 DSS 能适应变化的环境。

一、决策支持系统的基本概念

（一）概念

DSS 至今还未有严格的定义，由于人们的知识和经验各异，对 DSS 的具体理解也各不相同。但其中有一些思想和观点是被共同接受了的，即决策支持系统是以管理科学、计算机科学、行为学和控制论为基础，以计算机技术、人工智能技术、经济数学方法和信息技术为手段的，面向半结构化决策问题的，辅助支持中高级决策者决策的一种计算机网络系统。它为决策者迅速而准确地提供决策所需的数据、信息和背景资料，帮助决策者明确决策目标，建立、修改决策模型，提供各种可选择的方案，并对各种方案进行评价和优选。通过人机对话，充分发挥决策者的分析、判断能力和智慧，为决策者提供有利的支持和帮助。

（二）决策支持系统的特性

从上述定义可看出 DSS 的基本特点：

（1）DSS 的目的是提高决策的效果，即以决策的有效性为主要目标。

（2）DSS 要按照决策者的意向，在不同决策阶段提供不同的支持。

（3）DSS 对决策者只能起“支持”和“辅助”的作用，它永远不能代替决策者的重要思维和最终判断。

（4）DSS 是一种用户驱动的动态系统，用户应当参与系统开发和使用的全过程。

（5）DSS 能够支持的是“半结构化”的决策问题，这类决策含有大量的不确定因素，人们对这类问题只能部分地描述和求解。

（6）DSS是一种模型驱动系统，模型库和模型库管理系统是DSS的核心。

（7）DSS是一种智能化系统，它不仅能有效地利用原有的数据、模型、方法和知识，还可以通过系统生成新的数据、模型和方法。

（三）决策支持系统的层次和求解步骤

DSS有三个不同的技术层次。它们是被决策者直接应用的，能够完成某一确定任务并具有直接支持作用的专用的DSS；可用于建立专用的DSS的软硬件系统，能提供一套快速而简单的建立专用DSS的环境和生成器；以及用来研制专用DSS和DSS生成器的DSS工具。我们一般讨论的DSS属于管理组织机构内部向决策者提供决策支持的系统，因而是在专用DSS这一层次上来求解问题。

专用DSS求解问题的步骤为：

（1）决策者通过人机交互语言将要求解问题的描述和要求输入系统。

（2）交互语言处理系统对输入信息进行识别和解释。

（3）启动问题处理系统，通过知识库和数据库收集与该问题有关的数据和知识，并据此对问题进行识别，以判定问题的性质和求解过程。

（4）通过模型库集成构造解题所需的规则模型或数学模型，并对该模型进行分析和鉴定。

（5）通过方法库来识别进行模型求解所需的算法，进行模型求解，并对所得结果进行分析评价。

（6）通过语言系统对求解结果进行解释，输出用户可以理解的结果。

（7）通过对话，重复上述过程，直到得到满意的结果为止。

（四）DSS的结构模式

DSS有两种主要的结构模式。一种是基于数据和模型的DDM模式，另一种是基于知识和问题求解的LKP模式。

1. DDM模式

DDM模式认为，决策支持系统由三部分构成，即数据库和数据库管理系统、模型库和模型库管理系统，以及对话生成管理系统。其各部分的组成和功能分别是：

（1）数据库系统。数据库系统包括数据库和数据库管理系统。它可以存储和管理决策所需的内部数据、提供对数据库的各种操作（如查询、修改，删除等）、收集与提取及合理组织各类数据、建立生成程序、构造新的数据等。数据库和数据库管理是开发DSS的重要组成部分，是建立DSS的先决条件。

（2）模型库系统。模型库系统包括模型库及其管理系统。它的作用是为决策者提供强大的分析问题的能力。正是由于模型的引入才推动MIS发展到DSS，模型库系统是

DSS 软件系统的核心。模型库包括战略模型、战术模型、操作模型及模型生成系统等。另外它还包括模型库的附属数据库，模型的存取操作最终还得转化为对数据的操作，这要通过数据库管理软件来实现。因此，模型库系统和数据库系统有着密切的关系。

模型库系统主要作为决策者在完成决策过程中的有力的分析工具，主要是对设计和选择阶段活动的支持。支持活动包括目标识别和问题的表述、分析、规划、建议、提出备选方案和推论，以及对备选方案进行比较、评价、优化和模拟实验等。

（3）对话生成管理系统。DSS 的许多功能是通过对话生成管理系统由用户和系统之间相互作用产生出来的。对话管理系统的功能包括：在用户和系统之间提供通讯联系，是用户和系统的接口界面；向用户提供各种对话方式，并能得到迅速响应；提供系统与输入输出设备的接口；协调数据库系统与模型库系统之间的联系；为用户提供各种获取信息的渠道。

2. LKP 模式

LKP 模式把 DSS 划分为语言系统、知识系统和问题处理系统三部分。各部分的组成和功能如下：

（1）语言系统（Language System，LS）。语言系统提供用户与 DSS 其他构成部分，是用户与系统对话的桥梁、通道和工具。它包括数据和模型的操作语言系统等。

（2）知识系统（Knowledge System，KS）。知识是指数据、模型、方法、规则或过程。它们可能是：他人的经验；决策问题的内外部环境；决策过程中所用的公式、模型或规则；决策产生的中间结果；各种分析工具和推理规则；评价标准和用户需求等。知识库通常针对不同类型的决策问题，存储不同的知识，并且根据问题的扩展，补充和更新知识。

（3）问题处理系统（Problem Processing System，PPS）。PPS 是 DSS 的核心，是求解问题的软件系统。其功能主要包括：信息的搜集、加工、存储和传输；问题的识别和表述；建立表述模型和分析模型等。

在 LKP 模式中，一个 DSS 必须包括知识系统，用于用户和系统之间进行交流的语言系统和进行信息汇集、处理，模型表述与分析的问题处理系统。这种结构模式简单、通用、可扩展性强，是建立各种以知识为基础的 DSS 的普遍结构模式。

（五）DSS 的基本功能

从 DSS 概念和结构模式中可以看出，DSS 应包括以下功能：

（1）处理和及时提供系统内与决策有关的数据，如生产状况、财务状况等。

（2）收集、存储并及时提供系统外与决策有关的各种数据，如市场状况、政策变动等。

（3）存储、调用、修改和增删相关的各种模型和方法，例如各种经济数学模型、决策预测模型等。

（4）数据、模型和方法的管理与维护，如模式变更、方法修改等。

（5）灵活运用模型和方法，对数据进行分析、汇总和加工处理，向决策者提供综合的数据和预测信息。

（6）决策者明确决策目标、为解决问题提供各种备选方案及对方案的优选；

（7）人机对话接口和图形编辑功能，具有良好的数据传输特性，保证及时、准确地提供数据和信息。

（8）具有较强的数据、模型和方法的生成能力。

DSS决定性的问题仍然是支持决策，故决策的信息需求决定系统应具有的功能。

（六）决策模式分类和决策支持系统

其关系如表4－2所示。

表4－2　决策模式的分类及与DSS的关系

决策模式类型	决策模式特征	与DSS的关系
理性模式（R模式）	1. 易于评价和解释决策变量，处理简单 2. 决策者能处理 3. 策略方案是确定的、静态的 4. 在技术上可实施最优方案	这是结构化的问题，不是DSS支持的对象
有限理性模式（B模式）	1. 决策者对情况不完全了解，对评价缺乏经验，决策者本身需要补充主观判断 2. 决策者能力有限，提出的方案只占可行方案的极少数 3. 决策的效果受决策者技能、价值观和知识的影响	是典型的半结构化问题，是DSS支持的对象
有效理性模式（F模式）	1. 决策复杂，决策过程受动态社会环境的约束 2. 决策者只有有限的能力，且带有偏见	仍可作为DSS的支持对象，但需要有辅助手段
非理性模式（N模式）	1. 问题与策略方案均模糊 2. 无法事先估计和评价结果	无法用DSS支持

二、数据库管理系统选择

数据库是对任何信息系统都有举足轻重作用的支持技术，如何选择数据库管理系统是一个重要的问题。目前，市场上可供选择的数据库产品较多，但要选择一种适合企业自身情况又与紧跟时代发展的系统却不是一件简单的事。下面就介绍在国内流行的几种数据库系统及其各自的性能。

1. 国内流行的数据库

目前，国内大型数据库管理系统和开发工具都是从国外引进的，主要有 DB2、RDB、Image、SQL/DS、Oracle、Sybase、Informix、Unify、Progress、dBASE、FoxBASE、Foxpro、DL/I、CODASYL、DECD 的 DBMS 等。

（1）使用层次数据库系统的有：IBM 的 DL/I 等。

（2）使用网状数据库系统的有：CODASYL、DECD 的 DBMS、HP 的 Image 等。

（3）使用关系数据库系统的有：DB2、RDB、Image、SQL/DS、Oracle、Sybase、Informix、Unify、Progress 等。

（4）使用其他数据模型的系统有：dBASE、FoxBASE、Foxpro 等。

2. 性能比较

对关系数据库系统主要考虑以下三点：①具有良好的应用系统。②支持 SQL 语言，有相当数量的用户。③能在以下平台上安装和运行：IBM/PCM 主机；DEC VAX 系列机；UNIX 工作站。

表 4－3、表 4－4、表 4－5 分别列出了比较的结果。

表 4－3　四种主要性能比较（比较值＝1：最差，10：最好）

数据库系统	可用性和可恢复性	联机事务处理能力	提供有效完整的用户定义	提供有效的编程工具
DB2	8.4	7.2	6.3	6
SQL/DS	8.0	6.2	7	5.5
Sybase	7.8	8.1	8.4	6.7
RDB	7.7	5.7	7.2	5.9
Oracle	7.4	6.7	7.3	7
Informix	7	6.7	6.9	7.6

可见在关系数据库中，Oracle，Sybase 和 Informix 的性能较好。

表 4-4　主要技术指标的比较（比较值=1：最差，10：最好）

系统名	用户工具	决策支持系统应用能力	有用的SQL扩充	标准SQL的支持	多级保护特性	DBMS和操作系统安全性	系统和情报的监控	审计功能
Oracle	6.4	6.3	7.9	8.6	7.2	7	6.1	7.2
RDB	6.3	6.2	6.3	7.1	7.5	8.1	6.5	6.8
Sybase	6	7	8.5	7.8	7	8.8	6.7	5.9
DB2	5.3	7	6.3	8.2	8.6	6.4	6.1	5.8
SQL/DS	5.6	7	6.5	8.1	8.7	8.2	5.9	6.8
Informix	5.3	6.5	7.4	8.2	6.7	8.8	5.9	6.2

由表 4-4 知：Oracle 在用户终端工具、标准 SQL 的支持和审计功能这三项上性能优越；Sybase 则在决策支持系统应用、SQL 扩充以及安全性方面表现突出；RDB 取得了多机级保护性和系统监控两项第一。

表 4-5　总的评比结果

数据库系统	得分	优/缺点
Sybase	48.5	先进的 RDBMS 性能 / 默认前后台工具
Oracle	47.5	格式生成 / 价格和支持无优势
RDB	45.6	容易使用 / 反应慢
Informix	44.7	SQL 语言功能 / 用户界面不友好
SQL/DS	43.6	查询能力 / 性能欠佳
DB2	43.3	数据恢复能力 / 性能欠佳

综合来看，Sybase、Oracle 性能优良，而 Informix 虽用户界面不好，但因它进入中国市场较早，所以和前两者一道成为我国主流数据库管理系统。其中：Informix 能在高档机上运行，但运用中大型项目比较少；Oracle 能在多种主机、多种操作系统环境中运行，具有分布式查询能力，并能支持大型数据库项目的开发和应用，是国际主流的数据库管理系统，我国正大力引入；Sybase 在我国的历史长，应用范围广，金融、电信、交通、电力、军事等部门的大型系统多是用 Sybase 开发的。另外，Foxpro 因其“前辈”dBASE 和 foxBASE 进入我国较早，在小型系统中也被广泛应用。通常的观点是，大型数据库选 Oracle 和 Sybase，小型数据库选 foxBASE。

3. 系统选择时应考虑的因素

以上的评比结果只能作为参考，在实际工作中要综合考虑以下因素：

（1）符合关系型的标准。现在网络应用越来越广泛，要使数据库和各类网络兼容，就必须是基于 ANSI SQL 标准的分布式关系数据库。

（2）数据库系统的体系结构。数据库系统应该是基于客户/服务器体系的分布式数据库。应用程序可以和数据库服务器运行在不同的硬件平台上。同时，在分布式环境中还要具有与异种数据库的互操作性。

（3）良好的系统可扩展性。任何信息系统都可能遇到增加新的 SQL 服务器或其他专用服务器或数据源，都会面临升级换代的问题。因此，数据库系统必须有良好的可扩展性，以充分利用各阶段的投资。

（4）性能监控和调整。在有多个数据库服务器的大型分布式管理信息系统中，客户/服务器及网络环境的管理上升到非常重要的位置。为了保证系统的效率和稳定性，数据库管理人员（DBA）必须能对网络上的任何一个数据库服务器进行性能监控——包括内存分配和竞争，存储和 I/O 设备的分配，用户权限的授予和审查等。

（5）系统性能和并发控制。由于系统含有多个基本数据库，数据量和用户数都十分庞大，所以数据库服务器具有极强的联机事务处理能力和优越的性能，同时要能对数据和日志提供合理的备份制度。此外，SQL 数据库服务器应能自动控制并行机制，能有效地检测和解决死锁以保证数据处理的效率。

（6）事务处理的完整性和恢复。数据库服务器必须具有事务完整性机制，如日志文件、回退及向前恢复，能从各种异常情况下恢复数据。在日常工作中能联机备份数据和日志，在数据安全方面支持磁盘镜像，在处理机可靠性上支持双机环境。

（7）分布式处理。数据库必须支持分布式环境中节点自治的原则，支持分布式数据的互操作，以保证数据的分布式管理和完整性；

（8）应用开发。数据库服务器要能支持的宿主语言包括 VC、COBOL、JAVA 等常用高级语言，能提供足够的开发工具让用户选择。

三、支持系统的选择

迅速发展的物流模型和分析技术的应用，减少了进行物流分析所需的时间和精力，同时促进了决策支持系统在物流管理中的使用。下面的讨论对确认、评价及选择不同的 DSS 技术与软件，提供了指导方针，理想的评价过程包括五个步骤：定义功能要求、定义相对重要性、确认方案、对每个方案进行分级，以及与供应商进行谈判。

（1）定义决策支持系统所要求的功能和特性。功能包括分析能力与评估能力及数据操作方面的要求。这些功能反映在 DSS 特征表上。表 4－6 提供了一个较全面的特征表。在定义功能需求时，需要各职能部门经理、系统分析员和有经验的用户共同参与。

表 4－6　DSS 功能要求的定义

功能要求
数据进入：能够从包括 LOTUS 和 EXCEL 中接收数据吗？ 数据控制：便利的数据操作，包括输入、更新、查询、删除和统计等。 范　　围：考虑相关的物流成本，包括入界运输、分销中心的运作等。 寻找算法：有最优化的模型相关算法。 报　　告：完善、多样化的报告形式。
技术要求
运作要求：考虑与现有硬件、软件及软硬件的发展相匹配。 设计质量：考虑与总体软件设计并使软件修改方便，要采用成熟的标准的规划方法。 文　　件：包括各类技术文件，使得修正与安装工作快捷。 技术复杂性：要考虑和各类软件兼容及升级换代。
零售商特征
零售商稳定性：选择可靠的长期的合作伙伴。 对零售商的了解：同其他零售商对话，了解行业动态。 零售商信誉：考察零售商对顾客和产品的态度，选择有完善服务体系的站在技术前沿的商家合作。

（2）定义相对重要性。对每个功能及特征的重要性排序，这需要物流经理和系统分析员共同决定。每一项功能和特征应该在重要性度量上以“1”到“3”标出，“3”表示绝对重要，“1”意味着较好，但不是十分重要。

（3）确认方案。第三步确定所考虑的软件包。通过对零售商和软件材料的广泛考察可作出选择。一旦确定了零售商，就应该要求他们提供详细的信息，以便对方案再考察。

（4）方案分级。对所有方案的软件包进行分级，以表明所指定的特征和功能。对每项要求，必须审视每个方案，从“1”到“3”的度量分级。“1”表明软件不支持该功能，“3”表明它可按要求精确完成。每个方案的总分是由各个特定特征的重要性度量级别乘以对应供应商的等级所决定的。例如，如果 DSS 使用者在图表报告中将某一方案置于较高的重要性，且软件包在这方面做得很好，则零售商在这个特征上的得分为“3”×“3”=“9”，零售商的总分数是各特征得分的总和。在得到了各个零售商在各项特征上的得分后，我们就可以根据实际需要初步作出选哪个供应商的决定了。

（5）选择软件包、与供应商谈判。虽然上面的分析提供了对方案定量化的评估，但这并不能决定一切，我们还要对软件及其供应商进行定性评估。决策者必须考虑不能进行定量评估的软件包的特性，并将其融入分析中。特性包括软件语言、历史情况记录、软件的兼容性。这时，为了得到充分的信息，最好和供应商进行谈判。

第五节　一个实例：仓库物资管理数据库设计

一个好的数据库结构和文件设计可以使系统在已有的条件下，具有处理速度快、占用存储空间小、操作处理数据库过程简单、系统开销和维护费用低等特点。

数据库设计一般要经过需求分析与数据分析、概念设计、逻辑设计和物理设计四个步骤。

一、需求分析

作为整个信息系统的一部分，数据库的需求分析基本上在系统分析的时候就基本完成。在这里只要针对库存管理需要的数据进行分析就可以了。需求分析包括需要处理的数据分析和对数据的操作分析。

（1）库存管理中需要处理的数据分析：入库记录、出库记录、库存记录和库存位置记录等数据。需要的操作有添加、更改、删除、查询和统计汇总五大功能。

（2）数据操作分析如表4－7、表4－8、表4－9。

表4－7　入库记录数据结构

名称：入库单
简述：物资到库后入库的凭证
组成：入库单号＋发票号＋合同号＋运单号＋制单日期＋停车位号＋仓库号＋货区号＋货位号＋物资存储号＋供货单位名＋运输方式＋物资码＋品名＋规格＋型号＋质量技术标准＋计量单位＋数量＋设备信息号＋库场运输号＋卸货时间＋验收数量＋验收规格＋验收质量＋验收日期＋入库日期
备注（处理意见栏和说明）

表 4－8　库存记录数据结构

名称：库存平面布置

编号：D3

简述：存储“物资在仓库中存储状况”的规范化信息

组成：物资储存号＋仓库号＋货区号＋货位号＋ 货位空间利用率＋货架寿命期限＋ 合同号＋入库单号＋入库日期＋ 物资号＋物资数量＋物资重量＋物资体积＋ 物资安全等级＋储存有效期＋ 供货单位码

备注（处理意见栏和说明）

说明：合同号为零时说明该物资为其他无业务关系单位寄存
物资储存号在货位为空位时注明零
备注中说明物资在库的存储的要求

关键字：物资储存号

表 4－9　出库记录数据

名称：出库单

简述：物资出库的凭证

组成：领货单号＋运单号＋制单日期＋ 停车位号＋仓库号＋货区号＋货位号＋物资存储号＋ 领货单位名＋运输方式＋ 物资码＋品名＋规格＋型号＋质量技术标准＋计量单位＋数量＋ 设备信息号＋库场运输号＋ 装货时间＋验收数量＋验收规格＋验收质量＋验收日期＋ 出库日期＋备注（处理意见栏和说明）

可见数据量和处理量都不大，这里选用 Visual Foxpro 6.0 来设计。

二、概念设计

概念设计是指在数据分析的基础上，自底向上地建立整个数据库的概念结构，即先从用户的角度进行视图设计，然后将视图集成，最后对集成后的结构分析优化得到最终结果。ER 模型是概念设计的有力工具。

1. 实体类型

本系统的实体类型：有供应商、物资、领用单位等，这些实体间的相互联系有：①供应商和物资之间存在联系“供应”，为“多对多”的关系；②物资和领用单位之间存在联系“出库”，也是“多对多”的关系；③各实体和联系的属性为：一是供应商：编码，名称，地址，电话，传真，联系人；二是物资：物资类别，名称，规格，计划单价，单位，库存数量，库存金额，存放位置，用途；三是领用单位：单位编码，单位名称，电话，联系人；四是供应：物资名，商品代码，供应数量，供应时间，经手人等；

五是出库：物资名，代码，数量，时间，经手人等。

2. ER 模型

ER 图如图 4 – 11：

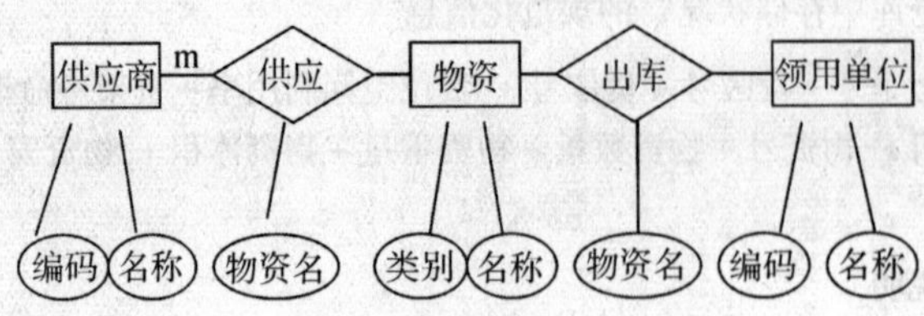

图 4 – 11　物资库存管理 ER 图

三、逻辑设计

逻辑设计的任务是根据 DBMS 的特征把概念结构转换为相应的逻辑结构。概念设计所得的 ER 模型，是独立于 DBMS 的，这里的转换就是把表示概念结构的 ER 图转换为层次模型或网状模型或关系模型的逻辑结构。

由于本系统选择的是 VFP 关系数据库管理系统，所以逻辑设计就只需将 ER 模型对应转换为关系模型就行了。即把 ER 图中的每个实体和联系都转换为一个关系表并对表进行规范化即可。

本例中数据简单，实体和联系的属性与关系表的属性一一对应，联系中只要把物资编号和单位编号作为主码就可以了。

四. 物理设计

物理设计就是在具体的 DBMS 上实现逻辑设计。只要逻辑设计做得好，那么物理设计就只是熟悉所用的 DBMS 的过程。这一阶段的任务包括：①确定所有数据库文件的名称和所含字段的名称、类型、宽度等；②确定各数据库文件需要建立的索引及在什么字段上建立等。

在 xBASE 系列中，表和库两个概念被混为一谈，但在 VFP 中，数据库的内涵有了很大的改进和扩充，除了把 Database（数据库）和 Table（表）分开外，还引进了视图的概念。同时，触发器的使用和关联的加强也增强了数据库的完整性和一致性。

本系统包括入库库（RK. DBC）、库存库（KC. DBC）和出库库（CHK. DBC）三个库，每个库又包含若干个表，一个表反映数据结构分析结果中的一个名录。如入库库中包括入库凭证表、物资记录表、供货单位信息表等，下面仅给出表 4 – 10、表 4 – 11、表 4 – 12 的结构，其他库中的表留给读者自己设计，相信不会有任何问题。

表 4－10　入库凭证表

字段名	字段类型	字段宽度	说明
WUKH	numberic	20	入库单号
FAPH	numberic	20	发票号
HETH	numberic	20	合同号
YUNDH	numberic	20	运单号
ZHDAT	date	8	制单日期

表 4－11　物资记录表

字段名	字段类型	字段宽度	说明
DNAM	character	20	单位名
DNUM	numberic	20	单位编号
DADDR	character	20	地址
DTELE	numberic	10	电话
DTELO	numberic	10	传真
DDENP	character	8	联系人

表 4－12　供货单位信息表

字段名	字段类型	字段宽度	说明
WNUM	numberic	16	物资码
WNAM	character	10	品名
WSIZE	character	10	规格
WTYPE	character	10	型号
WSTAN	character	8	质量技术标准
WUNIT	character	8	计量单位
WAMOU	numberic	20	数量

思考题

(1) 何为数据库?

(2) 关系数据库有何特点? 如何运用?

(3) 试述数据库设计方法与原理。

(4) 试述决策支持系统的内涵。

第五章　物流信息系统的计算机应用系统集成

综合考虑一个组织或系统的需求，有效地利用现有计算机软硬件产品、网络通信产品和各种先进技术，使它们能够协调、高效地工作，组成既符合本组织或系统现实需求，又能满足未来发展的信息系统软硬件平台，已成为十分突出的问题。基于这种情况，信息系统的研制和开发重心不再仅仅局限于系统应用软件的编制。集成各种软硬件及开发技术，根据组织要求，形成一整套从单机到网络、从系统软件到应用软件、从设计到培训的一体化解决方案已成为另一备受关注的问题。

第一节　物流信息系统集成概述

物流管理信息系统的软硬件平台和一般的管理信息系统 MIS 是基本相同的。其信息系统集成应包括：①计算机应用系统的集成；②企业应用系统的集成；③企业组织机构的集成；④人的集成。

计算机应用系统的集成是 MIS 集成中十分关键的部分，它要以企业应用需求、组织结构、人员素质为基础进行设计，因而它始于 MIS 系统分析的后期，并贯穿系统设计、编程乃至投入使用的整个阶段。

一、计算机应用系统集成的概念

在信息系统开发过程中，计算机应用系统集成是十分重要的一步，是整个系统的基础，是建立整个系统物理平台的过程。

集成是指集中、合成、综合、整合、一体化，就是把各部分回合组成一个高效、统一、新的有机整体。集成可分为低层次集成（线性集成）和高层次集成（非线性集成，如包含人、组织系统的集成）。

系统集成是指将组成系统的各部件、子系统、分系统，采用系统工程的科学方法进行综合集成，从提供系统解决方案、组织实施到组成满足一定功能、最佳性能要求的系统。计算机系统集成包括硬件集成、软件集成（包括网络集成）和信息的集成。

1. 计算机应用系统集成的概念

计算机应用系统集成是指计算机硬件、软件、应用对象有关的人、技术、设备、信息、过程的集成，通过硬件集成、软件集成、技术集成、信息集成，实现过程与功能的集成。说具体一点就是：各类人员组成协同工作的团队，采用系统工程的方法，将计算机的硬件、软件、技术、信息、人力等资源，按照应用领域的特殊需要，进行合理配置，优化管理控制及人机系统的组合，实现信息自动化处理，组成满足用户要求的应用系统，取得整体高效率和高效益。

2. **信息系统集成的概念**

信息系统集成是指在计算机通信网络、数据库（包括多媒体、知识库）支持下，人们把各个局部自动化的子系统集成起来，进行管理信息的采集、存储、传递、加工、处理，组成实现全局优化的信息管理与决策支持系统。

由此看来，计算机应用系统集成是一个新兴的、多学科、综合性很强的应用领域，它力图最有效地集成各种计算机技术和产品，并进行科学的工程施工和管理。由于计算机应用系统集成技术和理论目前尚属发展、探索阶段，所以其概念还没有一个很确切定义，许多方法还没有上升到理论的高度，许多操作没有形成工程化的规范，这将随着计算机科学技术、计算机应用技术的发展不断改变、完善和充实。

二、计算机应用系统集成的任务和内容

目前有许多计算机公司能够为企业建立 MIS 提供计算机应用系统集成的服务，这样的公司被称为系统集成商。系统集成商提供的服务大体可分为三个层次：①仅提供局部或一体化的解决方案。②提供方案的同时提供硬件及系统软件，并负责安装调试。③在①、②的基础上负责用户应用软件的开发。

第一个层次的服务最为重要，它是在用户的应用要求、性能要求、费用限制等前提下，对整个应用系统的物理设备和基础软件的集成进行设计和规划，其具体内容包括：系统网络设计、软硬件设备选型、工程项目组织管理及实施计划、项目实效性分析、费用分析等，另外还应提供咨询和技术支持。

第二个层次的服务包括第一个层次的服务，另外还应包括下述内容：工程项目组织管理、软硬件设备的购置、网络工程的施工及调试、质量保证、后期维护、人员培训、移交等。

第三层次的服务除上述两个层次的服务外，主要包括企业应用软件的开发、调试、维护、培训、移交等。

在实际工作中，“系统集成”一词通常仅含第二层次的任务。若要求包含应用软件开发，需特别说明。

三、计算机技术的发展对系统集成提出的要求

用户对系统集成最基本的要求往往在系统的性能、价格、技术服务等三个方面，但是随着计算机技术的发展，为提高系统集成服务的质量，人们对系统集成又提出了开放化和规范化两个要求。

（1）开放化。由于当前计算机技术高速发展，用户对系统的需求也越来越复杂，

如现在许多新的系统要求具有 Intranet、Internet、多媒体应用等功能，需要采用音频视频数据同传、ADSL、LDAP、CATV 等新技术，因此要求系统集成应充分考虑各种现有和正在发展的技术的互通性、互易性及延续性，这就是所谓的开放化要求。

（2）规范化。网络发展初期，用户网络系统一般规模较小，采用技术单一，系统集成完成的工作相对简单，因此一些非规范化的技术服务引起的问题并不十分明显，随着网络系统的复杂化、用户需求的多元化，对系统集成的要求已不仅仅是系统的性能、价格、技术服务这几方面，急需推出一种新的规范化工程服务管理模式，以提高系统集成的服务质量。

四、计算机应用系统集成的模式

计算机应用系统集成是一项工程，其模式就是指该工程一般的操作执行方式。对于技术要求较为简单的系统集成工程，常见的操作执行方式如图 5 - 1 所示。在这种模式下，系统集成公司自身负责所有工程细节，如技术咨询（即制定解决方案）、购买设备和工程施工等。这种系统集成模式管理简单，易于协调，效率高，但对集成公司要求很高，不仅要有工程管理经验，还要有一支技术全面而又精湛的工程师队伍。像这样的公司是很难得的，尤其是在新技术、新产品层出不穷的今天。随着用户要求越来越高，系统越来越复杂，由一家公司独立完成整个复杂的集成项目，已显得力不从心，因为它不可能在每个技术和管理领域都达到较高的专业化水平。因此，由一家咨询公司（负责制定解决方案）与几家技术专长不同的专业化公司联合承担复杂系统集成工程的模式（图 5 - 2）将成为未来的发展趋势。这种模式能够适应技术复杂的大系统，但管理协调难度大，很多事情有赖于各公司之间、各公司与用户之间的良好合作。

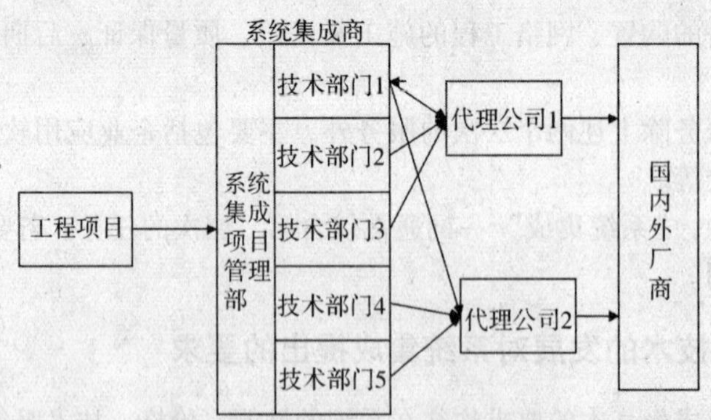

图 5 - 1　常见的计算机应用系统集成模式

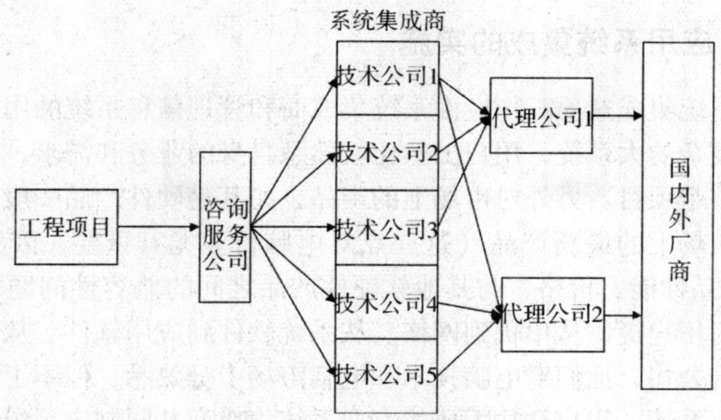

图5－2　未来计算机应用系统集成模式

五、计算机应用系统集成必须具备的条件

计算机应用系统集成是一个综合性很强的工作，它不仅要求系统集成服务提供者具有计算机学科各方面的知识和经验，还必须了解产品市场和用户的业务，同时还应具有一定的经济实力。对系统集成服务提供者的具体要求如下：

（1）有完成系统集成服务的能力与实力。具备承担系统分析设计、软硬件设备选型与配套、应用软件开发、工程项目组织管理协调、系统安装调试及系统维护的能力。最好还具有提供所需的软件、硬件产品的实力。

（2）有一支从事系统集成的技术队伍。具有计算机硬件、软件、网络、数据库、应用技术、行业业务、系统安装调试等方面的技术人员、工程组织和管理人员。

（3）有完成系统工程的经验与实际业绩，有完成计算机辅助设计、过程控制、管理信息系统等实际工程的经验，有完成一种或几种应用系统的实绩。

（4）具备完成系统集成开发调试的环境。具有系统集成开发调试的基本手段：计算机应用系统调试及仿真模拟的环境，微机、工作站、服务器、局部网络、软件开发工具、测试仪器设备。

（5）有一定的资金。一般工程签约时用户只付部分费用（如工程费用的30%），在系统安装调试后再付清工程费用。因此集成服务提供者必须有一定的流动资金。

（6）在行业内有一定信誉。

上述条件按重要性排序为：技术队伍—工程能力和实力—环境设备—资金支持—信誉—经验实绩。

六、计算机应用系统集成的实施

计算机应用系统集成这项工作应由系统集成商和管理信息系统的用户共同协商，合作完成。对于较复杂的大系统，用户虽然比较熟悉自身的业务和需求，但往往没有足够的技术力量完成整个项目。另外对市场上的产品，尤其是硬件产品一般缺乏了解，他们不一定十分清楚市场上的最新产品（这一点对电脑行业尤其重要，因为电脑行业产品更新特别快）、产品性能、价格，与其他软硬件产品之间的兼容性问题等等。系统集成商是指那些专门为用户提供从单机到网络、从系统软件到应用软件、从设计到培训一体化解决方案的电脑公司，他们对电脑技术和电脑市场十分熟悉，但不了解用户的业务和需求。所以对于大系统，用户往往需要找专业系统集成商共同制定系统解决方案，以便发挥各自的优势。

在制定解决方案的过程中，系统集成商根据从用户那里了解的需求情况向用户提供解决方案，用户则负责方案的审定和修改。方案一旦确定，用户即可委托原集成商，或别的一家或几家集成商实施该方案（也可自己实施），包括购买设备、安装调试、开发软件、组织培训等。用户负责监督、审核和配合。

在上述大系统实施过程中，用户虽然可以省去不少麻烦，但在某些方面仍应具有较高的技术水平，有一套行多有效的工作程序，这样才能很好地完成审核、监督的使命。另外对于较小系统，用户可以自己设计解决方案并实施，这也需要用户具备一定的专业技术和组织管理的知识。

第二节　现代物流信息系统的结构和配置

一、系统的结构

计算机信息系统的结构是指组成信息系统一台或多台品种不同或相同计算机及外围设备之间的有机结构和相互作用。目前管理信息系统中，根据系统内各计算机设备之间数据传输方式的不同，存在着单机结构、联机结构、网络结构等3种系统结构。它们各有特点，适合不同的应用。从宏观上确定计算机信息系统的结构是构筑管理信息系统软硬件平台的第一步。

1. 单机结构

如果系统内的计算机是独立使用的，主机间既不联网，又不连接终端，那么这样的系统就称作是单机结构和系统。单机系统中的计算机各自为政，各自拥有和维护一套独立的系统软件、应用软件和业务数据，计算机之间不能进行通信和资源共享。单机系统的业务处理性能主要决定于计算机本身，同时，由于这种系统没有网络等额外开销，所以系统成本较低，开销小。此外，单机系统还具有安全性和易操作性。单机结构的系统中要完成两机之间的数据传输，基本上是这样一个过程：用户先从甲机用磁盘备份所需数据，再将此磁盘送到乙机所在地，并把磁盘中的数据拷入乙机（见图5－3、图5－4）。

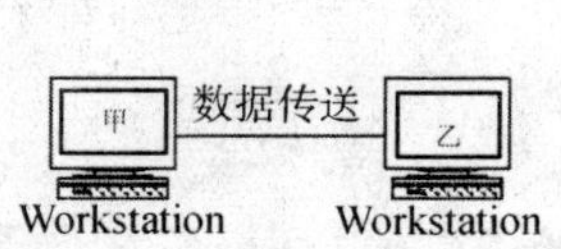

图5－3　单机结构下的数据传送

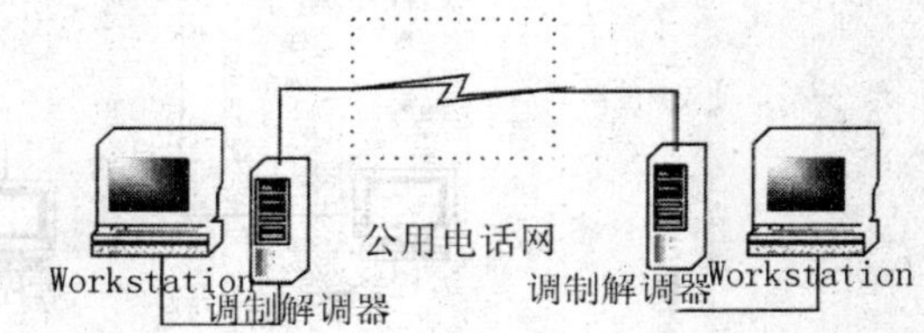

图5－4　带调制解调器的单机结构数据传送

上述过程存在以下几个问题：

（1）数据传送速度较慢，实时性差。由于数据传送速度较慢，很可能发生数据过时的情况。例如，在用户携带磁盘前往乙机所在地的途中，甲机上的数据可能已发生变化，那么用户所携带的磁盘中的数据就已不再是反映最新情况的了。

（2）数据传输过程不方便，费时费事。

（3）数据同时存在两个备份，占用双倍的存储空间。另外，两份拷贝之间数据的一致性问题难以协调。

（4）多台计算机之间不能共享资源。计算机系统一切有用的东西都可用作资源，如打印机、内部和外部存储设备、CPU及其处理能力等等。

由此可见，单机系统只适合于业务相对独立的应用，在这种应用中，共享数据少，数据传输任务少或数据实时性要求低。另外，这种结构还适合于暂时缺乏资金、无力承担网络开销的部门，或作为管理信息系统建设的初始阶段。如果只考虑点对点的数据传送，应用调制解调器和公共电话线可方便简捷地解决数据传送自动化问题。这时需要为每台计算机配备一台调制解调器和一条电话线（如图5－2），并统一配置一套通信软件。

2. 联机结构

计算机发展的早期，计算机设备非常昂贵，不可能像现在每个部门甚至每个人都拥有一台，于是使用计算机的用户（本地的或远地的）只能亲自携带程序和数据，到机房上机，或者委托机房工作人员代劳。又由于那时的软件技术限制，计算机一次只能运行一道程序，因而用户（尤其是远地用户）需在时间、精神和经济上付出较大代价。这就迫切需要一种对分散在各地的数据进行集中和处理的技术，于是产生了具有通信功能的联机系统，如图5－5所示。

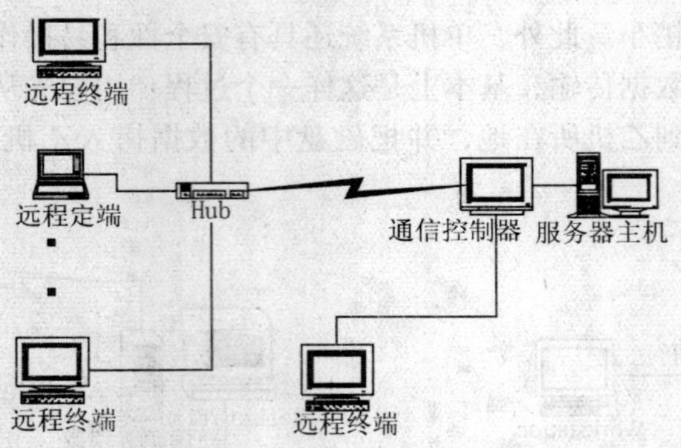

图 5－5　联机系统结构

联机结构主要由五个部分组成：终端、主机（在联机结构中，称计算机为“主机”）、通信线路、通信装置和运行于主机上的多用户操作系统。

联机系统结构的数据传输过程大体上是这样的：在计算机上设置一个通信装置使其具有通信功能，将远地用户的输入输出装置（也就是所谓终端）通过通信线路直接与主机的通信装置相连。这样，计算机一边从远地输入信息，一边处理信息；最后的处理结果也经过通信线路直接送回到远地的用户终端设备。

由上述数据传输过程可以看出：

(1) 终端只是一种数据输入输出（I/O）设备，相当于显示器和键盘，没有 CPU 和存储器。它只负责将用户输入的键盘等信息传到主机，然后显示由主机返加的处理结果，而不进行数据的运算和存储，这些处理都交由主机完成。由于终端只是一种数据输入输出（I/O）设备，所以其价格比主机便宜得多。

(2) 多用户操作系统（如 Unix 等）的产生使一台主机可同时挂接多个终端，对它们进行分时处理，每个终端用户感觉像拥有一台自己的计算机一样。

(3) 终端和主机的距离可以很远，由此产生了远程通信的问题。对于较大的联机系统需要大量通信线路、中心集中器（或终端控制器）等通信设备，从而有了额外的通信开销。

尽管目前计算机特别是微机价格下降较大，网络技术日益普及，但这种联机系统（也称多终端系统）仍有其广泛的应用领域和较强的应用价值。应用最多的是柜台业务，如订售票系统、银行储蓄系统、出纳系统、登记查询系统等等。这些系统业务处理比较单一，需多点实时输入输出数据且输入输出操作简单，无需在本地保存数据，每个点的数据处理量较小。出于经济方面的考虑，在这样的系统中采用联机结构是再好不过的了。

采用联机系统结构，需要在主机上运行多用户操作系统，最常用的是 Unix 操作系统，Xenix 操作系统是 Unix 的 PC 版本，但随着微机技术的发展，Unix 操作系统已完全移植到了 PC 上来了。在微机上实现联机结构（即微机作主机），一般要使用多用户卡。多用户卡有 4 用户卡、8 用户卡、32 用户卡等多种型号。

联机结构的性能主要取决于计算机的性能和通信设备的速度。由于主机要同时处理来自各个终端的数据，所以主机的性能十分关键。一般采用高档高配置的计算机作主机，如高速 CPU、大容量内存、快速硬盘等。

3. 网络结构

网络结构也称为多机结构。不像联机系统那样只执行终端到主机的通信，它执行主机到主机的通信，也就是说，通信线路的两端都是计算机。这种结构除了能够完成计算机系统之间通信连接和信息传输以外，还可以使用户相互使用彼此计算机系统的资源（如硬盘、打印机、CPU 等），或联合起来共同完成某项作业。前者称做“资源共享”，后者称做“分布式处理”。

这种结构是管理信息系统最常用、最合适的结构，因为这种结构能够让信息的各种特性在计算机系统中得到充分体现，同时它也符合管理信息系统信息类型多样化、事物处理分布化、系统环境开放化、工作性质保密化的要求。在计算机网络和通信高速发展的今天，网络的应用已不再是一种高深莫测的事情，而已成为一种基本应用需求，甚至有人提出“计算机就是网络”的观点，近年市场上还出现了“网络计算机（NC）”，这种计算机专门运行于 Internet 网络之上，离开网络它将无法运行。有关计算机网络的内容，本章将用单独一节进行较详细讨论，这里就不再赘述了。

二、根据需求决定结构配置

构造管理信息基本结构必须考虑用户的实际需求，要在分析了用户现在及未来的组织方式、业务内容、数据分布等等实际情况之后再作决定。在实际情况中，上述三种结构有时分阶段存在于系统，有时又分地域、分业务类型同时存在于系统。结合上述三种结构，综合配置整个系统，充分发挥各自的优势，弥补各自的不足，使整个系统达到较高的性能价格比，是我们构造管理信息系统基本结构时追求的目标。

在上述三种结构中，网络结构是功能最强、效率最高、扩展性灵活最好的系统结构，同时它也是费用最高、技术最复杂、维护最困难的系统。联机结构能高效地完成数据归集工作，系统费用低，易于管理，但它的程序运行和文件存取都在主机上，前端缺乏灵活性；另外，主机可挂接的终端数是有限的，超过一定数量，终端响应速度将明显减慢。单机系统结构简单，整个网络价格低，技术简单，安全性好，但数据传输困难，无资源共享功能。

根据三种结构各自的特点，合理配制系统结构的基本原则如下：

（1）尽量将所有计算机联在网上，也就是说，管理信息系统的基本结构应是网络结构。若经费限制，则联网可分阶段进行，规模可逐步由小到大。

（2）联网之前可先采用单机结构，并配置调制解调器，解决点对点的数据传输问题。

（3）对某些业务应用单一（比如多为数据输入输出），且数据输入输出端点较多的具体部门，如柜台、仓库、查询台、出纳科等部门，可尽量采用联机结构。在该处只设一台计算机，每个操作人员一台终端，主机尽量联于系统网络上。

第三节　现代物流信息系统的硬件集成

信息系统硬件集成包括物理设备的选型、测试、签订订购合同、设备培训、设备安装和调试、后期服务等项工作的组织实施。下面讨论管理信息系统硬件集成过程中的一些基本问题。

一、物理设备基本类型

用于组成管理信息系统的物理设备很多，但主要包括以下几类：主机设备、存储设备、输入输出设备（I/O设备）、网络通信设备、办公自动化设备、多媒体设备、电源系统、机房设备、诊断维修设备等。每类设备又可分为许多种，而每种还可分为多种型号。由此可见，如何测试、购买、安装和掌握使用这些设备，是一项十分艰巨而且技术性很强的工作。

表5－1大致列举了一些系统中经常用到的各类设备。

表5－1　管理信息系统常用的物理设备

设备类型	具体设备
主机设备	小型机服务器、PC机服务器、工作站、客户机等
存储设备	大容量单磁盘系统、磁盘阵列（RAID）、磁带机、光盘机（库）、可读写光盘等
输入输出设备（I/O设备）	终端、显示器、打印机、扫描仪、绘图仪、特种键盘、IC卡读写器、条形码阅读器数字式照相机、数字化仪、投影仪、分屏器、各种声光传感器等
网络通信设备	调制解调器、网卡、多用户卡、终端服务器、交换机、集线器、路由器、线缆系统等
办公自动化设备	复印机、碎纸机、干燥设备等

续表 5－1

设备类型	具体设备
多媒体设备	触摸屏、图像摄取仪、声/视卡、图像处理卡、音箱、功放、话筒、录像机、摄像机、MPEG 解压卡等
电源系统	UPS 等
机房设备	工作台/椅、架柜、照明设备、制冷设备、清洁设备、电力系统（电池和发电机）、布线系统、抗静电地板、安全系统、消防系统等
诊断维修设备	手工工具（各种通用专用起子、钳子、电烙铁等）、万用表、专用检测设备等
各类组件	CPU、主板、内存条、软驱、硬盘、光驱等

1. 主机设备

主机设备根据其在网络系统中的不同作用，可分为两类：服务器类主机和客户机类主机。

服务器类主机主要为网络系统中的其他计算机提供特别服务，如文件/打印服务、应用/数据库服务、通信服务、Intranet/Internet 服务等。由于它经常被多台计算机同时访问，因而它的处理速度和性能对整个网络系统来说是十分关键的。对于管理信息系统，服务器类主机一般由小型机、工作站或专用微机服务器来充当。它应该具有高速单个或多个 CPU，大容量快速容错的内存（根据需要可以是 128M，256M 或更多），大容量热交换硬盘或容错磁盘阵列，并可根据需要配备一个或多个高速网络适配器。另外，服务器还应该预装和配置服务器管理软件，以提供服务器管理功能，这是完成的服务器解决方案中极为重要的一部分。由于服务器为整个网络提供特别服务，许多客户机上的具体业务处理离开这些服务就不能运行。所以服务器的选型应该充分考虑它的可靠性（冗余技术、故障的在线修复时间等），而不光是服务器的运行速度，前者在购买服务器时往往更为重要。此外，服务器的文件服务性能（I/O 并发操作能力、高速硬盘子系统等）、扩展性（网卡插槽数量等）等网络特性也十分重要。

客户机类主机主要完成具体的业务应用，并与服务器交换数据，有时也可为网络提供简单服务。因而，应根据不同站点的应用来选择机型并进行配置。客户机类主机一般采用微型计算机，如 PC 机、Machintosh 等，针对特殊应用也可配置工作站，如 Sun 工作站。客户机类主机又可分为台式机和笔记本电脑。虽然笔记本电脑体积小，但其性能已不比同档次的台式机逊色，尤其是其便于携带并具有远程通信的功能，使用户能在世界的任意位置访问其远在千里之外的办公室主机和公司网络，这对经常外出谈判和旅行的人是特别合适的。

2. 输入输出设备（I/O 设备）

输入输出设备又称计算机外围设备，在整个管理信息系统的物理设备中占有相当大的比重，其品种繁多，用途广泛，有终端、打印机、扫描仪、绘图仪、特种键盘、IC卡读写器、条形码阅读器、数字式照相机、数据化仪、触摸屏、图像摄取仪、投影仪、各种声光传感器等等。下面只对几种常用设备进行较详细的说明。

（1）打印机。打印机是 I/O 设备中使用最多的设备，目前市场上流行的打印机种类很多：从打印输出的颜色上分，有彩色打印机和单色打印机；从打印的工作原理上来分，有针式打印机、喷墨打印机、激光打印机、热蜡打印机、热升华打印机、双模式打印机；按打印介质的尺寸分，有 A 尺寸打印机和 B 尺寸打印机；按在网络中的作用分，有网络打印机和个人打印机；按用途分，有通用打印机和专用打印机，如票据打印机就是一种专用打印机。打印机的性能一般从打印质量（每英寸打印点数，即 dpi）、打印速度（每分钟打印张数）、可靠性等三个方面来衡量。对于彩色打印机，色彩分辨率和光泽度也是重要的衡量标准。在考虑打印机性能的同时，千万不要忘了价格和费用因素。打印机需要使用耗材，包括打印介质、色带、墨盒、磁鼓等。有些打印机虽然本身价格不贵，但其耗材相当昂贵，并且是厂家专供的。另外，购买打印机还要考虑用户的特殊需要，比如，传统的点阵式打印机虽因其刺耳的噪声和较低的分辨率几遭淘汰，但它仍旧是最有效的建立多层套打的方式。它还是在厚质材料上，比如很厚的证券卡和银行存折，进行打印的最佳途径。对于那些需要大批量高速打印信件的用户来说，当前使用行式击打打印机是最合算的。

（2）IC 卡读写器。随着我国“三金”工程的不断深入，IC 卡逐渐进入我们的生活。它是一种矩形塑料卡片（一般为 6.35cm × 8.25cm）。可以借助磁标记、光标记或穿孔在卡上记录信息，像日常用的电话磁卡、银行信用卡等都是 IC 卡。IC 卡读写器是一种能够读写 IC 卡上信息的设备。

IC 卡有两个方面的作用：标示作用和“电子货币”的作用。IC 卡作为“电子货币”使用的最好例子就是电话磁卡和银行信用卡。它们都充分利用了 IC 卡的既可读又可写的特性。作为标示作用的成功例子是工厂记录工人上下班时间的考勤卡。当一名工人到厂时，他将本人编号的 IC 卡插入读写器，读写器自动记录工人的编号和上下班时间，离厂时则重复这个过程。因此，每一个工人的上下班时间都被记录在案，如果读写器在工资计算系统相连，就可确定工人每天准确的考勤情况，并相应地计算工资奖金。IC 卡系统的选用一般要考虑以下因素：①IC 卡的容量。根据当前应用的需要并充分考虑未来系统功能不断扩展而引起的数据总量增长，可选择相应容量的卡片。②多应用要求。IC 卡内将反映多方面信息，所以必然要支持多应用。③能灵活建立文件系统。④安全性。安全性包括三个方面：一是文件的安全性管理。PIN（个人用户密码）用于验证持卡人的合法性，持卡人在使用时要向系统提交 PIN 以证明合法性。读权限控制，即对卡内信息要设置权限控制，以防止个人机密信息被窃取。增额权限控制，即只有合法的操作者才能对特定记录进行增额。更新权限控制，即只有合法的操作者才能更新个人的信息等。二是信息的加密传输。支持加密的传输，这样可保证卡、读写器、主机、服务器之间信息传递的安全性。三是账户的安全性。在考虑通用卡工程方案时，账户的安全性要能达到银行对金融交易 IC 卡的规定，即符合中国人民银行 IC 卡规范。⑤可靠性。软硬件可靠的 IC 卡是系统可靠的基础。

(3) 条形码阅读器。条形码技术是一种自动识别和标示技术。条形码是由一系列黑白相间、粗细不同的条和空按规定的编码规则组合起来的，用以表示一组数据的条形码字符。借助于光笔或扫描装置可以将条形码读入计算机中。条形码一般用于唯一表示某种事物，如商店里的各种商品、公开出版的每本图书、工厂里的每名工人等。条形码和条形码阅读器经常用于对大量个体的自动化管理中。

3. **存储设备**

存储设备其实也是一种 I/O 设备，但由于其独特的地位和重要性，我们将其另分为一类。

这里的存储设备指的是计算机标准配置之外的独立的存储系统。一般情况下，购买微机时，也同时购买了机内的存储系统，如硬盘、CD－ROM、软驱等。但对于小型机或服务器常常需要按要求单独购买独立的、专用的存储设备，这些外存储设备一般用做存储或备份整个网络上的系统软件、应用软件和共享数据，它十分重要，可以说是整个网络的核心，如果它出现故障，则可能引起整个网络瘫痪，丢失重要的数据。因此，除要求这些存储设备具有较强的容量扩充能力外，更重要的是应用有高可靠性、高可用性和与主机间的高传输速度。

外存储设备可分为两类：一是系统备份设备；二是主外存设备。常见的系统备份设备有磁带机、可读写光盘等。另外还有一种 CD－ROM 服务器，它可让用户在网上访问多张 CD 盘。虽然 CD－ROM 服务器不能用做系统备份，但由于它的只读数据，所以要求其具有大容量、高可靠性、介质能够长期存放的特点，而对其速度的要求不高。

主外存设备指导随时与 CPU、内存交换数据的外存，比如，硬盘就是一种主外存设备。由于网络上的所有在线共享数据都存储在主外存上，如果它出现故障，则可能引起整个网络瘫痪，丢失重要的数据，所以对它的要求特别高。一般要求这类系统具有大容量（几十吉，甚至更大），高数据传输率（几十兆），高可靠性，低误码率，高容错能力。

针对这种情况，廉价磁盘冗余阵列（Redundant Array of Inexpensive Disk，简称 RAID）是很好的选择。它可用几台小型磁盘存储器（或光盘存储器）按一定组合条件组成一个大容量、快速响应的、高可靠的逻辑单盘子系统。以往的网络存储子系统采用的是单台磁盘系统。对单台磁盘来说，磁盘对主机读/写请求的响应时间通常由寻道时间、旋转等待时间及数据传输时间三部分组成。对磁盘这类机电结合的设备来说，想要大幅度减少寻道和旋转等待时间代价十分昂贵，技术上也非常困难，而主机对 I/O 数据传输的要求却越来越高。因此，通过磁盘阵列对多台磁盘机的数据存取进行并行合理调度，靠多台磁盘并行来提高传输率已成为解决 CPU 与 I/O 之间的瓶颈问题的有效途径。RAID 把连续数据分成小的数据块，并把这些数据块按照一定的方式分布在不同磁盘上，这样就可以对数据的各块进行并行读写操作了。

对单台磁盘系统来说，其可靠性只有通过降低数据出错的次数来保证。但随着数据容量的增大，数据出错的次数还会增加。因此要满足大数据量存储的要求，单靠提高数据可靠性、降低误码率已显不足，而应从容错和提高数据可用性方面想办法。所谓容错，是指利用冗余的硬件资源，达到掩盖故障对系统的影响，进而自动恢复系统的容错存储。具体来说，RAID 允许阵列中个别磁盘频繁地出现故障或误码，并随时进行修复或更换，但整个系统的数据仍然可用，而且在用户看来数据并没有出错。

RAID 通常与热插技术结合使用，使用户在系统开机运行的情况下带电更换有故障的硬盘。RAID 已得到了公认的有 8 种体系结构 RAID0 ~ RAID7。一般的磁盘阵列产品都至少支持到 RAID5。它将数据以块交叉的方式存于各盘，并把冗余的奇偶校验信息均匀地分布在所有磁盘上，从而无专用的校验盘，在单盘出错的情况下，整个磁盘系统仍能正常工作。RAID6 更高级，它容忍双盘出错，而 RAID7 是采用了 Cache 和异步技术的 RAID6。

4. 网络设备

网络设备有调制解调器、网卡、用户卡、终端服务器、集线器、交换机、路由器、线缆系统等，它们主要用于计算机之间的物理链路的连接。

(1) 网卡。网卡是插在计算机扩展槽上的一块电路板，它是将各计算机连接成网的接口部件。通过它连接到局域网的计算机能够相互通信，共享局域网中的资源。网卡也就是局域网中的通信控制器或通信处理机，是组成局域网不可少的部件。常用网卡按所支持的网络系统结构可分为 Ethernet 网卡、ARCNET 网卡、Token - Ring 网卡；按与计算机连接的总线形式又可分为 ISA 网卡、PCI 网卡、EISA 网卡。在 Ethernet 网卡中有普通以太网卡和快速以太网卡。

选购一块网卡，首先得考虑用户计算机能够提供的总线方式，比如，如果您的计算机上没有 PCI 总线插槽，购买的 PCI 网卡是无法使用的。另一个要考虑的是网卡是否与您的网络类型相一致，比如，如果您的网是 Ethernet 网，您就不能购买 Token—Ring 网卡，要连接快速以太网，就必须购买快速以太网卡。第三个要考虑的是网卡提供的连接方式是否符合您的网的拓扑结构，比如，您的网络拓扑结构如果是总线形，那么应该买带 BNC 接口的 Ethernet 网卡，是星形的则应该买带 RJ45 接口的网卡等。最后考虑的是网卡及其驱动程序的性能，较好的网卡及其驱动程序在网络传输时占用较少的 CPU 时间，即较少的 CPU 占用率，以保证 CPU 能够有更多的时间干别的事情。

（2）调制解调器。调制解调器（MODEM）已成为 PC 机远程通信的重要方式之一。时至今日，MODEM 正经历从 PC 可选件到必备件的转变过程。MODEM 主要用于计算机间通过普通电话线发送、接收数据，它是计算机到电话线的中间件。20 世纪 90 年代，数字信号处理（DSP）被引入 MODEM 的结构设计中，给 MODEM 的发展带来一次革命。DSP 用来完成 MODEM 的所有调制解调工作，调制解调的数字实现，使得通过更新 DSP 程序能够实现更高速度的通信，而不改动 MODEM 硬件。安装在 MODEM 上的微处理器负责解释执行 AT 命令（一种控制 MODEM 运行的开放式的命令集）和有关的纠错控制及数据压缩处理（V. 42，V. 42bit）。

购买 MODEM 主要考虑它的速度、功能和与其他产品的结合。当前市场上 MODEM 一般可支持 33600bps 和 56k 全双工通信，其技术规范为 V. 34 + V. 34bis 。在功能上，MODEM 已不仅完成数据传输功能，还能实现语音、数据、图形图像、传真等多媒体信号的通信功能。

与其他产品的结合也是 MODEM 发展的方向。MODEM 常应用于下述领域：①MODEM 点对点通信；②可视电话；③异地实时存取；④个人多媒体信息浏览系统，如 Internet。

（3）线缆。线缆是一种计算机间的有线传输介质，常见的有：①同轴电缆（Coaxial Cable）；②双绞线（Twisted Pair）；③光纤（Optical Fiber）。

同轴电缆可分为基带同轴电缆（细缆）和宽带电缆（粗缆）。基带同轴电缆以“数位信号”传送数据，传送时传输信号会占用整个频道。此信号是由零到该基带同轴电缆所能忍受的最高频率。因此在同一时间仅能传送一路信号。宽带则以“类比信号”传送数据，传送时可采用频分多路复用的方法区分成多个传输频道，使声音、图像等可以在同一时间以不同频率传送。

和双绞线相比，同轴电缆所受的干扰较小、速度较快，但是布线较困难且成本较高，尤其是宽带同轴电缆。同轴电缆适合总线网络拓扑结构。双绞线可分为 STP 和 UTP。STP 内有一层多属薄膜作为保护膜，可以减少电磁干扰，UTP 则没有这层保护膜，因此其对电磁干扰的敏感性较大，电气性能较差。双绞线成本低，容易安装和管理，但对电磁干扰较同轴电缆敏感。双绞线适合星形网络拓扑结构。

光纤的特性是体积小，衰减较低，不容易受电磁干扰，坚固安全，因此可作为远距离高速传输线路，但光纤的价格十分昂贵。光纤适合于环型网络拓扑结构。

目前最常的线缆是 UTP5 类双绞线，用于连接星形以太网或快速以太网。网络介质除有线传输介质还有无线传输介质，如红外线、无线电、微波及卫星。

（4）中继器、集线器、交换机、路由器。

第一，中继器是物理层上的互连，这种连接只涉及物理硬件，此方式适用于两类完全相同的网络的互连，它是通过对信号的重复转发，扩大网络传输距离。

第二，集线器（HUB）工作在物理层上，其实就是一个多端口中继器，它使所有客户机共享一个带宽，所以也称为“共享式集线器（HUB）”。

第三，交换机（Switch）工作在OSI的数据链路层或IEEE802的MAC（Media Access Control）层，也就是说，交换机只需通过网络的第二层地址，便可判断一个封包（帧）该怎么处理和送到什么地方。因为网络第二层地址在每一个设备出厂时就固定了，而且大部分局域网技术（如以太网、令牌环网、FDDI等）都规定了MAC地址在封包的前端，所以交换机可以迅速识别封包从哪里来，要到哪里去，并在瞬间便可把该封包从一个网段送到另一个网段，更重要的是整个过程都是由硬件实现的。所以交换机判断一个封包该到哪里所需要的时间延误很短。在应用上，集线器与交换机同样完成多个网段间的互连，但实际上它们存在着根本的区别。由于集线器的各端口共享一个带宽，所以各端口发送数据时须进行冲突检测，也就是说，同一时刻，只允许一对端口之间进行通信，其他端口需要等待。交换机则不同，由于其工作在网络的第二层，并具有寻径的能力，所以它可以为每对需要通信的端口提供一条独立的通路，也就是为每对需要通信的端口建立起一条虚连接，因而交换机上的所有端口都可自由地随时向其他端口发送数据，而不需要像集线器那样进行冲突检测和等待。交换机为每个端口提供了独占的带宽，另外，交换机还提供了双工能力，客房机可同时接收和发送数据，因而极大地提高了网络系统的吞吐率。

在网络市场上，“集线器”或“HUB”一词通常是指真正意义上的集线器，即前面所说的共享式集线器，而经常看到的“Switch HUB”或“交换式集线器”实际上指的就是交换机，这时“集线器”的含义变成了“连接多网段的仪器”，而不专指共享式集线器，还有一种称呼方式，有的人把内部总线带宽较低的小型交换器称作“交换式集线器”或“工作组交换机”（常用来连接一小组客户机），而把内部总线带宽较高的、模块化的大型交换器才称为“局域网交换器”或“交换机”（常用来连接较大的局域网）。由于市场上称谓比较混乱，所以请大家在购买网络设备时要向商家问清楚。

第四，路由器（Router）也用来连接若干个网段或网络。它工作在网络第三层，即网络层。当一个路由器收到一个封包时，不管怎样它都会先把它彻底打开，看一下该封包是哪一种通信协议，如TCP/IP，IPX，DECnet等，再把适当的软件调出来处理。第一件事看一下它的第三层通信协议地址，如果是TCP/IP，它的地址格式应该是XXX. XXX. XXX. XXX（XXX是0到254），如果是IPX，格式便是XX XX XX XX. MAC（XX是0到F）。在路由器之间有定期的路由表互换，以便更新彼此的路径信息。有了路径信息，路由器便可根据网址决定该把封包送到哪里。在送出之前，路由器会用自己的MAC地址重新装扮该封包，然后再添一些信息以便下一个接收此包的路由器会有更多的资料去作出决定。使路由器慢上加慢的是今天的路由器大部分具备了网络构架第四层的功能，也就是说，除了简单的路由动作外，具有第四层功能的路由器可针对使用该封包的用户和软件程序作出处置决定，对其进行优先级判断，安全检查，或干脆阻断它。路由器做起这些工作来是很费时的，其延误时间一般都是交换器的几十倍。但可以看出，路由器为网络数据的传送提供了极强的控制功能。路由器使用起来非常复杂，价格也很昂贵。

路由器当前主要用于局域网与广域网的接口上，因为它的优先传送控制、数据传送选择等特性可以更有效地使用广域网的线路。

总的来说，由于交换机连接方式简单灵活，扩展能力强，延误时间少，管理功能总的来说，由于交换机连接方式简单灵活，扩展能力强，延误时间少，管理功能强，价格也越来越便宜，因而在当前组网过程中被广泛采用，并可能在局域网内最终取代路由器。

目前的建网趋势是，局域网网段的互连由交换机去做，企业网内的应用更是清一色的交换机，而连广域网时，则需用路由器了。面对日益增大的交换机市场，用户应根据端口数、高速端口、管理功能和虚拟 LAN（VLAN）能力进行选择。

5. 不间断电源（UPS）

为避免在系统运行中突然停电而造成的不安全性，在 MIS 平台中，我们必须考虑到“不间断电源系统”。UPS 的主要功能是当电力中断时，能及时地将系统内部的电力为避免在系统运行中突然停电而造成的不安全性，在 MIS 平台中，我们必须考虑到“不间断电源系统”。UPS 的主要功能是当电力中断时，能及时地将系统内部的电力提供给计算机使用，使得用户有足够的时间恢复外部电力系统或保存重要数据并正常关机。在企业整个信息系统中的关键设备上都应使用 UPS 特别是在网络中的服务器、交换机、路由器和处理关键业务的客户机上。UPS 根据其型号、种类和所带电池的多少来确定供电时间，多的可供电几十小时，少的可供电十几分钟，用户需根据自己的应用情况进行选择。依据供电方式，UPS 可以分为以下两种。

（1）ON-LINE。此类 UPS 电流先流经 UPS 内部，经过滤杂信号及稳压后，再输出给电脑使用，因此有滤波及稳压效果，故价格高，在电压不稳定的地区宜采用。

（2）STAND-BY。此类 UPS 只有在电力中断时，才起动并提供 UPS 自身的电力。在有外部电力供应时，计算机直接使用外部电源，此时无滤波及稳压效果。在外部电力消失的瞬间，UPS 起动并切换为内部电源供电。这类设备的关键在于其由外部电源转换为内部电源的转换速度，转换速度越快、转换时间越短越好，这样可以减少对计算机设备的冲击。此种 UPS 价格低，适用于电压稳定地区。

目前市场上也有许多智能型 UPS，具有多种智能功能，例如，可以自动监测电池电位，自动监测 UPS 电位是否正常，自动关闭服务器。此类 UPS 能够通过串口与主机通信，使主机特别是服务器能够对其状态进行监测，并在 UPS 电力即将耗尽时调用相应的服务程序进行处理。这种 UPS 和主机相互协调的功能，使主机（特别是服务器）能够做到无人职守。

UPS 在外部电源断电情况下的使用时间与其功率有关，功率越大，表示其内部的蓄电池容量越大、使用时间越长、价格越高。

二、物理设备组织流程

物理设备的组织一般包括确定需求、组织测试及选型、签订订购合同及维护合同、设备的安装与调试等项工作。

1. 确定需求和配置

该项工作主要是设备选型，即根据系统集成商提出的一体化解决方案和应用的实际需要，确定所需硬件的种类、类型，并进一步对其加以细化，直到弄清其具体型号、配置甚至产地。对某些比较熟悉的设备和产品，在这一阶段就可以进行定型了。如果有比较了解的供货商或老的合作伙伴，就可以直接转入签订购及维护合同阶段。对那些性能不太了解的产品，或者市场上有多种同类产品可供选择的时候，可组织测试，以求得最佳的性能价格比。

有些用户将本项工作交给系统集成商完成，这时，用户除提出自己的要求并进行必要的监督外，还应在合同中提出必要的有关质量、性能、维护等方面的条款。设备选型是一件涉及面广、综合性强的决策过程，它既需要考虑技术面，又要考虑经济面；既要考虑现实需求，又要有发展的眼光；既要考虑个人习惯，又要保持公正的立场。这确实是一场综合素质的考验。

尽管不同的设备，可能有不同的选型原则，不同的人有不同的看法，对不同的应用有不同的标准，但有些原则和方法是共同的：

（1）应用的实际需求。有的客户购买计算机时，或者以价格，或者以性能为选型的依据，这些选型依据都是片面的，没有抓住问题的本质，很有可能造成浪费。正确的选择应该是在建立在对应用的深刻理解上的，要以应用的实际需求为依据。

（2）计算机的实用性。实用性原则包括以下几个方面：①所选机型应具有较强的生命力，即产品普及率高、用户多、通用性好、备件市场充足、软件资源丰富、与标准的兼容性好等。②所选设备的配套性好，也就是说它能与其他设备很好地协同工作，不存在相互不支持或性能抵消等问题。③系统开放性程度高，易扩充，技术支持强，被多方支持。④容易开发和使用，特别是对于一些专用外围设备，厂家应提供专用的驱动程序、操作手册、程序开发资料和工具及硬件接口特性等。对专用计算机、厂家应提供专用操作系统、数据库系统、软件开发工具和技术、配套设备、技术资料、强有力的技术支持等。⑤较强的通信能力。⑥高可靠性的可维护性。一般来说，先进的新产品性能价格比较高。

（3）计算机生产厂家和商家的信誉。一个大系统的正常运行，需要各个软硬件厂家和商家的长期、真诚、通力的使用，所以认真考虑所选产品生产厂家的信誉和技术力量，是十分重要的，厂家或商家有良好的售后服务，可以解除后顾之忧，并保持较高的设备使用率和较少的维修等待时间，如果厂家或商家愿意并有能力支持用户的应用和开发，则是更合适的选择对象。

（4）用户的经济支持能力。用户的经济实力是在选型时必须考虑的重要因素。它往往成为设备选型甚至整个系统设计的重要依据，有时甚至起决定的作用。任何选择都不可避免地要考虑它的影响。

（5）国情。在选择一些设备时，必须考虑我国技术和应用的状况，如购买的 MODEM 必须有我国邮电部门的上网许可证，设备的电源也要符合我国的标准，即 220V 50Hz。特别是购买远程网络设备连接远程网时，更应与电信部门联系，以了解我国数据通信网的种类及其对设备的特殊要求。

2. **组织测试**

对新产品或一些不熟悉的产品必须通过严格的测试来决定是否进行购买，测试工作的组织一般包括如下内容：

（1）确定测试会规模，选择参加测试产品及其厂家或商家。一般同类产品选择两到三个品牌或厂家，同一品牌可选一到两个商家。过多选择参加测试的单位是没有必要的，无益的。需根据自己的定货量、质量要求、经费和对产品的了解，认真确定测试会规模，精心选择参测单位。所选单位应该是在同一个档次上（价格和性能）、有一定了解、都有可能成为最后定货商的厂家或商家。

（2）确定测试内容、方式。测试内容主要指需要测试的项目，它包括通用测试项目和特殊测试项目，通用测试项目指对大多数甚至所有设备都要进行的测试项目，如真伪测试、稳定性测试、对硬盘速度的测试、对内存速度的测试等。特殊测试项目的确定应与设备将来的应用密切相关，如对经常用于图形处理的计算机，就应将图形测试作为重点加入测试内容。

测试方式是指获得测试数据的方法。如为得到计算机的各项测试数据和综合性能，可让其运行专业测试软件、通用应用程序和用户专用应用程序；为得到网络设备性能参数，可实际搭建一个合适的网络及环境，并采用网络测试软件对其进行测试；为获得设备耐电压特性，可以人为制造特定的电压环境等。测试方法的选择和设计直接影响到测试结果。根据需要，有些测试内容要通知厂家或商家，有些需做临时抽查的内容则事先不必通知，甚至保密。

（3）安排测试日程、场地、工具，并发出参测邀请。测试场地的安排十分重要，它是保证测试顺利进行的基本条件。在选择和布置场地时应充分考虑以下因素：①场地周围道路是否畅通，是否有停车场及其距离是否较近。②场地最好是一楼，并无较高的台阶，以便于设备的搬运，特别是某些大型设备，如UPS及其电池组，它们十分笨重。③场地的大小。视预计参测设备量而定。④场地内电压、电力负荷情况。由于参测设备可能同时工作，所以整体负荷会很高。另外，有的设备要求220V电压，有的设备要求380V或110V。所有这些应予以充分考虑。⑤场地照明、通风及制冷情况。⑥场地插座数目。⑦场地工作台/椅/架等。⑧场地周围的无线电波及各种电磁波干扰情况。⑨场地通信情况。⑩场地安全、消防、住宿、饮食等。

（4）组织测试人员。组织测试人员，组成测试组，指定各级负责人，进行业务分工。对测试人员进行必要的业务培训，并制定测试纪律。

（5）测试。由于计算机设备十分复杂，影响其性能的不仅有硬件因素，还有软件和配置因素，所以测试过程中不可避免地会出现各种各样的问题，这就要求测试人员高度负责，不怕麻烦，不怕困难，认真记录测试结果，测试时须同时多人在场，针对遇到的问题随时调整测试方案，以体现公正、公平的精神。在调整测试方案的过程中一定要注意保持测试方法和环境的统一性，即对每台参加测试的设备做到测试环境一样、测试方法一样。

（6）测试结果分析及选型。对大量的测试结果必须进行综合分析，才能正确地选型。一台设备往往有许多测试项目。针对企业的具体应用，这些测试项目的重要程度并不是一样的。可以针对该设备将来的应用环境，分别赋予各项测试项目不同的权重，然后利用权重分析法对测试结果进行计算综合得分，分高者作为选型对象。当然，也可以使用更为复杂、但更准确的其他评判方法。如层次分析法等进行选型。

3. 签订订购合同及维护合同

签订订购合同可参照普通的商业合同签订办法，合同上应有甲乙双方法人名称、设备型号及配置、设备价格及数量、交货时间、付款方式、售后服务、技术服务以及其他具体内容。合同应该具体、明确、不能有模糊不清的地方。考虑到目前计算机市场价格下降速度加快，在签订合同时应充分考虑价格时效性，交货时间越短越好，以免将来引起争议。

合同签订后，甲乙双方应严格遵守合同的规定。

4. 设备的安装与调试

设备的安装和调试应由专业人员进行，同时本单位技术人员也应到场学习和监督。

第四节　现代物流信息系统的软件集成

如果把信息系统比作人，则硬件相当于人的身体，而软件相当于人的灵魂。软件集成就是要向MIS灌输灵魂性的东西。因而，软件集成在整个计算机应用系统集成中占据重要地位。软件集成面临的问题是如何在浩如烟海的软件产品中选择功能、价格合适的产品并将它们组织起来，使它们能够在一起协同工作，满足企业应用要求。

计算机应用系统平台的选型存在两种策略：①主机→操作系统（OS）→数据库管理系统（DBMS）→企业应用；②（企业应用→软件平台→硬件平台）+开放系统结构和标准。

第一种方式是20世纪80年代以前的一贯做法，是一种建立主机/终端模式（又称主机模式）下信息系统的常用策略。首先是确定计算机主机（通常是大型机或超级小型机），因而运行在主机上的系统支撑软件也就基本确定了，进而在这种环境下开发出来的应用软件也就与主机牢牢地捆在一起，所以，这是一种由硬件平台确定系统应用的封闭式平台环境，投资风险大，应用资源得不到保护，整个MIS的生命力受制于厂商及专用系统。我国七八十年代建成的大量MIS都属于这种情况，在它们上面使用当前新的计算机技术十分困难。

第二种方式的思想在于，以应用需求为基本依据，以软件平台为核心，硬件平台的选择必须适应软件平台的要求，由此构成一个开放的体系结构，既满足应用对多平台的可移植性、互操作性和可延伸性的要求，又满足平台缩小化和分布化要求。这种方法往往使软件费用高于硬件费用，但如果能正确选择，可使平台面向新技术的更新升级周期保持在6~8年。这种策略是20世纪90年代及今后的平台选型策略。

从上面可以看出，软件的集成在计算机应用系统集成方面起着越来越重要的作用。所有企业都应该认真对待，统一规划。

一、MIS中常用软件分类及集成的原则

适用于管理信息系统的软件十分繁杂，但总的说来可分为下面三类：系统软件、应用软件和开发软件。

1. 系统软件

它是指一些系统运行必须的基本软件，如网络操作系统软件、客户机操作系统软件、网络协议软件、网络管理及安全软件、各种驱动程序（有的随操作系统供应）等，有些特殊的服务器软件也可归于此类，如数据库服务器软件（即面向客户/服务器模式的数据库管理系统）、Web服务器软件、文档服务器软件、群件服务器软件等，虽然这些服务器软件不是运行基本系统必须的，但对于特殊应用来说却是必不可少的基础软件。

系统软件的集成主要考虑各软件之间融合的程度，特别是操作系统和各专门服务器相互融合的程度，另外还要考虑应用软件资源是否丰富和是否容易得到等。有关操作系统的选择问题，我们将在后面单独讨论。

2. 应用软件

它是指针对某种特殊应用的软件，主要是一些客户端软件。它可分为两类：一类是

通用应用软件，它是由专业软件公司开发销售的针对某一应用的软件，包括中文平台软件、文字处理软件、表格处理软件、图形图像处理软件、通用 CAD 软件、浏览器、通信软件、文件及磁盘管理软件、防病毒软件等等，另外，操作系统也会附带一些有用的应用软件。另一类应用软件是企业为自身需要而开发的业务应用软件，它是管理信息系统的核心，比如财务软件、人事管理软件、仓库管理软件等。

应用软件是系统中最活跃的成分，也是最容易引发故障和问题的不安定因素。针对这种情况，企业技术管理人员一方面要加强对计算机使用人员的培训和教育，另一方面应该统一指定常用的应用软件，如文字管理软件、表格、通信软件等，这些软件应该能完全协调一致地工作，最好使用套件产品，如微软的 OFFICE、IBM 的 SmartSuit。另外还要制定一套管理检查措施，以防个别用户使用非法软件或带破坏性的文件。

3. **开发软件**

它是指开发用户应用程序的软件。开发软件在整个 MIS 中占有十分重要的作用，管理信息系统的许多重要特性如灵活性、应变能力等都决定于开发软件。开发软件也可分为两类：一是开发工具，主要是集成的开发工具和环境，它提供开发应用程序的编辑、编译、快速开发工具、测试、打包、版本控制、小组开发、文件管理、资源管理等一整套开发环境和管理工具。二是开发资源库，也称应用源，指一些可供开发使用的类库资源、对象资源（VBX、OCX 等）、函数资源、应用资源（如查询生成器、数据库编辑器等）等。这是对应用开发强有力的支持。开发工具的选择除与操作系统对应外，还考虑到开发软件面向的不同层次。一般来说，企业应该具有面向不同层次、开发出的产品能够相互重用的一整套开发软件。另外，用这套软件还应能开发出能与选定的常用软件交互的产品，这些功能往往是由操作系统支持的。这方面典型的例子是面向 Windows 的开发工具，用它能编写出利用 OLE 标准与其他应用程序（如 WORD、EXCEL 等）交互的应用程序。

在软件技术高度发达的今天，企业中各种软件已不再是完全独立的了。针对管理信息系统中软件的繁杂性，企业信息管理人员必须对其进行认真筛选，并进行有效地管理，才能充分保障系统各部分协调一致地安全运行，使系统发挥最大效益，否则将问题百出，使信息管理员变成繁忙的“消防员”，系统运行得不到保障。

二、网络操作系统的选择

系统软件是系统运行平稳的关键，也是人机对话的中介。只有通过操作系统，我们才能对系统进行操作控制；只有通过操作系统，我们才能运行各种各样的应用程序；只有通过操作系统，我们才能拥有一个真正的系统。操作系统软件可以分为网络操作系统软件和桌面操作系统软件。

1. 网络操作系统软件

网络操作系统软件肩负网络运行管理的重大责任，特别是在网络环境复杂的情况下，网络操作系统软件的功通和性能对网络运行起着重要作用。网络操作系统软件的功能一般有：①控制网络中数据的传输与运行。②检查各使用者的使用权限，确保网络安全。③担任网络与使用者之间的界面，使用户轻松自在地使用网络中的各项资源。

网络操作系统软件的产品很多，怎样选择合适的网络操作系统软件，首先要知道如下七项重要的标准：

（1）应用程序的可用性。关键问题：你将要选择的网络操作系统是否能够运行你目前所运行的应用程序？目前正为它开发和使用的应用程序有多少？你要为运行的应用程序付出多少代价？

有多少应用程序可供使用并不仅仅是个数字游戏。如你所知，某个 OS 所支持的上万个应用程序其实都是游戏。要保证你需要的应用程序都能买得到，还要确认这些应用程序及其支持合同的费用不应该比服务器更高——那是大型机时代的做法。另外，要选择能以标准方式支持应用程序交互的 OS。例如，Windows NT 就允许各个应用程序使用 OLE 在相互之间传递信息。

（2）平台支持。关键问题：它是否支持你目前的客户机？它如何支持移动用户？客户机是否需要特殊的软件才能访问服务器？

互操作性有几个层次。在最低层，系统可以定义和使用多种不同的网络协议。NetWare 网络使用 IPX，而大多数 Unix 网络和 Internet 则使用 TCP/IP。缺省情况下，NT 使用 NetBEUI。所有这些 OS 都能支持其他的协议，但它们运行自己的核心协议时效率最佳。在较高层，即使客户机支持服务器的低层协议，也许依然无法连接。例如，用户可以在 NetWare4. 11 服务器上运行 AppleTalk，但若一个 Mac 机不首先加载用于 Macintosh 的 NetWare 客户机软件就想注册到服务器上，则会收到错误信息，告诉它该服务器的注册序列不可识别。而同时，Windows NT 的 AppleTalk 实现起来却像个标准的 Mac 服务器。

要选择集成了特殊类型目录服务的 OS。其出发点是：用户不但要能注册到应用服务器上，还要能够访问驻留在系统上的任何应用资源。例如，Unix 系统主要使用域名系统（DNS）和网络信息服务（NIS），NetWare4. 11 使用 NetWare 目录服务（DNS），Windows NT4. 0 也使用一种定义域系统。这些相互之间都很难协调，但有些，如 NDS，则可以在其结构中接受许多种 OS。Web 的出现使这些情况更具有争议性，它标准化了一些通信协议，如 HTTP 和 TCP/IP。然而，就目前来说，跨平台集成的最佳方案，要么是让一种服务器 OS 支持公司中运行的所有协议，要么是把某种协议标准化（很可能是 TCP/IP）。NT 似已精于运行多种协议，包括 TCP/IP、NetBEUI、IPC/SPX 和 AppleTalk，不过，目前任何 OS 都有一些扩展功能，可以使你的服务器拥有这一级的功能。

（3）性能。关键问题：用单个系统能支持多少用户？你所选择的 OS 是否能支持对称多处理（SMP）？它是否允许你在多个系统上平衡负载？

你可以读到你想要的基准测试结果，但一个 OS 的性能到底如何，还取决于你如何使用它。性能是与应用程序有关的。有些基准测试程序，如事务处理委员会的 TPC—C，表示的是数据库环境下的系统性能。而其他的，如 BYTEmark，则表示的是特定系统组成部分的性能。

OS 设计的某些方面表明了你可以期望的性能特点。例如，多线程可以使你的应用程序减少必须进行的上下文切换的次数，从而提高了性能。抢先多任务功能将允许各个应用程序截断对方，使性能表现更加均等。WindowsNT、OS/2、OS/4000 及 SunSoft Solaris 都具备上述两项功能，而 NetWare 则一项也不具备。下一步，要注意到可伸缩性，具体就是 SMP。所有大操作系统，如 Unix、Windows NT、NetWare SMP、OS/2 及 OS/4000 都支持 SMP。问题是：该 OS 可以处理多少个 CPU？例如，NT 的最终用户许可证限制为 4 个，而 OS/2 则可以像一些 Unix 系统一样处理 64 个。但是要记住，运行 SMP 系统，还需要调整应用软件。

（4）管理。关键问题：你能否从一个点上控制多个服务器？能否对服务器进行远程访问？该服务器与你的现有管理系统是否兼容？

对不同的人而言，系统管理意味着不同的内容。对许多人来说，备份是系统管理的重要部分。任何 OS 都有某种内装的备份实用程序。然而，它们都不是最先进的软件包，各有不同的界面。如果你的目的是从中央控制台上备份自己的不同服务器，并且你已选用了如 Arcada 的 BackupExec 之类的软件，则需确认它应支持新的 OS。

在为网络的扩展作计划时，必须确认所选的 OS 适合你的管理机制。如果网络不会变得很大，则可以依赖 Unix 的命令行界面。然而，如果你负责一个服务器群，有十几个服务器，则你需用某种方式使该机群的状态一目了然。有些软件，如 Intel 的 ANDesk Manager 和 Symantec 的 Norton Administrator for Networks，都可以帮助你掌握服务器的运行情况。然而，它们却不太支持 Unix 和 OS/400 之类的 OS。另外，标准 SNMP 控制台，如 Hewlett – Packard 的 Open View，能够向你提供网络上信息流动的情况，但它们不能给你提供特定系统部件级的信息。

选择管理功能的原则是，无论你选择怎样的 OS，要么保证它与你现有的管理策略兼容，要么修改现有策略来适应新的 OS。

（5）应用程序的开发。关键问题：该平台是否提供了你所使用的开发工具？该 OS 供应商的支持只提供给独立的软件供应商（ISV），还是可支持具体用户？其 API 是否是开放的，并资料齐全吗？

上市产品存在良莠不齐。除了最简单的操作层外，每个网络都会需要某种程度的定制。OS 必须具有标准的 OS 服务和工业标准界面，以支持开发。虚拟保护内存、多任务，抢先高度及其他高级功能，都已是许多高档开发工作不可缺少的。要充分利用 OS 的定制性能，你需要一套强大的开发工具、文档和该 OS 供应商对内部开发的支持（这一点最主要）。最起码，开发人员应该能够获得编译器、调试程序、项目管理实用程序及视频程序设计工具。如果你选择的服务器 OS 厂商只对大型的 ISV 提供支持，你就不可能找到大批有经验的开发人员。

第三方供应商的支持同样重要。工具、编码环境及全套应用程序通常是由 NOS 平台提供的。使用熟悉的工具，开发人员就能在各个层次工作起来得心应手。

（6）可靠性。关键问题：它是否支持 RAID 或集群？其文件系统是否有日志？能否带电插拔零部件？

保护内存体系结构和 OS 提供的驱动程序是一些可靠的操作系统的品质标志，如 NT、OS/2、OS/400 和 Unix 等。不过，NetWare 在共享内存空间运行应用程序，应用程序可以在保护模式下运行，但有可能与 OS 的机制发生冲突。大部分容错发生在硬件层。无论是以软件形式或是以硬件形式实现的 RAID，都已常见，软件实现的优点主要是价格低，如 NT。其他的容错功能，如冗余供电、网卡及冷却风扇，则视所选服务器的不同而不同。

OS/400 Solaris 还有先进的集群解决方案。IBM 正在努力把 OS/400 的集群功能移植到 OS/2 上。Microsoft 正在研制一组 API，将集群两台 NT 机。Digital 公司已经有一种系统，可实现 NT 集群，缺省情况下，集群功能是上述操作系统的一个选项，不过这可真是一个昂贵的选项，平均每个 CPU 数千美元。

（7）安全性。关键问题：管理员能否实施口令字限制？该 OS 是否支持访问控制列表？是否支持“飞行”（on - the - fly）加密？其 Orange Book C2 级安全性如何？

安全是个很棘手的问题。众说纷纭，却又谁也说不清。简而言之就是，任何 OS 如果不安装并使用一种严格的安全政策，都可能遭到破坏，泄露秘密。你必须使用字母数字口令，经常更换口令，或甚至给重要信息加密。这说明 OS 可以使实施安全性简便易行。文件和目录访问许可就是个起点。每个 OS 都实现了这两个功能，但稍有不同，如 Unix 相当隐晦，而 NetWare 则直观了。还是这句话，要由每个人保证其正确的设置和实施。

审计可以使你掌握何人何时做了何事。它所产生的日志可能很大，但其信息可能是极有价值的，特别是你想跟踪某个文件最近一次的修改情况时。NT 带有一个很好的审计系统，并十分易见。Unix 的安全性越来越受到批评。它原来设计时是面向开放的，现在成了攻击的对象。如果你选择了 Unix 作为你的应用服务器 OS，应当立即找供应商索要最新的安全修补程序。

通过以上分析，就可以很清楚地知道选择 OS 时应考虑哪些问题了。在选择网络操作系统时最好先根据以上标准初步选定一种到两种操作系统，然后建立一个网络环境，试着在这个环境中运行自己的应用程序，并进行针对性的开发工作，作出评价后，再最后确定选择哪种网络操作系统。

2. **桌面操作系统软件**

桌面操作系统软件形形色色，并不断地推陈出新。当今开发桌面操作系统软件的首推 Microsoft 公司，该公司的 DOS、Windows 系列处于无可争议的霸主地位。此外，还有 IBM 的 OS/2、OS/4000 以及 SCO 的 Unix，SUN 的 Solaris 等，不胜枚举。

桌面操作系统的选择标准有许多是与网络操作系统的选择相同或相似的，如应用程序的可用性、应用程序的开发支持、平台支持等，但由于网络操作系统的使用者是受过较高级训练的计算机管理人员，而桌面操作系统的使用者是直接用户，因而，桌面操作系统更强调用户界面和易操作性，其可靠性、安全性、性能等方面的内容和指标也与网络操作系统有所不同。

当我们处在一个 MIS 中，为自己选择一个桌面操作系统软件时，应考虑以下几点：

（1）桌面操作系统软件应被我们的网络操作系统软件所支持。每种网络操作系统软件都能支持一定的桌面操作系统软件，只有这种支持关系，客户机才能方便地在系统中工作，实现与系统的衔接。

（2）桌面操作系统软件的功能强大，使用方便。桌面操作系统软件安装应该方便。由手工操作安装桌面操作系统软件的工作者，都会感不方便，因此，桌面操作系统软件应该配置自动安装软件。桌面操作系统软件应该有良好的人机交换界面，如 GUI 界面。桌面操作系统软件直接面向用户，良好的界面便于人机交流。内存管理功能要强大。内存管理对数据存储速度影响很大，特别是对客户机内存较小的尤为重要。因此，桌面操作系统软件应该有良好的内存管理功能。磁盘管理功能丰富。磁盘是主要的外部储存设备，对数据容量安全有重要作用。桌面操作系统软件应该具有丰富的磁盘管理功能，如磁盘压缩优化、磁盘映像、磁盘 CACHE 等。此外，要有强大的程序和文件管理功能。

（3）桌面操作系统软件应该支持多种应用软件，特别是开发软件和工具。一个成熟的桌面操作系统会成为多种应用软件的平台。

（4）桌面操作系统软件应与用户客户机的功能相匹配。

（5）要充分考虑直接用户的习惯和素质。要考虑用户以前熟悉的是哪种操作系统，哪种系统更容易被他们接受。如果认真考虑了这一点，不但可以减少用户可能产生的抵触情绪，还可以大大减少以后培训、维护的时间和费用。

三、客户/服务器模式与数据库管理系统

客户/服务器模式是 20 世纪 90 年代兴起的新型计算模式。随着人们对提高灵活性、计算能力、雇员工作能力要求的认识，客户/服务器技术及其在分布式和协作式计算领域的扩展将逐渐成为未来 MIS 发展的技术基础。

1. **客户/服务器模式的概念**

客户/服务器模式这个概念实际上描述的是软件的体系结构，它表示两个程序间的关系，即一个应用程序和一个服务程序之间的关系。客户程序和服务程序在物理上可以是分离或在一起的。也就是说，它们可能分布于两台机器上协同工作，也可能就是在同一台机器上运行的调用和被调用程序。要理解客户/服务器模式，还要简单回顾以下计算机计算环境的演变过程。较早的计算机计算环境是主机处理系统（M/T），也就是第二节中讨论过的联机结构所表示的计算模式。在主机系统中，所有程序都在一个主机上运行，包括 DBMS，应用程序以及负责向终端发送和接收数据的通信设施。所有数据都存储在主机上，用户通过本地或远程终端来访问主机，终端仅由屏幕、键盘以及和主机通信的设施组成，本身没有或仅有较少处理能力。主机系统的优点是安全性和海量数据存储设备的集中管理能力，并能支持大量并发用户，缺点是昂贵的系统采购和维护费用。

当 PC 和 LAN 技术发展起来后，为了共享文件以及昂贵的外设如激光打印机、磁带机等，人们将 PC 连接到 LAN 上，构成了廉价的文件处理系统（F/W）。在文件处理系统中，所有应用处理包括数据处理都发生在 PC 工作站一端，文件服务器仅负责从硬盘查询所需要的文件并通过网络把它发送给用户的 PC 机。数据处理通过 PC 上的 DBMS 进行，处理完的结果以整个文件的形式再送回文件服务器。由服务器再把文件存储在硬盘上。文件处理系统的缺点是，用户所获得的计算能力局限于本地的 PC 工作站，尤其是当多个用户同时访问一个共享数据文件时，同一个文件不得不反复在网上传送数次，这不仅导致网络开销增加，并发控制也相当困难。因此，文件处理系统通常只能满足小规模的工作要求。

客户/服务器（C/S）集前两种方式之所长，既满足用户对本地资源自治的要求，又满足数据和处理集中管理的需要，将应用资源在客户和服务器之间进行恰到好处的分配。客户通过网络发出服务请求，由最适合完成此项工作的服务器处理客户的请求，并将结果返回到客户（图 5-6）。客户系统的优点是明显的，通过将应用资源在前端和后端系统间的分离，降低了网络上的开销。因为在客户/服务器系统中网络上传送的是请求，而不再是整个文件。

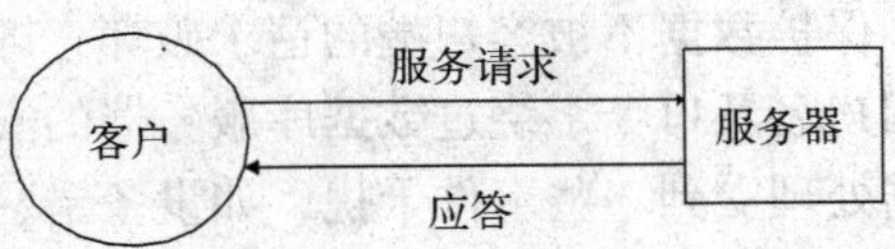

图 5-6　客户和服务器的关系

2. 客户/服务器模式的优点

客户/服务器计算模式在构造分布式应用系统时成为很好的方式，可以为企业解决方案带来很好的效益。客户/服务器支持企业更好地利用桌面计算技术，使工作站能提供过去大型机才具有的计算能力，而价格只有大型机的几分之一。

客户/服务器使得处理和数据更加接近。所以，网络开销和响应时间极大降低，从而降低对网络带宽和成本的需求。客户/服务器提供 PC 及工作站上 GUI 人机界面。客户/服务器支持和倡导标准化及开放系统，客户和服务器都可以在不同的硬件和软件平台上运行，使用户从专门的体系结构中解放出来，价格低廉，Web 技术就是利用客户/服务器技术实现跨平台应用的一个很好的例子。有关 Web 技术，我们将在“Internet/Intranet”与 MIS 中详细讨论。

总之，客户/服务器模式可以降低软件开发和维护成本，增强应用的可移植性，提高用户工作效率，保护用户的投资，提高软件开发人员的生产力，缩短开发周期，甚至可以减少对小型机和大型机的需求。

3. 客户/服务器模式的典型应用——数据库管理系统

（1）基于客户/服务器的 DBMS 工作过程。到目前为止，客户/服务器最广泛的应用领域是关系数据库管理系统（RDBMS）。在一个客户/服务器数据库系统中，应用被分成两个部分，数据库应用程序运行在 PC 机上（称作前端机），负责用户界面和 I/O 处理；DBMS 部分（负责数据处理和硬盘存取）运行在服务器上（称作后端处理）。这个服务器就称为“数据库服务器”。严格地说，一个数据库服务器是指运行在网络中的一台或多台服务器上的数据库软件，数据库服务器为客户应用提供服务，这些服务是查询、更新、事物处理、索引、高速缓存、查询优化、安全及多用户存取控制等。

基于客户/服务器的数据库管理系统的工作过程是这样的：客户系统上运行的数据库应用程序提出数据库访问请求（如一组 SQL）语句，并将它编译成特定格式，再使用网络软件将它送到数据库服务器上。数据库服务器上的数据库管理软件识别该请求，并在服务器硬件上执行请求，最后把结果返回给客户。

（2）数据库服务器的优点。①减少编程量。由于数据库服务器能处理重要的数据管理任务，在客户机上只要书写数据的调用逻辑而无需书写数据存取的物理过程，因此能大大减少软件设计的时间和编程工作量。②数据安全保证。数据库服务器一般都提供了强有力的数据安全性，保护数据不被客户端的请求破坏，即使对数据库系统十分熟悉的用户也不能用非法的用户名及口令字绕过数据库服务器的安全检查机制。③数据可靠性及恢复。当系统的数据处理受到一些事件干扰，如设备错、服务器或工作站断电、网络连接断甚至是用户在客户端关机，数据库服务器都能有效地保证数据的完整性，避免系统出现数据混乱。④充分利用网络资源。由于大量数据处理工作可交由数据库服务器完成，所以可以使用较便宜、功能简单的微机做客户机。⑤提高性能。数据库服务器能从多个方面提高整体性能。例如，采用数据库服务器技术，能大大降低网络开销，减少资源竞争，避免死锁现象等。

（3）数据库服务器的选择。企业 MIS 应用其实是基于数据库系统的应用，几乎所有应用程序都离不开对数据库的操作，因此，选择合适的数据库管理系统在整个开发过程中是十分重要的，它影响整个系统的应用模型和开发模式，决定了新系统许多重要特性。

根据对客户/服务器模式的支持情况，数据库管理系统一般分为三种类型：一种是支持主机系统方式的运行于 Unix 等多用户操作系统之上的大型数据库管理系统，如 Sybase、Informix 等；第二种是基于文件管理系统的数据库管理系统，如 Xbase 系列、Fox 系列，这类系统在数据完成性、系统安全性等方面相对较弱，适合于以文件服务器为中心的中小型应用；第三种就是基于客户/服务器计算模式的数据库管理系统，如 Microsoft 的 SQL、DB2，以及 Oracle、Sybase、Informix 等的最新产品，这类产品适合于大中小型的应用，是 90 年代的最新技术产品。

4. MIS 的平台模式比较

目前可供 MIS 选择的计算平台模式有三种，即前面讲过的：主机模式（M/T）、文件服务器模式（F/W）和客户/服务器模式（C/S）。M/T 模式基于多用户主机，是一种由主机/终端构成的集中式系统平台，在 20 世纪 60 年代至 80 年代一直占主导地位，适用于大中型 MIS。F/W 模式基于 PC LAN，是一种由文件服务器/网络工作站构成的分散式网络系统平台，在整个 80 年代流行，适用于中小型 MIS。C/S 模式，是可由各种机型组网的 LAN 和交换式互连网构成的分布式系统平台，是一种“规模恰到好处”的可伸缩平台。对大中小型 MIS 均适用，因而它是 90 年代以来的主流平台模式。

选择平台模式对建立 MIS 来说是一项战略性的决策，它将对未来系统结构及应用产生十分重大的影响，下面从几个方面详细比较三种平台特性：

（1）应用环境的适应性。MIS 应用本质上是异构和分布的。这种异构表现在：MIS 中的硬件和软件在产品和技术上不可能是统一的。分布式的情况更为明显；企业组织机构分布在地理位置上一般是分散的，各种业务处理也是按职能分工而分散进行的，但在管理与控制逻辑上往往需要集中，形成“集中—分散”的作业过程，这实际上就是一种主从式分布处理环境。因此，分布式处理模式比集中式处理模式更符合应用本身的发展规律。集中式的 M/T 模式不能满足日益发展的分布数据处理与分布事务处理的要求，分散式的 F/W 模式也只能在向分布式应用发展方向过渡的夹缝中生存，而 C/S 模式却能够逐步为实现分布式应用系统提供有效的实践手段。三种模式的适应性对比见表 5－2。

表 5－2　F/C/S 系统

项目	主机系统	文件系统	客户/服务器系统
应用规模	大中型	中小型	大中小型
投资保护	一次性投资大、维护及培训费用高，不易升级	成本低，性能也低	系统易于垂直/水平扩展，可以保护现有的和未来的投资
计算能力	主机能力	本地工作站能力	网上所有计算机资源的能力
网络开销	终端 I/O	文件 I/O	请求和结果
分布式计算	集中式	分散处理	分布式
用户界面	CUI	CUI/CUI	CUI/OOUI
企业级计算	部门级 OLTP	企业级 DSS	部门/企业/OLTO、DSS

（2）数据处理的特点。M/T 系统将 DBMS 放在主机上，数据处理和数据库应用程序完全集中在主机上，数据只能为多用户终端共享，PC 机则通过仿真终端方式与主机进行数据通信，因此，当主机不堪重负时便产生数据处理瓶颈。

F/W 系统主要将 DBMS 放在文件服务器上，但数据处理和应用程序实际上都分散在各个 PC 工作站上。文件服务器只提供对工作站进行数据共享访问的管理与文件收发功能，并不能提供 CPU 协同处理的能力。工作站与文件服务器之间互传的是整个数据文件，而不能达到数据记录级互操作，因此网络负担很重。当网络用户增加而超出网络并发响应能力时，便会产生数据传输瓶颈，整个网络性能会严重下降。

C/S 系统将 DBMS 放在数据库服务器上，但数据处理可从应用程序中分离出来分布在前后端，客户机运行数据库应用程序，完成屏幕交互和输入/输出处理等前端任务。服务器运行 DBMS，完成大量的数据处理及存储管理等后端任务。客户机和服务器具有协同处理及 CPU 资源共享能力，数据集中在服务器上，但用户可通过应用程序对数据进行透明存取。由于前后端具有自治与共享能力，在后端处理的数据不必在网络中频繁传输，网上传输的也不是整个文件，而是客户请求命令和服务响应及数据记录，因此利于解决数据处理和数据传输的瓶颈问题，并能够摆脱 F/W 系统那种文件管理方式，实现真正的数据库管理。

（3）应用程序设计的特点。M/T 和 F/W 系统的程序设计方法，是面向过程的结构化软件设计方法。C/S 系统由于计算体系结构发生了很大变化，因而导致应用程序设计方法上的根本差异。在 C/S 系统中，可以将一个应用分解成由客户机和服务器分担的多个子任务，这些子任务是既彼此独立又交叉作用的进程或线程，可进行并行处理。服务器进程提供公共服务，客户进程及线程执行本地处理，并与服务器进行交互作用，从而实现多个节点的共享与自治。这就是 C/S 应用的基本特点，它真正体现了数据库及数据处理独立于应用程序的设计思想。为了支持这种应用的实现，通常在客户端引入了面向对象技术及面向对象的开发工具。面向对象方法也遵循结构化的一般原则，但与面向过程方法的本质区别在于，它以数据为核心来构造软件结构，突出数据抽象、数据隐藏、事件驱动和属性继承的设计准则，并以数据操作作为功能界面。这也是 C/S 应用设计的总体指导思想。

此外，在实际设计中，一方面要能够正确划分由客户端承担的本地处理功能和由服务器端承担的公共服务功能，并定义出发出交互作用的控制方式。另一方面，要搞清 C/S 系统一些技术概念对设计思路的影响，例如：如何利用多线程技术对多任务进行并行处理，以解决处理瓶颈问题；如何利用服务器中驻留的存储过程和前端处理的触发器机制来实现数据完整性控制；如何利用 RPC 技术来实现多点查询及多点分布更新。可见使用客户/服务器模式，需要处理更复杂的技术，因而需要一支高技术素质的开发和管理队伍。

（4）对硬件发展的适应性。计算机硬件技术总的发展趋势是“两极分化”，即如巨大型机和超微型机两个方向发展，巨大型有利于尖端科学技术的应用，超微型机有利于一般应用和普及。一般企事业单位的 MIS 是一种普及性应用，故应考虑把超级微机为主体的 OS 模式作为应用系统的主推目标，这与国际上缩小化、分布化和开放系统的技术发展方向是一致的，与我国大多数企事业单位的经济投资能力和计算机应用系统的普及水平基本上是相适应的。

四、软件开发工具

使用什么样的开发工具不仅会影响 MIS 的开发周期，而且还会影响未来 MIS 应用系统许多重要特性，甚至决定了它的成败。所以选择开发工具是 MIS 开发中十分重要的一环。在实际应用中，许多考虑因素都会影响到开发工具的选择，如程序员的技术水平、应用需求、对原有代码的支持以及与数据库系统的集成等。为企业开发 MIS 应用程序与开发一般的应用程序有许多不同之处。开发 MIS 应用程序往往是在紧迫的时间压力下，由许多程序员共同完成。因此作为 MIS 理想的开发工具，它应具有编程的容易性和编程的集体性，并能生成强壮独立的代码。

对于企业环境，还必须考虑原有的代码。在对原有代码进行最低限度修改的基础上对其进行重新编译是最好的一个方案。另外，为企业 MIS 开发的应用程序，往往十分关注对数据库系统的访问能力。所以开发工具应该支持设计过程与数据源相连接，提供与数据库相关的组件，支持对已存储的过程进行编辑，或提供远程 SQL 调试的工具等等。

从长远来看，可视化 RAD 工具将是编程工具的发展方向。可视化 RAD 编程要求开发工具有复杂代码生成工具和强大的组件模块。这样，编程工作将变得简化和直观化：只需将内部或 OLE 组件放置到一个框架中，设置其属性，并编写对事件进行处理的代码。典型的可视化 RAD 工具是 MS Visual Basic、Powersoft Powerbuilder 和 Borland Delphi，目前最新的 C + + 开发工具也应用了可视化 RAD 技术。

从开发工具对 MIS 开发生命周期的支持程度上看，目前市场上的开发工具基本上分为两种。一种工具仅支持 MIS 开发的实施阶段，这种工具只提供一种通用的编程环境和语言，人们在进行了系统分析和系统设计之后，用它来实现整个系统。第二种工具支持 MIS 生命周期的各个阶段，它是开发 MIS 的专业工具。它可以帮助系统分析人员建立系统模型，帮助系统设计人员生成结构图和数据库结构，还能根据在分析和设计阶段建立的信息仓储自动提供基于客户/服务器系统解决方案，生成常用的客户端、服务器端的应用程序，同时它还提供对第一种开发工具的支持。显然第二种工具更能提高开发的质量和效率。一般来说，对于较小的 MIS，可以采用前一种开发工具，而对于大型系统，则最好使用第二种开发工具。

对于一个大型 MIS 的开发来说，开发工具必须是完整的。一套完整的 MIS 软件开发工具应由下列部分组成：

（1）建模、分析和设计工具。这类工具又称 CASE（计算机辅助软件工程）工具。它主要为系统开发人员提供从系统分析、系统设计到系统实现等整个开发过程的支持，具体支持包括业务系统重构、系统建模、系统设计（模块结构图）、过程建模、客户/服务器应用自动生成、信息仓储的维护。该工具还应提供对企业规模化开发的支持，使应用的所有参与者，即专家、业务分析员、系统设计者和应用开发人员，运用一套集成化的业务建模工具和应用生成器以及一个共享的信息仓储，来实现协调一致的开发工作。目前这方面较好的产品有 Oracle Designer/2000 等。

（2）客户/服务器开发工具。这是具体的编程工具。在选择它们时应从下列方面考虑设计和开发的效率、客户机/服务器模式的支持、GUI 支持、团队（Team）开发、面向对象技术的支持、数据库键接特性、SQL 支持等，另外还要考虑所造的 CASE 工具是否提供对该工具的支持。目前这方面较好的产品有 Oracle Developer/2000、Powersoft、Powerbuilder 等。

（3）用于企业级客户/服务器应用的测试环境。任何软件都不可能避免出错。传统手工的、无组织的低效调试早已无法满足大型复杂软件系统的测试工作，因而需要专业的测试工具对大型 MIS 应用系统进行测试。该测试工具应该支持所选的开发工具，并提供真正的客户/服务器应用的测试，如加载测试、重点测试和多用户测试。另外还应为开发者提供一套强大的生成测试脚本的工具，并产生有关应用程序性能、缺陷的完整报告。目前较好的测试工具有 SQA Suite 等。

（4）软件开发管理工具。软件开发管理工具主要用来管理应用软件的整个开发过程，包括软件资源的管理和保护、版本控制、开发团队成员之间的通信和协调、项目管理、软件配置生成等等。目前 PVCS 软件开发管理系统是软件开发管理领域事实上的标准，其用户超过所有使用其他同类产品用户的总和。

总的来说，开发工具领域的产品和技术很多，而且新的技术和工具正不断涌现，只有根据企业 MIS 的复杂程度、以往的软件资源和其他应用的具体情况才能作出较好的选择。

思考题：

(1) 试述物流信息系统集成的基本概念是什么。
(2) 试述现代信息系统的结构和配置如何。
(3) 试述信息系统的硬件集成。
(4) 试述信息系统的软件集成。

第六章　物流信息网络

第一节　物流信息网络体系结构

物流信息网络化是实现物流信息化的基础，从构成要素分析，主要包括物流信息资源网络化、物流信息通信网络化和计算机网络化三方面内容。其中，物流信息资源网络化，是指各种物流信息库和信息应用系统实现联网运行，从而使运输、储存、加工、配送等信息子系统汇成整个物流信息网络系统，以实现物流信息资源共享；物流信息通信网络化，是指建立能承担传输和交换物流信息的高速、宽带、多媒体的公用通信网络平台；计算机网络化，是指把分布在不同的地理区域的计算机与专门的外部设备通信线路互联成一个规模大、功能强的网络系统。

一、物流信息系统网络化的含义和特点

（一）物流信息网络化的含义

所谓物流信息网络化，就是指在物流领域综合应用现代计算机和通信技术，实现物流信息的电子化、数字化，并能完成其在多媒体化及综合网络上的自动采集、处理、存储、运输和交换，最终达到物流信息资源的充分开发和普遍共享，以降低物流成本，提高物流效率的过程。

（二）物流信息网络化的特点

（1）网络专业性强。与国家信息网络相比，物流信息主要应用于流通领域，属专业性强的商用信息网，担负着对运输、储存、包装装卸、流通加工过程中生成信息的处理、传输、发布职能。

（2）信息来源的广泛性。与一般专业信息网络相比，物流信息网传递的信息来源广，有来自商品采购、生产、流通、供应、销售、消费等环节上的物流信息。

（3）地域的广袤性。与地区信息网相比，物流信息网跨部门、跨地区、甚至跨国界，覆盖面较大，适宜建设成区域网或广域网。

（4）网上信息实时性、动态性强。物流信息直接影响着生产企业、商业企业的生产经营活动，对网上物流信息传递及交换的时效性、准确性要求高。

物流信息网的网络化可以缩短物流的管道长度，增加流通管道的透明度，因为借助于电子计算机，存货可以更快地随着需求信息而减少，从而减少周转时间。管道的透明

度是指知道什么时间、什么地点、货物的数量以及在供应管道的位置。传统上这些信息是不清楚的，最多只是明白部分属于企业范围的信息。而有了物流信息网络，我们就能较明白地掌握这些流通信息。

二、基本的网络体系结构

（一）Internet/Intranet 概述

计算机的迅速普及、网络通信技术及社会经济发展的互相作用，支持着企业网络体系结构的普及与发展。Internet/Intranet 网络体系，已成为当今企业网络的基本构架和趋势。根据调查，在 Intranet 概念出现后仅数月，美国已建 Intranet 的企业达 23%。在建的达 31%，待建的为 26%，可见其普及率之快。

Internet 创建于 1969 年，当时美国国防部将各种不同的网络连接起来，建立了一个覆盖全国的网络，用来进行各种科学研究活动。到 80 年代，该网的规模迅速扩大，很快发展为世界上最大的互联网 Internet。随着 Internet 网的迅速发展，其性质也从原来的科研网变为商业网，Internet 商业也应运而生。Internet 商业狭义地是指在 Internet 上进行的购买商品、产品推销、信息咨询、商务洽谈、金融服务等一系列商业交易活动。在更广泛的意义上，它突破了传统商业生产、批发、零售及进、销、调、存的流转程序和营销模式，它真正实现了少投入、低成本、高效率和零库存，做到了社会资源的高效率配置和最大节约，既有利于企业提高运作效率和竞争能力，也有利于消费者以较低的价格获得优质的产品和服务，这种趋势正是物流企业所面临的压力和挑战。

简单地说，Intranet 就是运用 Internet 技术构筑而成的企业内部网，是将 Interne 技术应用到企业内部的信息管理和交换平台的系统。它基于 TCP/IP 通信协议和 WWW 技术规范，通过简单的浏览界面，方便地提供电子邮件、文件传输、电子公告和新闻、数据库查询等服务。通过防火墙等安全措施，Intranet 还可以与 Internet 连接，以实现企业内部网上的用户对 Internet 进行浏览、查询、同时对外提供信息服务，发布本企业信息。在 Intranet 中，企业的机密信息受到防火墙等安全技术的保护，只有企业内部人员才能访问机密信息，供应商和客户等人员只有在许可条件下才能进入企业内部网。企业内部网的划分依据并不是地域，而是企业范围，即企业设在世界各地的分支机构都可以通过企业内部网实现资源共享。因此，Intranet 具有 Internet 的安全性和灵活性。在提供企业内部应用的同时，又提供对外信息发布，而且成本低，安装维护方便。Intranet 为企业提供的是一个整体的解决方案，它需要企业改变以前的经营管理模式，实现以运用现代信息技术为特征的信息化管理。

Intranet 的要素、组成和应用情况如下：

（1）Intranet 的要素。Intranet 是基于 Internet TCP/IP 协议，使用万维网 WWW 工具，采用防止外界侵入的安全措施，为企业内部服务，并有连接 Internet 功能的企业内部网络。从这处定义出发，可概括 Intranet 的若干要素如下：①Intranet 是根据企业的需要而设置的，它的规模和功能是根据企业经营和发展的需求确定的。②Intranet 不是一个孤岛，它能方便地和外界连接，尤其是和 Internet 的连接。③Intranet 采用 TCP/IP 协议及相应的技术和工具，是一个开放的系统。④Intranet 根据企业的安全要求，设置相应的防火墙、安全代理等，以保护企业内部的信息，防止外界侵入。⑤Intranet 广泛使用万维网 WWW 的工具，使企业员工和用户能方便地浏览和采掘企业内部的信息以及 Internet 的丰富信息资源。这些工具包括超文本标记语言 HTML（hypertext markup language）、公共网关接口 CGI（common gateway interface）以及新的编程语言 Java 等。

（2）Intranet 的组成和应用。

不同的企业有不同的 Intranet 组成结构，Intranet 的通用组成如下：网络、电子邮件 E-mail、内部环球网 Internal Web、邮件地址清单 Mail Lists、新闻组 News Groups、闲谈 Chat、FTP、Gopher、Telnet。

Intranet 的应用一般包括以下几个方面：企业内部主页、通信处理、支持处理、产品开发处理、市场销售以及客户处理。

据 IDC 测算，接入 Internet 的设备数，1995 年为 1540 万，1997 年为 6440 万，2000 将超过 2.3 亿；可访问的 Web 页面数，1995 年为 1810 万，1997 年为 2.5 亿，2000 年增加到 23 亿。21 世纪是走向知识经济的时代，Internet 和 Intranet 技术将不断发展，应用也会更加普及并渗透到人们生活的各个方面。

（二）物流企业的 Internet/ Intranet

1. 物流企业的 Internet/ Intranet 是 Internet/Intranet 技术在物流企业的应用

它是物流企业利用 Internet 技术建立的物流企业信息网络，是物流企业信息管理和交换的基础设施和平台。根据物流企业的特性，在物流企业的 Intranet 建设中，又分不同部门和不同结构构建物流企业的 Intranet。

在物流企业的 Intranet 和 Internet 之间采用防火墙或路由器连接。这与一般企业的 Internet/ Intranet 基本相同。而在物流企业的 Intranet 内，则依不同的部门划分为运输配送部门、订货采购部门、库存控制部门，而分别配备 Web 数据服务器和网络浏览器，构建相应的信息子系统。

在 Internet 的普及和相关技术的发展日益完善的今天，传统的企业管理信息系统（MIS）受到了巨大的冲击。人们不再满足于应用 MIS 专业人员定制的数据库系统，不再愿意束缚在各自封闭的系统平台上，不再想为品目繁多的应用系统培训花费宝贵的时间和金钱。于是，在商业需求和 Internet 技术发展的双重推动下，Intranet 这一信息系统也就应运而生了。同样，对于物流企业来说，要赢得现代的商机和挑战，就必须在信息革命上迎头赶上，就必须建立自己的 Intranet 系统。

由于物流企业的 Internet/ Intranet 中 Intranet 具有其共性和独特的一面，下面我们将对其进行重点分析。

（1）物流企业的 Intranet 的特点。Intranet 就是把 Internet 技术应用于企业内部或企业之间的信息管理和交换平台，它基于 TCP/IP 通信协议和 WWW 技术规范，通过简单的浏览界面，方便地集成各类已有系统，如《生产物资与设备管理系统》、《决策支持系统》、《人力资源管理系统》、《成本管理系统》、《产品质量管理系统》、《办公自动化系统》等在局域网和广域网上高速交换。可以在网络环境下，进行企业的计划、库存、商务、采供、资产管理等方面的数据查询、统计、分析、检索以及物流商品化的信息集成处理。由于企业管理信息往往是围绕数据这一核心技术进行开发和应用的特点，在采用 Internet 软件体系为基础进行开发的同时，又引入了数据库编程接口，如各类 CGI，API 等，以满足企业用户对各数据库的访问。另外，Java 的使用，使得用户在共享超文本信息、访问数据之外，还可以共享功能日益强大的功能。

在上述条件下，企业管理信息系统可以简便地实现信息共享，协调作业以及网络处理和计算。Intranet 革命性地解决了传统 MIS 开发中所不可避免的缺陷，打破了一个信息共享的障碍，实现了大范围的协作，形成了一个开放、分布、动态的双向多媒体信息交流环境，是对现有网络平台应用技术和信息资源的重组与集成。同时用户端在一定的工作平台通过 NT 系统网络集成实现对整个网络的透明操作与控制，用户网络协议可以应答用户对整个网络的管理请求和服务请求，通过不同协议和不同的 server 实现用户的操作请求和数据库信息流的调用。

（2）物流企业的 Intranet 的优势。Intranet 是一种较为先进的企业网络连接的解决方案，对于现有的 MIS 网络系统来讲，有着无法比拟的优势，可以将复杂的网络连接等问题标准化，其主要表现为：Intranet 以通信协议（TCP/IP）、域名服务（DNS）和邮件传输协议（POP3）为基础，以 WWW 和 FTP 服务为支撑，使多平台和多服务器的网络连接成为现实。以简单的超文本标记语言 HTTP 和公共关系应用接口 CGI 或 API 为主要工具，使企业内各类应用和数据库以统一的界面在网络上应用，是用户网络各个站点取向的事实标准。由于采用了统一的界面浏览器，使应用系统的界面统一和应用界面友好。利用 CGI 或 API 等程式对数据进行读取操作、维护修改以及应用功用添加。

（3）物流企业的 Intranet 方案。众所周知，Internet/ Intranet 可以给物流企业带来许多好处，使企业经营走向全球化。所以，物流企业应充分利用 Internet 网，设计和实施本企业的 Intranet 方案。

物流企业一般包括客户服务器体系结构和基本平台组成两部分。前者一般采用三层组成，后者一般有网络平台、开发平台、用户平台和服务平台等。按照规模及功能，一般可将 Intranet 分为以下四级：一级 Intranet，提供对静态数据的静态访问，对公共信息实现基本共享；二级 Intranet，引入检索工具，提高企业信息库的实用性；三级 Intranet，提供对动态数据的动态访问，数据从现有的、联合管理的数据源动态生成；四级

Intranet，随着访问所有联合信息成为可能，各企业将根据商家、客户或雇员个人的需要检索不同类型的信息。

物流企业 Intranet 与 Internet 之间通过“防火墙”隔开。具有内部网址的用户可以访问内部网的信息，通过“防火墙”及代理服务器访问外部网，但外部网的用户不能访问内部网信息。

物流企业一般有着较好的计算机应用基础。物流企业系统计算机应用和现代化管理水平较高，而且作为 TMIS 系统的一部分，物流 MIS（LMIS）具备一定开发研究的基础。实际上，Intranet 是一种新的企业内部信息管理和交换的基础设施。它在网络、事物处理以及数据库上继承了以往 MIS 的成果，而在软件上则引入 Internet 的通信标准和 WWW 内容的标准（Web 技术、浏览器、页面、检索工具和超文本连接），对信息处理表示方式和相关技术进行了变革。通过新的技术，可以方便地集成其他已有的系统，如查询检索、电子表格、各种数据库应用、电视会议、电子邮件等等，并与外部信息环境紧密结合起来。因此，物流企业应在原 MIS 企业网络的基础上设计和实施本企业的 Internet/Intranet 方案。

物流企业在现有 MIS 网络的基础上，综合采用数字、语音和图像通信能力，尽快与外部广域网络相接。建设初期应当考虑到将来对于多媒体传输以及高带宽的需求，因而在网络技术上要有良好的前瞻性，从具体技术构成上看，物流企业 Intranet 网络应包括以下技术：TCP/IP 网络互联技术、路由技术、防火墙技术、网络技术以及交换 LAN 和虚拟网络等关键技术。物流企业 Internet/Intranet 实施，必将有力地推动物流业和社会流通业全面信息化进程。

（4）Internet/Intranet 对物流企业的影响。Internet/Intranet 日新月异的飞速发展，使物流企业面临着难得的机遇和严峻的挑战。它不仅使物流企业面对的市场环境发生变化，为企业提供了全新的流通渠道，而且改变着物流企业传统的经营方式、营销方式和管理模式等诸多方面。

Internet/Intranet 强大的功能正全方位地改变着物流企业的经营方式、营销方式和管理模式等方面。首先，随着 Internet/Intranet 的商业化，通过网络销售企业产品已经成为全新的流通渠道。据美国著名市场调查公司 YANKEE 测算，1996 年 Internet 上的销售额为 7.3 亿美元，到 2000 年将达到 100 亿美元，在三年内提高近 14 倍。而根据国际数据公司（IDC）测算，在 2000 年，全球电子商业的贸易额将达到 1000 亿美元。其次，通过 Internet，企业可以直接向消费者销售商品，实现全天 24 小时服务，省去大量的中间环节，降低销售成本，进而降低了产品的最终销售价格，这不仅有助于企业扩大销售，最终也使消费者从中受益。再次，Internet/Intranet 为流通企业广告宣传提供了新的载体，企业可以使用 Internet 网站或主页进行各种广告宣传活动。据调查结果显示，在 1997 年第一季度，美国 Internet 广告的费用开支高达 1.33 亿美元，比上年同期增长了 5

倍。最后，Internet/Intranet 使流通企业的管理模式发生变化。流通企业管理模式从垂直型转向扁平型。在控制范围扩大和辅助人员减少的双重作用下，企业组织结构将越来越扁平化，以使企业能够对瞬息万变的市场快速机动灵活地作出反应。正因为如此，美国已经提出了“取消中间经理”的口号，并从宏观上提出企业重新构建理论。

Internet/Intranet 的普及使得物流企业外部组织形式发生了激烈的变化——“虚拟公司”（Virtual Corporation）和“虚拟市场”（Virtual Market）出现。虚拟公司亦叫企业网络（一种企业间的暂时联盟形式）。它是指一大批为了完成某一特定任务，利用电子手段在短时间内迅速建立起合作关系而构建的网络式联盟企业。它的特点是利用电子信息技术打破联合公司间的时空间隔。这种联合属临时性组织，分合迅速，目的在于充分利用变化多端的种种市场机会，在联盟组织内部所有公司各自发挥自己的竞争优势，共同开发一种或几种产品迅速推向市场。虚拟市场是一种通过计算机来模拟市场的真实氛围，借以研究产品的包装、定价、促销、陈列等一系列营销策略的一种市场调研方法。虚拟市场使营销者能迅速并且以较低的成本在计算机荧屏上再造实际零售店的气氛，并且实现着现在市场的功能。

随着信息时代的到来，物流企业合作的主流将发生根本性的转变，流通行业的“虚拟公司”（Virtual Corporation）和“虚拟市场”（Virtual Market）将成为主旋律。美国、日本、欧洲等发达国家的一些大公司已经或正在利用企业网络或虚拟市场来发展自己，例如，美国科宁公司 1993 年 13% 的收入来源于此。因此，建立符合物流企业实际情况的 Intranet，有利于健全企业经营机制，提高企业素质，对于保证物资供应，降低成本有着十分重要的意义。

2. 物流企业 Intranet 与传统的 LMIS 系统的比较优势

（1）经典 LMIS 及其缺陷。经典的物流信息管理系统如 LMIS 经历了集中式信息管理模式、分布式信息管理模式、客户/服务器模式等发展阶段。虽然信息系统模式经历了多个发展阶段，但是一般来说，都是集中在一个系统平台上。不同的 LMIS 系统之间存在的系统兼容性问题，一直制约着物流信息管理水平的提高。

物流信息管理系统一般又分为运输配送、库存控制、仓储管理、订货处理、采购管理、财务管理、办公自动化等主要功能模块。各功能模块一般都有独立的数据处理和文件处理系统，以实现各自的数据收集和整理工作。LMIS 支持各物流环节的事务处理工作，支持一定程度上的信息流动与共享。对于信息管理则主要趋向于模拟手工信息管理方式。

经典的物流信息管理系统的局限性主要表现在以下几个方面：

第一，由于物流过程具有时间的连续性、空间的位移性等特点，伴随物流过程的信息流也具有连续性、动态性，为避免组织管理与工作流程脱节，对物流的管理、对信息的沟通与反馈要求相当高。经典 LMIS 的信息共享的范围与物流信息管理特别是供应链管理的要求的信息高透明度与快速反应相距甚远。传统的企业组织体制的制约，导致LMIS系统的信息管理基本是垂直型、层次型的，信息的交流主要是纵向流动，造成同一层次的各物流环节间难以形成信息共享，不仅不利于对物流过程的全面监督、评价、控制和优化，更难以发挥协同指挥的功效。

第二，由于传统的LMIS的数据文件处理主要集中在局部的处理逻辑模块内进行，对于其他模块数据的访问和处理往往要受到很多限制，这种系统的结果导致系统内及供应链内各企业的“信息孤岛”，另外由于不同的LMIS的网络操作平台不同、网络通信协议不同，制约了不同LMIS之间的信息交流，妨碍了供应链的合理化与最优化。实际上，信息流动的限制也制约了LMIS系统的决策支持能力，制约了LMIS系统本身的应用和推广，阻碍了LMIS的进一步发展。

（2）基于Web的物流企业Intranet网络系统及其优势。Intranet网络系统在上节已经详细介绍过。它是借助互联网的TCP/IP协议、Web技术等成熟的标准在企业内部建立的网络被称之为企业内部网Intranet。它是企业内部信息管理的重要的基础设施，与以往的信息管理系统相比，基于企业内部网的MIS系统所采用的“浏览器/服务器”（B/S）结构具有分布式、标准化、跨平台、开放性、简单易用等优点。它不仅保持了原有系统内部业务正常运转的功能，还拥有信息发布、电子邮件、办公自动化、浏览服务等多项功能，满足企业内部信息共享的要求，更好的辅助主管部门科学决策。而基于物流企业的Intranet的LMIS（Logistics Management Information System）。它是面向Web技术的物流企业的物流管理信息系统，也就是LMIS系统采用TCP/IP协议，网络操作系统为Windows NT/Unix，文件传输方式使用FTP方式，浏览器使用HTTP等标准Web协议，电子邮件使用SMTP等标准的电子邮件协议，DBMS服务器与浏览器通过CGI或API接口联接。这个改造过程相对来说比较容易实现，而系统功能的改善就非常明显了。

物流企业基于Web的Intranet（企业内部网）的优越性有如下方面：

第一，基于Web技术的LMIS完全不同于模仿传统手工管理的信息系统，它采用B/S模式将各部门的信息“孤岛”联接在一起。通过对信息全面的管理，可以提高物流各环节的现代化基础设施、机械设备及工作人员的协同工作能力，实施对物流过程的全面监督、控制、评价和优化，最大限度地发挥人员设备的整体功效，帮助解决供应系统大批量购入、多批次小批量配送以及合理、准确及时配送的要求，使物流活动的效率大大提升。

第二，使用Web技术的LMIS，形成了物流企业与上游制造商、物流企业之间及其与下游零售商整个供应链的信息互动，帮助选择合理的配送品种和路径，既降低了运输费用又加快了服务速度，同时还可减少缺货率，达到顾客满意的标准。新LMIS系统支持准时制（JIT）物流、低库存甚至零库存的管理思想和方法，使得物流中心的快速反应（Quick Response）与即时配送成为现实。尤其值得一提的是，LMIS为第三方物流

（The 3rd Party Logistics）管理思想与外包物流（Out - Souring）管理思想得以实现。

第三，基于企业内部网 Intranet 的新型 LMIS 系统由网络应用扶持平台、物流信息传递管理平台、信息资源平台以及事务处理平台组成。互联网/企业内部网（Internet/Intranet）技术在物流工作中的应用必将优化物流业的管理方式和作业流程，使其组织结构逐步从层次型向网络型转变；同时，Web 技术可增加管理部门组织物流的柔性，使其在更大程度上满足变换的市场及不同层次的零售商的需要。

第四，一个新系统能否实现其本身的优越性之外，还要考虑到其在原有平台的生存能力。由于采用统一的标准和规则，LMIS 可以跨操作系统、跨硬件平台运行，原有的 LMIS 系统可以无缝联接到现有的 LMIS 系统上，只需在原有的 C/S 结构的网络中加入 Web 服务器和 TCP/IP 协议。因此，结合物流信息系统的特点，对原有的 MIS 系统加以修改后，就可以构成新型的 LMIS 系统。

第五，在新的 Intranet 系统中，只要系统正常运行，各类信息即可在互联网上共享（除了访问限制外）。通过浏览器可以从地球上任何一个角落的任何一台联接在互联网上的计算机查阅自己企业组织的信息，处理电子邮件。

三、我国物流信息网络化的现状及对策

（一）我国物流信息网络化的现状

物流信息网络化是伴随着经济信息网络化进程而发展的，我国经济领域信息网络建设起步较晚，但发展速度较快，为物流信息逐步网络化奠定了物资基础。以“三金”工程为起点，目前经济领域已初步形成覆盖面广、横向纵向相结合的信息网络。如 CEINET（中国经济信息网）、CCMNET（中国商品市场信息网络）等，它们将生产企业的商品供应信息、流通企业的商品购销信息及消费者的购买需求信息融为一体，极大地提高了全国范围的合理调配，为部门分析市场、组织指导物流合理流向提供依据。CGOS（中国商品订货系统）是一个集电子订货、仓储管理、货物运输、商品配送和货款结算于一体的综合性、社会化商品流通服务体系，成为中国流通领域信息网络化建设的一个成功范例。

尽管我国物流信息网络化建设，为全面实现物流现代化打下了良好的基础，但与社会主义市场经济体制的要求，与国外信息网络系统相比还存在较大差距，其主要表现为：信息网络建设缺乏统一规划协调；通信网络系统较为脆弱；网上信息资源建设相对薄弱；物流信息标准不统一；信息网络立法不完善；缺乏既懂流通又懂信息网络技术的复合型人才，经费投入不足等多方面的缺陷。

（二）我国物流信息网络化建设的对策建议

中国物流事业面临的一个核心问题是降低流通费用，提高流通效率，而实现物流信

息网络化无疑是医治这一长期制约经济良性循环发展的瓶颈的良方。国家有关部门应当及早完成物流信息服务网络体系的建设规划，制定实现物流信息网络化的政策和措施，支持社会化的物流信息服务网络的建立，为现代化物流奠定一个坚实的物流技术基础。

1. 指导方针和原则

（1）“整体规划，同步发展”：由于物流信息网络化是我国信息化建设的重要组成部分，因此应把物流信息网络化建设纳入整个国家信息化建设的总体规划。

（2）“两个结合，两个为主”：一是软件与硬件相结合，以软件建设为主。即信息资源建设与基础设施建设相结合，以资源网建设为主；二是国内与国外相结合，以国外建设为主。即国内与国外物流信息网络化建设相结合，以国内物流信息网络化建设为主。

（3）“网网互连，资源共享”：既包括国内中心网、地区网和专业网的互连，又包括国内与国际物流信息网的互连，以实现信息资源共享。

2. 措施

（1）建立以高速数据网络为核心的信息基础设施。应根据物流信息特点，建立具有先进性、实用性和稳定性的信息采集、处理、发布网络平台，网络系统结构要统一规划、统一标准，并保证网络系统良好的扩展性、开放性及持续发展能力，为物流信息循环流动创造物资条件。

（2）建立大型动态库。建立如库存等一些大型的动态数据库，为企业生产经营决策提供实时动态信息，是建设现代物流信息服务网络的核心内容。因此，应面向社会，及时采集来源于企业各流通环节上的信息，并对数据进行归纳、整理和更新，让大量、有序的多媒体信息在网上流通。

（3）重视推广运用先进通用的物流信息网络应用系统和技术。针对不同的物流、经营形式，应采用不同的技术路线和解决方案，建立起与物流业相适应的技术体系。例如，可以建立物流可视化跟踪系统，实现对储存、分配、运输货物进行综合管理，特别是对网络内货物的状况进行“透明式”监控，并能以可视化的方式实时查询显示，使自动化系统、筹措系统、分配系统、存储系统和运输系统同步实现数字化管理。再比如，用 Intranet 来改造经典的 LMIS，以克服原有的 LMIS 的局限性和不足。解决传统的 LMIS 之间由于系统结构、通信协议、数据格式不一造成的难以沟通的问题。而 Intranet 网络体系给物流信息网络化提供了广阔的前景，以及推广 EDI（电子数据交换系统），按照商定的协议将订单、提单、送货单、仓单等商业文件标准化和格式化，并通过计算机网络，在贸易伙伴的计算机网络系统之间进行数据交换和自动处理，可实现远距离的“无纸交易”，且易于与国际接轨，并且应用 POS（销售时点信息管理系统）和 EOS（电子订货系统）等先进的网络体系结构。多样化的网络体系结构，可以多方面的保证物流信息流通的畅通，为物流企业赢得更多和更大的商机与胜机。

第二节　物流信息网络开放系统

开放系统（Open System）是20世纪90年代计算机厂商广泛倡导并积极遵循的商业策略。试想，在网络技术的迅速普及与应用的今天，随着基于Internet的电子商务日益发展，没有一个开放的网络体系，怎能保障信息能够顺利交流？进而又怎能保障正常的商业运转？所以，开放系统越来越成为人们关注的焦点所在。一个开放的网络体系，不仅能让我们顺畅地获取必要的信息，而且也能让我们顺畅地相互交流信息。随着分布式计算机系统的发展，如何确保一个网络体系是一个开放的系统，已成为建立网络体系的首要问题。

一、开放系统的含义

那什么是"开放系统"呢？有人认为开放意即标准化，就是严格符合标准的体系结构，也有人说开放就是可移植或者是互操作性等等。所有这些定义都有失偏颇。

（一）技术意义上的开放系统的含义

开放系统 = 可移植性（Portability） + 可伸缩性（Scalability） + 可操作性（Interoperability）

（1）可移植性。如果某系统（通常指软件系统）可以在各种不同性能的计算机上运行，称该系统是可移植的。这种可移植性有两种境界：一种是该系统可以适应多个厂商的不同性质的平台。例如，一个加入条件编译开关的应用系统针对MS－DOS、WINDOWS、UNIX、OS/2等不同的操作系统平台设有不同的代码。在条件编译技术的支持下，生成可以在MS－DOS、UNIX和OS/2等的平台上运行的版本。另一种是该系统满足标准，可以在任何标准平台上运行。例如一个用标准C和标准OS系统服务界面实现的应用可以在任何提供标准C和OS的平台上实现源码（Source Code）级可移植。

（2）可伸缩性。某系统的可伸缩性指其在不同规模的计算机上可接受运行的能力。一种对可伸缩性不尽完整的理解仅强调某一系统的成分可增可减。完整地讲，这里还需要突出"可接受的性能"。

（3）可操作性。为解决系统资源的合理分布和有效共享，实现对已有投资的有效保持，支持日益广泛的合作工作的应用，需要各种互连技术控制应用软件在网络计算机上运行，这就是互操作性的基本要求。

互操作性包括两个层次的含义：实现不同计算平台之间的互连与通信是低层含义；实现各计算机平台上的应用在网络互连基础上的互操作是高层含义。

（二）非技术方面的开放系统的含义

开放系统此时的含义是指以可移植性、可伸缩性和互操作性为目标的计算机产业国际标准化行为。国际标准化行为意味着以开放的进程制定国际标准，任何人可参与这一进程，制定的标准以平等的方式对任何人发挥作用。显然，制定标准和执行标准都带有很强的人为因素。

目前在计算机工业存在两种类型的标准，即法规性标准和事实上的标准。法规性标准通常是国际性标准团体如 ISO、ANSI、IEEE 等颁布有广泛指导性和强制性的标准化文件。事实上的标准通常是计算机工业集团依靠其产品的广泛市场占有率，使其产品规范成为广泛接受的标准。其中的一个典型事例就是 UNIX 国际（UI）、开放软件基金会（OSF）和 X/OPEN 公司在 UNIX 标准化方面的作用。

在北美，开放系统的标准化主要集中在可移植性和可操作性两个技术上。而在欧洲，则主要关注开放系统的互连的标准化。

二、物流信息网络开放系统

（一）Internet/Intranet 网络开放体系结构的特点

Internet 是一种集通讯技术、信息技术和计算机技术为一体的网络系统，它采用统一的网络体系协议等一系列标准化的措施，连接全世界不同的网络，形成了一个全面的、开放的网络。

对于物流企业来说，原有的 LMIS 企业管理信息系统中，有其固有的局限性。它虽然经历了集中式信息管理模式、分布式信息管理模式、客户/服务器模式等发展阶段。但是总的看来，它们还都是集中在一个系统平台上。不同的 LMIS 系统之间存在着系统的兼容性问题，一直制约着物流信息管理水平的提高。例如，经典的 LMIS 信息管理一般都是垂直型的、层次型的，信息的交流主要是纵向流动，不同的 LMIS 具有不同的网络操作平台，网络通讯协议也不同，这就制约了不同的 LMIS 之间的信息交流。总的来说，就是原有的 LMIS 体系结构设计上，其开放程度不够，而导致信息交流上的障碍。

在 Internet/Intranet 网络体系结构中，Internet 原本就是一个开放的网络。而 Intranet（企业内部网）就是运用 Internet 技术构筑而成的企业内部网，是将 Internet 技术应用到企业内部的信息管理和交换平台的系统。它是基于 TCP/IP 通讯协议、Web 服务和 HTTP 通信协议以及 HTML 超文本协议技术上的网络信息系统。通过简单的浏览界面，方便地提供电子邮件、文件传输、电子公告和新闻、数据库查询等服务，Intranet 通过防火墙与 Internet 连接，既可以实现企业内部网上的用户对 Internet 进行浏览、查询，同时对外提供信息服务，发布本企业信息。因此，Intranet 与 Internet 一样具有它的灵活性和开放性。所以，相对以前所有的企业网络体系来说，Internet/Intranet 具有更大、更全面的开放性。具体对于物流企业来说，它已经完全克服了原有 LMIS 的缺陷与不足，是一个全面的开放性系统，同时不缺其安全性。

综上所述，Internet/Intranet 网络结构体系是一个全面的开放系统，从它构筑之初所运用的各项技术和方法，就注定它是一个全面的开放系统，具体是怎样构筑而成为一个开放系统的呢？下面我们将详细论述。

（二）构筑 Internet/Intranet 开放系统的关键技术

前面我们说过一个系统只有具有可移植性、可伸缩性和互操作性的系统才能称之为一个“开放的系统”。而在 Internet/Intranet 系统构筑之时，由于采用了一些关键的技术，例如它采用的 TCP/IP 协议、HTTP 协议等，从而确保了它在运作时的可移植性、可伸缩性和互操作性。

1. TCP/IP

TCP/IP 是迄今为止最成功的网络体系结构和协议规范，它是 20 世纪 90 年代广泛使用的计算机通信互连的事实标准。它为 Internet/Intranet 提供了最基本的通信功能，使得 Internet/Intranet 内的主机能够彼此共享信息资源，也因此使得 Internet/Intranet 中的各系统具有了广泛的互操作性。

TCP/IP 是一组协议，它包括上百个各种功能的协议，如远程登录、文件传输和电子邮件等，而 TCP 协议和 IP 协议是保证数据完整传输的两个基本的重要协议。通常说 TCP/IP 是指 Internet 协议族，而不单单是 TCP 和 IP。那么 TCP/IP 是怎样运作的呢？下面我们给予分析。

（1）TCP/IP 协议的数据传输过程。TCP/IP 协议的基本传输单位是数据包（Datagram），TCP 协议负责把数据分成若干数据包，并给每个数据包加上包头，包头有相应的编号，以保证数据在接受端能够将数据还原为原来的格式；IP 协议是在每个包头再加上接受端主机地址，这样数据能找到自己要去的地方。如果传输过程中出现数据丢失、数据失真等情况，TCP 协议会自动要求数据重新传输，并重新组包。总之，IP 协议保证数据的传输，TCP 协议保证数据的质量。

TCP/IP 协议数据的传输基于 TCP/IP 协议的四层结构：应用层、传输层、网络层、接口层。数据在传输时每通过一层就要在数据包上加个包头，其中的数据供接受端同一层协议使用，而在接受端，每经过一层要把用过的包头去掉，这样来保证传输数据的格式完全一致。TCP/IP 协议族中的协议分布在这四层结构中，如图 6－1 所示：

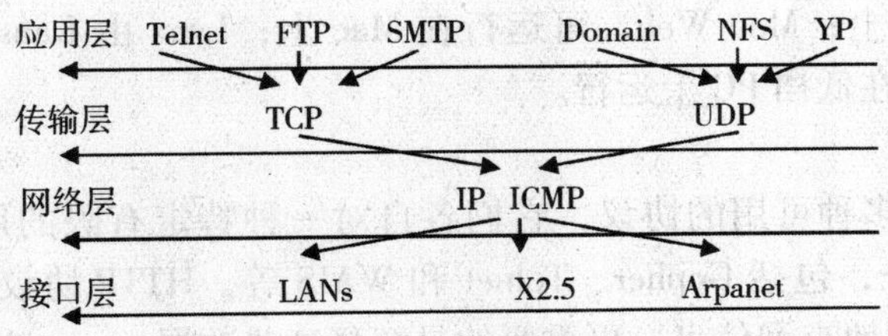

图 6－1 TCP/IP 协议的分布

可见，TCP/IP 协议族中的 TCP 协议位于传输层，IP 协议位于网络层。

（2）TCP/IP 协议族功能。TCP/IP 协议族中包括上百个互为关联的协议，如图 6－1 所示，不同的协议分布在不同的协议层，那它是怎样确保 Internet/Intranet 网络中彼此的信息共享呢？下面介绍几个常用的协议：

第一，Telnet（Remote login），提供远程登录功能，一台计算机用户可以登录到远程的另一台计算机上，如同在远程主机上直接操作一样。

第二，FTP（File Transfer Protocol），远程文件传输协议，允许用户将远程主机上的文件拷贝到自己的计算机上。

第三，NFS（Network File System），网络文件系统，可使多台计算机透明地访问彼此的目录。

第四，UDP（User Datagram Protocol），用户数据包协议，它和 TCP 一样位于传输层，和 IP 协议配合使用，在传输数据时省去包头，但它不能提供数据包的重传，所以适合传输较短的文件。

（3）TCP/IP 的特点：①适用于各种硬件平台，既可用于局域网，又可适用于广域网。②TCP/IP 的四层协议结构决定了它具有高效率的传输特性。③TCP/IP 可靠性强，许多产品都支持 TCP/IP 协议。所以，TCP/IP 协议确保了 Internet/Intranet 系统的广泛的信息共享和互操作功能。

2. Web **浏览器**

Web 浏览器的工作方式。不管是否图形方式，所有 Web 浏览器本质上都是以相同的方式来工作的，从而确保了 Internet/Intranet 浏览界面的一致性。

在单击超链接以后：① 浏览器阅读以 HTML 书写的文档，解释其中所有的标记代码并显示；②当单击了文档中的超链接，浏览器使用 HTTP 协议向 Web 服务器发送网络请求以访问超链接制定的新文档或服务；③同样是用 HTTP，Web 服务器以你所需的文档或其他数据来作为对请求的响应；④浏览器随后阅读解释这些信息并以正确的格式显示。

现在市场上主要的浏览器为 Netscape 的 Navigator 和 Microsoft 的 Explorer；还有 Cello，由康奈大学开发的免费浏览器，可运行在 Windows 和 OS/2 上；Win Web，可运行在 Windows 和 OS/2 上；Mac Web，可运行在 Mac 上；Lynx 由 Kansas 大学研制，可在 UNIX 上运行，也可在低档 PC 上运行。

3. Web Server

在 Intranet 上有多种可用的协议，它们各自对一种特定有限的用途，如电子邮件、文件传输和其他服务，包括 Gopher、Telnet 和 WAIS 等。HTTP 协议被设计来综合使用这些协议以便更有效地查询信息，更重要的是解释这些数据。

建立 Web Server 一般来说并不难，但是有时会有一定的挑战性。它包括对平台的挑选、选用 Server 软件等问题。

（1）挑选操作系统平台。操作系统的标准化被认为是开放系统的关键一环，实现在不同的硬件平台上可移植的一个重要途径就是实现操作系统的标准化。

操作系统的应用程序设计界面 API 是应用软件请求操作系统服务的接口，建立 API 标准有两个方面的作用。一方面是实现不同操作系统上的应用软件的可移植。例如，在 UNIX 上可以提供一个 MS－DOS 的 API，使 MS－DOS 上的应用软件可以在 UNIX 上运行，近几年开发的操作系统均很好地提供了其他流行的操作系统的 API。例如，Windows NT 支持 OS/2、Windows、MS－DOS、UNIX 的 API。另一方面，建立标准 API 可以实现同类操作系统的不同版本上应用软件的可移植。其中有代表性的工作是 UNIX 的 API 标准 POSIX。为了实现众多 UNIX 版本在 API 方面的标准化，IEEE 的 P10003 委员会在 1987 年提出了 POSIX（Portable Operating System based on UNIX）。POSIX 已被广泛接受，AT&T 的 UNIX System V 和 OSF 的 OSF/1 都遵循 POSIX。

下面是三种常用的操作系统平台：

第一，UNIX。第一个 Web Server 即是为运行 UNIX 的机器编写的。今天，UNIX 仍是最流行的 Web Server 平台。UNIX 有着非常突出的多任务能力，很适合访问那些访问量非常巨大的 Web 站点。

第二，Windows 95。Windows 95 与 Windows 3. 1 相比有了很大的进步，但当进入 MS－DOS 窗口，其 8. 3（共 11 个字符）定义名字的方式是对 Web Server 的一大障碍。尽管如此，Windows 95 仍是一种运行 Web Server 相当适当的平台。

第三，Windows NT。它是对 Windows 95 的又一进步。它更健壮，有更好的多任务能力。如果你需要一个基于 Windows 的 Web Server，Windows NT 是适当的 OS 选择。

（2）Web Server 软件。市场上有很多 Web Server 软件存在，下面我们简单列举几种：

第一，Netscape Communication Server，平台：UNIX、Windows NT，这是个高性能的 Web Server。

第二，Internet Information Server，平台：Windows NT，是一个不错的 Web Server。

第三，NCSA HTTPD，URL：http：//hoohoo. ncsa. uiuc. edu/，平台：UNIX。它可能是最流行的 Web Server 软件，而且是免费的。它有很好的性能，主要缺陷是不支持 Web 的加密协议。

4. WWW 技术

正因为 Internet/Intranet 网络体系广泛采用了 WWW 技术，才使其具有了普遍的开放特征。那么什么是 WWW 技术？

1989 年 3 月，Tim Berners－Lee 提出了一项计划，目的是使科学家们能够很容易地翻阅同行们的文章。此项计划的后期是使科学家们能够在服务器上创建新的文档。Tim 的文章在 CERN 完成并经过了数次重写，在 1990 年 10 月开始实施，到 1990 年 12 月完成了一个命令行方式的浏览器和 NextStep 浏览器，它们既可用于 CERN 内部的 USENET 新闻组，也可以用于访问超文本文件。为了支持此计划，Tim 创建了一种新的语言来传输和显示超文本文档，这种语言就是我们知道的超文本标记语言 HTML，它是标准通用标记语言 SGML 的一个子集。

用于操纵 HTML 和其他 WWW 文档的协议被称为超文本传输协议 HTTP，而相应的服务器则被称为超文本传输协议守护进程 HTTPD（Hypertext Transfer Protocol Daemon）。

HTTP 使用了统一资源定位器 URL 这一概念。URL 用于标识 Internet/Intranet 上或者与 Internet/Intranet 相连的主机上的任何可用的数据对象。在 URL 概念背后有一个基本思想，即在提供一定信息的条件下，应该在 Internet 上的任何一台机器上访问任何可用的公共的数据。这些一定的信息由以下 URL 的基本部分组成：所使用的访问协议；数据所在的机器；请求数据的数据源端口；通向数据的途径；包含了所需数据的文件的名字。

因此，WWW 的定义是：WWW 是建立在客户机/服务器模型之上，以 HTML 语言和 HTTP 协议为基础，能够提供各种 Internet 服务的、一致的用户界面的信息浏览系统。

（1）HTML 技术。严格地说，HTML 并不是一种程序设计语言，它仅仅是一些代码的集合。这些代码放在文件中，使文本能被浏览器以指定方式显示出来，而且使文本有一些特性，例如与另一个文件的连接。对于服务器来说，访问是遵循 HTML 代码的，与何种机器或者浏览器毫无关系。所有浏览器都能解释 HTML 代码，并使用这些代码来确定该文件的结构，即标题是什么、段落分界的位置在哪里等。当前已有数种版本的 HTML 标准，增加了许多特别强大的功能，这些功能被不同的浏览器所实现。因此，用户在编写 HTML 代码时应该注意对 HTML 标记的使用，以免有的标记在用户使用的浏览器中不支持。

（2）JavaScript。JavaScript 和 Java 编程语言都是由 Sun 推出的，它是一个简单的脚本语言。它允许建立简单的应用并将其完全嵌入到 HTML 文档中。它提供了与数据库的接口，许多主流 SQL 数据库系统都承诺支持开发基于 Web 的系统，并公布了自己的 API 以便第三方使用。从而使 Internet/Intranet 网络具有了强大的数据库访问功能，提供了最全面的数据共享能力。

JavaScript 与 API 和 CGI 技术结合起来可大大提高数据存储能力，扩充浏览器功能。JavaScript 上市后不久，其全部潜能尚未发挥出来。可以预见，JavaScript、CGI 和 API 的结合将产生一个在后台运行、对用户透明的强大的数据存储系统。

（3）Java。按照 Sun 公司的定义，Java 是一种具有“简单、面向对象、分布式、解释型、健全、安全、体系结构中立、可移植、高性能、多线程和动态”等各种特性的语言。但从实际上讲，Java 具有两方面的意义：从狭义上讲，Java 只是 Sun 公司开发的一种编程语言，该语言既可作为一种通用的编程语言，也可以用来创建一种可通过网络发布的、动态执行的二进制“内容”；广义的 Java 则不仅仅指编程语言本身，它还包括一个客户机/服务器模式下的开发和执行环境。

Java 和 Perl 都是处于同一层次的“中间层”语言。作为一种面向分布式计算环境的语言，Java 具有完全的平台无关性；它采用类似 C++的基本语言结构，同时又抛弃了 C++非面向对象和容易引起软件错误的地方，因而是一种简单而且稳定的语言。同时，Java 还采用了多线程等性能提高措施，保证了较高的执行效率。

总之，从计算机语言的角度来讲，可以把 Java 看作是一种跨平台的、适合于分布式计算的、面向对象的新型语言。

（4）Java 开发及执行环境。和 Internet 上的许多环境一样，完整的 Java 环境实际上是一个客户机/服务器环境。从某种意义上讲，Java 环境就是一个 WWW 应用环境。在 Java 的客户机/服务器环境中，服务器一端是一个完整的 Java 语言开发环境。不同于其他传统的语言开发环境，Java 开发环境既包括编译器，又包括解释器。编译器用于把 Java 源程序编译成一种平台独立的二进制代码，称为字节码（ByteCode）；解释器负责解释执行这些代码。在服务器一端的 Java 环境下，不但可以开发独立的应用程序，而且可以开发一些可嵌入 HTML 中的“小应用程序”，称为 Applet。

Java 独立应用程序是指不需要 WWW 浏览器支持就可以直接运行的 Java 程序，其源代码必须经过两个步骤：首先由 Java 编译器对源代码进行编译，然后由解释器执行。在 Applet 的执行过程中，首先同样是用 Java 编译器把 Applet 源代码编译成字节码，然后，字节码在 HTML 中被“调用”；而在客户机一端，浏览器除了需要支持相应的 HTML 语言版本，还必须内嵌一个 Java 字节码的解释器，才能正确浏览相应的 WWW 页面。由于 Applet 的字节码是在客户机端解释执行的，因此它给 WWW 增加了交互性和动态特征。

5. E-mail

电子邮件是 Internet/Intranet 上使用最多的服务之一。实现了多方信息上的广泛交流。它主要是因为经济、快捷，所以为大家广泛使用。电子邮件一般由信头和信件两部分组成，组成相当于信封，它的格式如下：

From：邮件的发信人地址；To：邮件的收信人地址；Subject：邮件的主题词。

E-mail 的地址格式是：用户名@计算机名·机构名·最高域名。例如，zmli@nudt. edu. cn，nudt 是“国防科技大学”的简称，edu 是教育机构的域名，cn 是中国的域名。

E-mail 阅读器程序是利用用户计算机的处理能力和存储空间，使邮件处理过程自动进行。它的功能包括：离线消息准备、自动收发信件、将电子邮件自动归档、提供常用 Email 地址以及向多地址发送等。

目前在 PC 机上的 Email 阅读程序有很多，Navigator、Eudora 和 Outlook 都是常用的阅读软件。电子邮件也可以用来访问 FTP、WWW、Usenet 等信息。

6. FTP

FTP 是 Internet/Intranet 提供的实现远程文件存取的主要服务。为了方便用户对文件的操作，很多系统允许用户以口令 anonymous（匿名）进入系统。使用匿名 FTP，用户可以登录到一个 FTP 服务器系统并且不需要在该服务器系统上有账号就可以装卸文件或传送文件。也就是说，匿名 FTP 可以使用户自由地收集 Internet 中的各类信息的数据文件。这种匿名 FTP 操作使 FTP 成为 Internet/Intranet 上最受欢迎的服务之一。

FTP 控制 Internet/Intranet 的大多数文件传输操作。FTP 需要两个 TCP 连接来执行文件传送操作——FTP 使用第一个 TCP 连接传送类似于 SMTP 和 POP3 使用的命令和应答，使用第二个 TCP 连接来完成数据传输操作。

（1）平凡文件传输协议。1981 年由 Sollioms 出版的 TFTP（第二版）RFCT83 定义了平凡文件传输协议（TFTP）。TFTP 有意忽略了部分 FTP 功能而突出了两个文件传输操作的执行：文件的读和写。为完成这些功能，TFTP 使用用户数据协议（UDP）。TFTP 不像 FTP 那样需要列表目录和鉴别用户，TFTP 使用通知系统来保证 TFTP 服务器和客户机之间的数据传输。TFTP 操作以一个请求文件传送的 UDP 数据报开始，如果服务器接受这个请求，就以 52 字节固定长度块结构发送这个请求文件。服务器等待客户机收到每一数据并作出应答后再发送下一个数据块（这样做是为了保证传送文件的顺序）。

（2）简单文件传输协议。如前所述，FTP 使用两个 TCP 来连接实现文件传送操作——一个连接用来传送命令，一个连接用于数据传送。TFTP 使用 UDP 数据报来传送文件，而简单文件传输协议（SFTP）是一种在 FTP 和 TFTP 之间寻求折中的尝试。SFTP 支持用户验证（访问控制）、文件传输、目录列表、目录改变、文件改名和文件删除。与 FTP 一样，SFTP 也使用 TCP 但它却只使用一个 TCP 连接。SFTP 的命令、应答码以及总体操作看上去与 FTP 非常像。实际上，SFTP 的执行与 FTP 也很类似。不幸的是，由于找不到一个运行 SFTP 服务器软件的 Internet 主机，所以不能实现基于 SFTP 的传送程序。简单文件传输协议永远不能像简单邮件传输协议那样普及。

（3）FTP 与 Telnet 之间的关系。似于其他的应用协议（如 SMTP 和 POP3），FTP 协议在一些操作上也依赖于 Telnet 协议。除了使用 NVT ASCII 文本串来定义命令外，FTP 还使用 Telnet 控制码来标识紧急数据报。如前所述，FTP 定义它自己的 NVT ASCII 命令串（像 SMTP 和 POP3）。尽管 FTP 遵从 Telnet 协议，但它只使用了 Telnet 命令的一个子集。为了理解 FTP 中某一个操作（如取消一个文件传送），你需要对 Telnet 协议有个大概的了解。实际上，FTP 规范中清楚地说明了它吸取了传输控制协议和 Telnet 协议的知识。

7. CGI 接口

CGI（Common Gateway Interface）意即公共网关接口。它为 WWW 服务器定义了一种与外部应用程序共享信息的方法。当服务器接收到来自某个客户机的请求，要求启动一个网关程序（通常称为 CGI 脚本）时，它把有关该请求的信息综合到一些环境变量里，然后，CGI 脚本程序将检查这些环境变量，以试图找到那些为响应请求而必须的信息。此外，CGI 还将为它自己的脚本程序定义一些标准的方法，以确定如何为服务器提供必要的信息，如脚本程序的 MIME 类型等。

CGI 脚本负责处理为从服务器请求一个动态响应所必须的所有任务。CGI 的主要用途在于使用户能够编写用于与浏览器相交互的程序。借助 CGI 可编写用于处理如下的程序：动态地创建新的 WWW 页面；处理 HTML 表格输入；在 Web 和其他 Internet/Intranet 服务之间架设沟通的渠道。

CGI 标准其实非常简单。任一可访问 UNIX 环境变量的编程语言均可支持 CGI。在编写风格上，CGI 程序在很大程度上类似于 C、C + +、Perl 和 C Shell 脚本程序。其他一些用于编写 CGI 程序的语言也日益流行，如 TCL、Python 和 Scheme 等。除了 C 和 C + +外，所有这些语言均是解释型的。对于编写 CGI 程序而言，类似于 Perl 的解释型语言具有许多优点。一方面，许多 CGI 程序都需要处理大量的字符串，而大多数解释型语言都支持编程人员动态地编写解释器所需的代码，这对许多网关来说都是非常有用的。另一方面，用解释型语言编写 CGI 程序也存在一些不足之处。尽管这些语言的动态解释特性非常方便，但却存在一些安全隐患。此外，相比那些用类似 C + +这样的编译型语言编写的程序，用脚本语言编写的程序运行速度常常更慢一些。

（1）POST 方法。如果 HTML 表格采用的是 POST 方法，那么服务器将把它从标准输入接收到的客户机请求发送给相应的 CGI 脚本，同时把 REQUESTMETHOD 环境变量设置为 POST。你的脚本程序应该检查这个变量，确保其处于接收 POST 数据的状态，然后读取这个数据，其方式与利用命令行管道读取用户的输入相同。

编写一个从标准输入读取数据的正规 UNIX 实用程序和编写使用 POST 方法的 CGI 脚本的主要区别是：传输完数据后，HTTP 并不会发送相应的信号。正常情况下，一个实用程序在读取完来自标准输入的所有数据之后，将会接收到一个特殊的文件结束信号，但 CGI 程序却无法接收到这个信号。作为一种替代方法，WWW 服务器将设置环境变量 CONTENLENGTH，该变量给出脚本程序应该读取的输入数据量（以字节为单位）。如果你的脚本程序已读完了这个数目的数据，就应该停止阅读。不过，CGI 规范并未定义再进一步读取数据时可能引起的后果，因此各服务器对此种情况的处理可能会有不同。

（2）GET 方法。基于 GET 方法的 CGI 脚本与基于 POST 的脚本程序的运作机制基本相同，只不过服务器发送数据所采用的方式稍有不同。这时，服务器不再把浏览器提交的数据发送到脚本的标准输入，而是把这些数据编码到环境变量 QUERY - STAING。另一个差别是：CGI 变量 REQUEST - METHOD 的缺省定义为 GET，而非 POST。

究竟选用 POST 方法还是 GET 方法对我们编写脚本程序的工作量不会有太大的影响。这其中的原因之一就是 CGI 标准的一个良好特性——简单性。脚本程序和运行这些程序的服务器之间的接口毫不复杂，通常只需用几个代码来处理客户机提交的数据，或者收集有关正运行脚本程序的服务器的信息。虽然提供对这两种方式的支持有助于增加灵活性，但什么时候使用哪种方式最合适，需要具体情况具体分析：①当处理那些保存着用户私有信息的表格时，GET 方法获得数据的特性还很容易受到攻击，因为有些浏览器直接把当前 URL 显示在窗口顶部，但对于用户来讲，他们并不愿意把个人隐私信息在整个网络上传播。②当创建的表格内存放的是用户很少更新的数据时，就该选用 POST 方法，POST 方法比 GET 方法更可靠，也更有效。

使用 GET 方法，用户可以把他们的响应保存在 Hostlist 上的公用表格或书签文件内，当查询那些需作日常更新的数据库时，GET 方法就显得非常有用。

8. Internet/Intranet **规模的可伸缩性**

由于 Intranet 可以从原有的 MIS 信息管理系统，经过简单的改造而来，其系统结构简单，花费成本小。因此，它不仅具有广泛的兼容原有系统的能力，而且也具有强大的扩充功能。根据企业的需要，量身定作，可大可小，在规模上具有很强的伸缩性。由于与企业的业务来往密切的相关企业较多，为了使互相交流的方便而要求具有较高的信息共享能力，可以把多个企业的 Intranet 通过 Internet 互相连接，从而形成一个更广泛的信息交流网络 Extranet。相对 Internet/Intranet 来说，Extranet 只是原有的 Internet/Intranet 的扩充，只是在规模上更大，实现了更广泛的信息共享功能。

第三节　物流业使用的其他网络体系

在现代化的信息社会中，科学技术的日新月异，同时也使得物流作业中的信息网络系统得到了不断的发展。除了第一节介绍的基本的 Internet/Intranet 网络体系结构外，在物流企业经营运作中，还普遍使用了多种其他的体系结构，下面我们简要介绍 EOS 电子订货系统和 POS 销售时点信息系统两个著名的网络体系。

一、EOS 电子订货系统

（一）EOS 的定义及分类

1. **EOS 定义**

EOS（Electronic Ordering System）即电子订货系统，是指企业间利用通讯网络（VAN 或互联网）和终端设备以在线联结（ON - LINE）方式进行订货作业和订货信息交换的系统。即将批发、零售商场所发生的订货数据输入计算机，即刻通过计算机通讯网络连接的方式将资料传送至总公司、批发业、商品供货商或制造商处。因此，EOS 能处理从新商品资料的说明直到会计结算等所有商品交易过程中的作业，可以说 EOS 涵盖了整个商流。

2. **EOS 分类**

EOS 按应用范围可分为三类：①企业内的 EOS（如连锁店经营中各个连锁分店与总部之间建立的 EOS 系统）；②零售商与批发商之间的 EOS 系统以及零售商的 EOS 系统；③批发商和生产商之间的 EOS 系统。

在当前竞争的时代，如何有效管理企业的供货、库存等经营管理活动，并且在要求供货商及时补足售出商品的数量且不能有缺货的前提下，就必须采用 EOS 系统。EDI/EOS 因具备许多先进的管理手段和方法，因此在国际上使用非常广泛，随着普及面的不断推广，就使得我们更有必要对其进行全面的分析与掌握。

（二）EOS 系统构成

EOS 系统并非是单个的零售店与单个的批发商组成的系统，而是许多零售店和许多批发商组成的大系统的整体运作方式。EOS 系统结构如图 6－2：

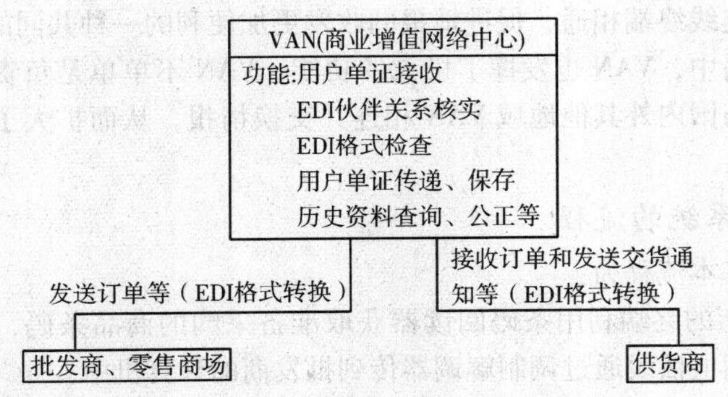

图 6－2　EOS 的系统结构

从图 6－2 中可看出，电子订货系统中的批发、零售商场、供货商、商业增值网络中心在商流中的角色和作用为：

1. **批发、零售商场**

采购人员根据 MIS 系统提供的功能，收集并汇总各机构的要货的商品名称、要货数量，根据供货商的可供商品货源、供货价格、交货期限、供货商的信誉等资料，向指定的供货商下达采购指令。采购指令按照商业增值网络中心的标准格式进行填写，经商业增值网络中心提供的 EDI 格式转换系统而成为标准的 EDI 单证，经由通信界面将订货资料发送至商业增值网络中心，然后等供货商发回有关信息。

2. 商业增值网络中心

该中心不参与交易双方的交易活动，只提供用户连接界面，每当接收到用户发来的EDI单证时，自动进行EOS交易伙伴关系的核查，只有互有伙伴关系的双方才能进行交易，否则视为无效交易；确定有效交易关系后还必须EDI单证格式检查，只有交易双方均认可的单证格式，才能进行单证传递；并对每一笔交易进行长期保存，供用户今后的查询或在交易双方发生贸易纠纷时，可以商业增值网络中心所储存的单证内容作为司法证据。

3. 供货商

根据商业增值网络中心转来EDI单证，经商业增值网络中心提供的通信界面和EDI格式转换系统而成为一张标准的商业订单，根据订单内容和供货商的MIS系统提供的相关信息，供货商可及时安排出货，并将出货信息通过EDI传递给相应的批发、零售商场。从而完成一次基本的订货作业。当然，交易双方交换的信息不仅仅是订单和交货通知，还包括：订单更改、订单回复、变价通知、提单、对账通知、发票、退换货等许多信息。

VAN（商业增值网络中心）是公共的情报中心，它是通过通信网络让不同的机构的计算机或各种连线终端相通，促进情报的收发更加便利的一种共同的情报中心。实际上在这个流通网络中，VAN也发挥了极大的功能。VAN不单单是负责资料或情报的转换工作，也可以与国内外其他地域VAN相连并交换情报，从而扩大了客户资料交换的范围。

（三）EOS系统的流程

EOS系统的基本流程为：

（1）在零售店的终端利用条码阅读器获取准备采购的商品条码，并在终端机上输入订货材料；利用电话线通过调制解调器传到批发商的计算机中。

（2）批发商开出提货传票，并根据传票，同时开出拣货单，实施拣货，然后依据送货传票进行商品发货。

（3）送货传票上的资料便成为零售商的应付账款资料及批发商的应收账款资料。

（4）并接到应收账款的系统中去。

（5）零售商对送到的货物进行检验后，便可以陈列与销售了。

（四）EOS系统的作用

EOS电子订货系统能及时准确地交换订货信息，它在企业物流管理中的主要作用如下：

（1）对于传统的订货方式，如上门订货、邮寄订货、电话、传真订货等，EOS系统可以缩短从接到订单到发出订货的时间，缩短订货商品的交货期，减少商品订单的出错率，节省人工费。

（2）有利于减少企业的库存水平，提高企业的库存管理效率，同时也能防止商品特别是畅销商品缺货现象的出现。

（3）对于生产厂家和批发商来说，通过分析零售商的商品订货信息，能准确判断畅销商品和滞销商品，有利于企业调整商品生产和销售计划。

（4）有利于提高物流信息系统的效率，使各个业务信息子系统之间的数据交换更加便利和迅速，丰富企业的经营信息。

（五）应用 EOS 系统的条件

（1）订货业务作业的标准化，这是有效利用 EOS 系统的前提条件。

（2）商品代码的设计。在零售行业的单品管理方式中，每一个商品品种对应一个独立的商品代码，商品代码一般采用国家统一规定的标准。对于统一标准中没有规定的商品则采用本企业自己规定的商品代码。商品代码的设计是应用 EOS 系统的基础条件。

（3）订货商品目录账册（Order Book）的做成和更新。订货商品目录账册的设计和运用是 EOS 系统成功的重要保证。

（4）计算机以及订货信息输入和输出终端设备的添置和 EOS 系统设计是应用 EOS 系统的基础条件。

（5）需要制定 EOS 系统应用手册并协调部门间、企业间的经营活动。

（六）EOS 系统的发展趋势

随着科学技术的不断发展和 EOS 系统的日益普及，EOS 的标准化和网络化已经成为当今 EOS 系统的发展趋势。

要实施 EOS 系统，必须做一系列的标准化准备工作。以日本 EOS 的发展为例，从 20 世纪 70 年代起即开始了包括对代码、传票、通信及网络传输的标准化研究，例如，商品的统一代码、企业的统一代码、传票的标准格式、通信程序的标准格式以及网络资料交换的标准格式等。

在日本，许多中小零售商、批发商在各地设立了地区性的 VAN 网络，即成立区域性的 VAN 营运公司和地区性的咨询处理公司，为本地区的零售业服务，支持本地区的 EOS 系统的运行。在贸易流通中，常常是按商品的性质划分专业的，如食品、医药品、玩具、衣料等，因此形成了各个不同的专业。

1975 年，日本各专业为了流通现代化的目标，分别制定了自己的标准，形成专业 VAN。目前已提供服务的有食品、日用杂品、医药品等专业。

利用地区网，专业网 EOS 系统工作形式如图 6－3 所示。

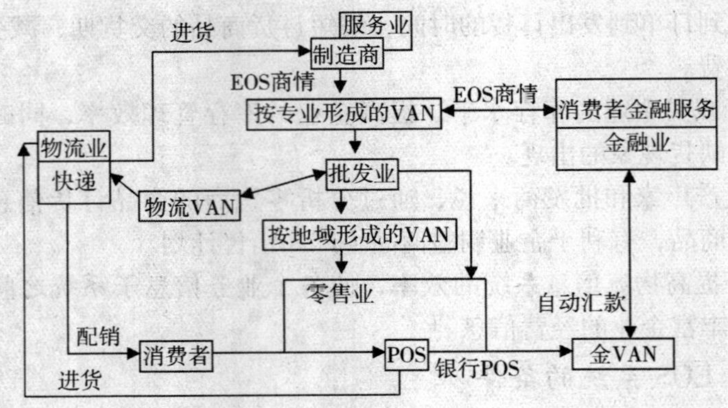

图 6－3　EOS 的系统工作形式（利用地区网、专业网）

EOS 系统在日本应用已相当普及，目前已有日用杂品、家庭用品、水果、医药品、玩具、运动用品、眼镜钟表、成衣等八个专业网络的用户，可通过自己商店内标准的零售点终端机向网内的批发商订货，订货的依据就是统一的通用商品条码，这个商品条码可以直接从商品商通过条码的扫描而获得，既快速又准确无误。

由于 EOS 系统给贸易伙伴带来了巨大的经济效益和社会效益，专业化的网络和地区网络在逐步扩大和完善，交换的信息内容和服务项目都在不断增加，EOS 系统正趋于系统化、社会化、标准化、国际化，如图 6－4 所示：

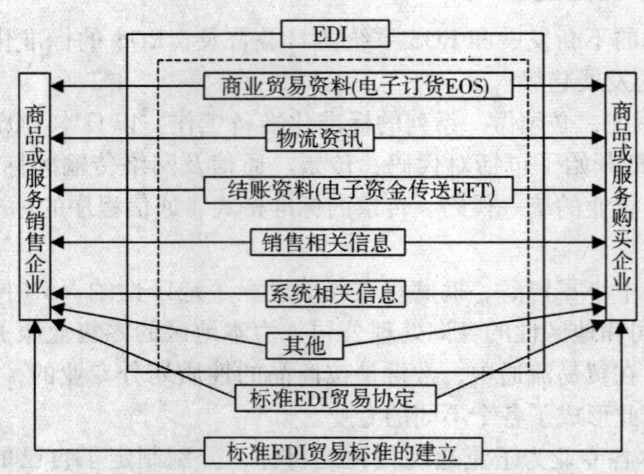

图 6－4　电子订货系统的发展趋势

由此可知，计算机、网络通讯是支持 EOS 系统的硬件基础，而商品的统一标识，企业代码的统一等是支持 EOS 系统的软件基础。没有物品的统一标识，就没有信息交换资源共享的统一语言，电子订货系统 EOS、电子数据交换 EDI 就无法实现。

二、POS 销售时点信息系统

（一）POS 销售时点信息系统的定义

POS（Point of Sale System）即销售时点信息系统，它包含前台 POS 系统和后台 MIS 系统两大基本部分。它最早应用于零售业，以后逐渐扩展至其他金融、旅馆等服务性行业，利用 POS 信息的范围也从企业内部扩展到整个供应链。现代 POS 系统已不仅仅局限于电子收款技术，它要考虑将计算机网络、电子数据交换技术、条形码技术、电子监控技术、电子收款技术、电子信息处理技术、远程通讯、电子广告、自动仓储配送技术、自动售货、备货技术等一系列科技手段融为一体，从而形成一个综合性的信息资源管理系统。同时它必须符合和服从商场管理模式，按照对商品流通管理及资金管理的各种规定进行设计和运行。

前台 POS 系统是指通过自动读取设备（如收银机），在销售商品时直接读取商品销售信息（如商品名、单价、销售数量、销售时间、销售店铺、购买顾客等），实现前台销售业务的自动化，对商品交易进行实时服务和管理。并通过通讯网络和计算机系统传送至后台，通过后台计算机系统（MIS）的计算、分析与汇总等掌握商品销售的各项信息，为企业管理者分析经营成果、制定经营方针提供依据，以提高经营效率的系统。

后台 MIS（Management Information System）又称管理信息系统。它负责整个商场进、销、调、存系统的管理以及财务管理、库存管理、考勤管理等。它可根据商品进货信息对厂商进行管理，又可根据前台 POS 提供的销售数据，控制进货数量，合理周转资金，还可分析统计各种销售报表，快速准确地计算成本与毛利，也可对售货员、收款员的业绩进行考核，是职工分配工资、奖金的客观依据。因此，商场现代化管理系统中前台 POS 与后台 MIS 是密切相关的，两者缺一不可。

（二）POS 系统的结构

POS 的系统结构主要依赖于计算机处理信息的体系结构。结合商业企业的特点，POS 的基本结构可分为：单个收款机、收款机与微机相连构成 POS，以及收款机、微机与网络构成 POS。目前大多采用第三种类型的 POS 结构，它包括硬件和软件两大部分。

1. POS 系统的硬件结构

POS 系统的硬件主要包括收款机、扫描器、显示器、打印机、网络、微机与硬件平台等（如图 6－5 所示）。

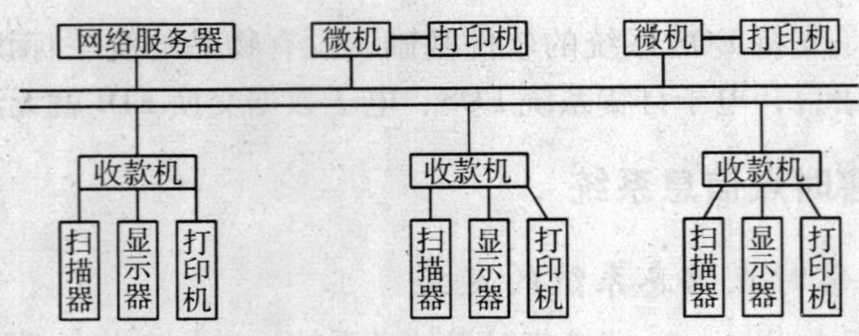

图 6－5　POS 系统的硬件结构

（1）前台收款机（即 POS 机）。可采用具有顾客显示屏和票据打印机、条码扫描仪的 XPOS、PROPOS、PCBASE 机型。共享网上商品库存信息，保证了对商品库存的实时处理，便于后台随时查询销售情况，进行商品销售分析和管理。条码扫描仪可根据商品的特点选用手持式或台式以提高数据录入的速度和可靠性。

（2）网络。目前我国大多数商场一般内部信息的交换量很大，而对外的信息交换量则很小，因此，计算机网络系统应采用高速局域网为主、电信系统提供的广域网为辅的整体网络系统。考虑到系统的开放性及标准化的要求，选择 TCP/IP 协议较合适，操作系统选用开放式标准操作系统。

（3）硬件平台。大型商业企业的商品进、存、调、销的管理复杂，账目数据量大，且需频繁地进行管理和检索，选择较先进的客户机/服务器结构，可大大提高工作效率，保证数据的安全性、实时性及准确性。

2. **POS 系统的软件结构**

POS 软件系统组成如图 6－6 所示：

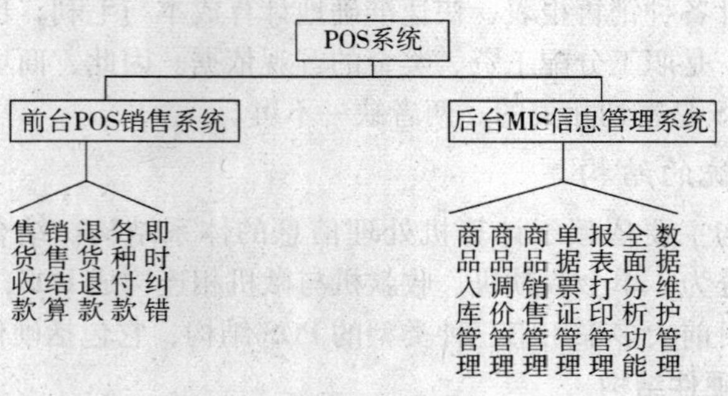

图 6－6　POS 系统的软件结构

前台 POS 销售软件应具有的功能：

（1）日常销售。完成日常的售货收款工作，记录每笔交易的时间、数量、金额，进行销售输入操作。如果遇到条码不识读等现象，系统应允许采用价格或手工输入条码号进行查询。

(2) 交班结算。进行交班收款员交班的收款小结、大结等管理工作，计算并显示出本班交班时的现金及销售情况，统计并打印收款机全天的销售金额及各售货员的销售额。

(3) 退货。退货功能是日常销售的逆操作。为了提高商场的商业信誉，更好地为顾客服务，在顾客发现商品出现问题时，允许顾客退货。此功能记录退货时的商品种类、数量、金额等，以便于结算管理。

(4) 各种付款方式。可支持现金、支票、赊账等不同的付款方式，以方便各类不同的顾客要求。

(5) 即时纠错。在销售过程出现的错误能够立即修改更正，保证销售数据和记录的准确性。

后台 MIS 管理软件应具有的功能：

(1) 商品入库管理。对入库的商品进行输入登录，建立商品数据库，以实现对库存的查询、修改、报表及商品入库验收单的打印等功能。

(2) 商品调价管理。由于有些商品的价格随季节和市场等情况而变动，本系统应能提供对这些商品所进行的调价管理功能。

(3) 商品销售管理。根据商品的销售记录，实现商品的销售、查询、统计、报表等管理，并能对各收款机、收款员、售货员等进行分类统计管理。

(4) 单据票证管理。实现商品的内部调拨、残损报告、变价调动、仓库验收盘点报表等各类单据票证的管理。

(5) 报表打印管理。打印内容包括：时段销售信息表、营业员销售信息报表、部门销售统计表、退货信息报表、进货单信息报表、商品结存信息报表等。实现商品销售过程中各类报表的分类管理功能。

(6) 完善的分析功能。POS 系统的后台管理软件应能提供完善的分析功能，分析内容涵盖进、销、调、存过程中的所有主要指标，同时以图形和表格方式提供给管理者。

(7) 数据维护管理。完成对商品资料、营业员资料等数据的编辑工作。商品资料如编号、名称、进价、进货数量、核定售价等内容的增加、删除、修改。营业员资料如编号、姓名、部门、柜组等内容的编辑。还有商品进货处理、商品批发处理、商品退货处理。实现收款机、收款员的编码、口令管理，支持各类权限控制。具有对本系统所涉及的各类数据进行备份，交易断点的恢复功能。

(8) 销售预测。包括畅销商品分析、滞销商品分析、某种商品销售预测及分析、某类商品销售预测及分析等。

（三）POS 的运行步骤

以零售业为例，POS 的运行步骤包括以下 5 步：

（1）店头销售商品都贴有表示该商品信息的条形码（Barcode）或 OCR 标签（Optical Character Recognition）。

（2）在顾客购买商品结账时，收银员使用扫描器自动读取商品条形码或 OCR 标签上的信息，通过店铺内的微型计算机确认商品的单价，计算顾客购买总金额等，同时返回收银机，打印出顾客购买清单和付款总金额。

（3）各个店铺的销售时点信息通过 VAN 以在线联结方式即时传送给总部或物流中心。

（4）在总部，物流中心和店铺利用销售时点信息来进行库存调整、配送管理、商品订货等作业。通过对销售时点信息进行加工分析来掌握消费者购买动向，找出畅销商品和滞销商品，以此为基础，进行商品品种配置、商品陈列、价格设置等方面的作业。

（5）在零售商与供应链的上游企业（批发商、生产厂商、物流作业等）结成协作伙伴关系（也称为战略联盟）的条件下，零售商利用 VAN 以在线联结的方式把销售时点信息即时传送给上游企业。这样上游企业可以利用销售现场的最及时准确的销售信息制定经营计划、进行决策。例如，生产厂家利用销售时点信息进行销售预测，掌握消费者购买动向，找出畅销商品和滞销商品，把销售时点信息（POS 信息）和订货信息（EOS 信息）进行比较分析来把握零售商的库存水平，以此为基础制定生产计划和零售商库存连续补充计划 CRP（Continuous Replenishment Program）。

（四）POS 系统的特征

POS 系统有四个特征

（1）单品管理、职工管理和顾客管理。零售业的单品管理是指对店铺陈列展示销售的商品以单个商品为单位进行销售跟踪和管理的方法。由于 POS 信息即时准确地反映了单个商品的销售信息，因此 POS 系统的应用使高效率的单品管理成为可能。职工管理是指通过 POS 终端机上的记时器的记录，依据每个职工的出勤状况，销售状况（以月、周、日甚至时间段为单位）进行考核管理。顾客管理是指在顾客购买商品结账时，通过收银机自动读取零售商发行的顾客 ID 卡或顾客信用卡来把握每个顾客的购买品种和购买额，从而对顾客进行分类管理。

（2）自动读取销售时点的信息。在顾客购买商品结账时 POS 系统通过扫描器自动读取商品条形码标签或 OCR 标签上的信息，在销售商品的同时获得实时的销售信息（Real Time）是 POS 系统的最大特征。

（3）信息的集中管理。在各个 POS 终端机获得的销售时点信息以在线联结方式汇总到企业总部，与其他部门发送的有关信息一起由总部的信息系统加以集中并进行分析加工，如把握畅销商品以及新商品的销售倾向，对商品的销售量和销售价格、销售量和销售时间之间的相互关系进行分析，对商品店铺陈列方式、促销方式、促销期间、竞争商品的影响进行相关分析。

（4）连接供应链的有力工具。供应链与各方合作的主要领域之一是信息共享，而销售时点信息是企业经营中最重要的信息之一，通过它能及时把握顾客需要的信息，供应链的参与各方可以利用销售时点信息并结合其他的信息来制定企业的经营计划和市场营销计划。目前，领先的零售商正在与制造商共同开发一个整合的物流系统 CFAR（整合预测和库存补充系统，Collaboration Forecasting and Replenishment），该系统不仅分享 POS 信息，而且一起联合进行市场预测，分享预测信息。

（五）应用 POS 系统的效果

（1）营业额及利润增长。采用 POS 系统的企业供应商品众多，其单位面积的商品摆放数量是普通的 3 倍以上，吸引顾客，且自选率高，这必然会带来营业额及利润的相应增长，仅此一项，POS 系统即可给应用 POS 的企业带来可观的收益。

（2）节约大量人力、物力。由于仓库管理是动态管理，即每卖出一件商品，POS 的数据库中就相应减少该件商品的库存记录，免去了商场盘存之苦，节约大量人力、物力；同时，企业的经营报告，财务报表，以及相关的销售信息，都可以及时提供给经营决策者，以保持企业如商场等的快速反应。

（3）有效库存增加，资金流动周期缩短。由于仓库采用动态管理，仓库库存商品的销售情况，每时每刻都一目了然，商场的决策者可将商品的进货量始终保持在一个合理水平，可提高有效库存，使商场在市场竞争中占据更有利的地位。据统计，在应用 POS 系统后，商品有效库存可增加 35%~40%，缩短资金的流动周期。

（4）提高企业的经营管理水平。首先可以提高企业的资本周转率，在应用 POS 系统后，可以提前避免出现缺货现象，使库存水平合理化，从而提高商品周转率，最终提高了企业的资本周转率。其次，在应用了 POS 系统后，可以进行销售促进方法的效果分析，把握顾客购买动向，按商品品种进行利益管理，并基于销售水平制定采购计划，有效的店铺空间管理、基于时间段的广告促销活动分析等，从而使商品计划效率化。

第四节　现代物流信息网络化及其实施对策

一、物流与物流信息网络化

1. 信息化社会中的物流

信息化的来临导致了物流功能的改变，物流不再仅仅传输工业产品，同时也在传输信息，各种信息被聚集在物流中心，经过加工、处理，再传播出去。现代物流聚散的基本功能没变，但对象变了，传统的工业社会物流以物为对象，聚散的是物；信息社会以信息为对象，物流中心的聚散功能实际上是对各种信息的聚集和扩散。信息社会使物流成为一个社会经济的综合服务中心。

现代物流管理的网络化或电子化的目的并不是为了精减人员，节约费用，而是要形成一个效率高、质量好的物流系统，提高传递效率和传递质量。

2. 物流信息及其网络化

物流系统是一个多环节的复杂系统，物流系统中的各个子系统通过物资实体的运动将它们联系在一起，各个环节间相互协调，根据总目标的需要适时、适量地调度系统内的基本资源。物流系统中的相互衔接是通过信息予以沟通的，基本资源的调度也是通过信息共享来实现的，因此，组织物流活动必须以信息为基础。为了使物流活动正常而有规律地进行，必须保证物流信息畅道。物流信息的网络化就是要将物流信息通过现代信息技术手段使其在企业内、企业间乃至全社会达到共享的一种方式。

物流信息的网络化可以缩短物流的传输长度，增加透明度。传统上物流某些方面的信息是不清楚的，最多只是了解部分属于企业范围的信息。而通过信息的网络化，可以使传统的二维市场，突破空间的概念成为空间市场，使物流信息变得异常的流畅。随着全球信息网络的建成，物流信息网络化将得到进一步发展。物流信息已经从“点”发展到“面”：以网络的形式将物流企业各部门、各物流企业、物流企业与生产企业和商业企业等连在一起，实现了社会性的各部门、各企业之间低成本的数据高速共享；从平面应用发展到立体应用：企业物流更好地与信息流和资金流综合，统一加工消除了部门间的冗余，实现了信息的可追溯性。

3. 物流信息的功能层次

物流信息系统从本质上讲是把各种物流活动与某个一体化过程连接在一起的通道。一体化过程应建立在以下 4 个功能层次上：

（1）交易系统，这是用于启动和记录个别的物流活动的最基本的层次。交易活动包括记录订货内容、安排存货任务、作业程序选择、装船、定价、开发票，以及消费者查询等。交易系统的特征是：格式规则化、通信交互化、交易批量化，以及作业逐日化。结构上的各种过程和大批量的交易相结合主要强调了信息系统的效率。

（2）管理控制，要求把主要精力集中在功能衡量和报告上。功能衡量对于提供有关服务水平和资源利用等的管理反馈来说是必要的。因此，管理控制以可估价的问题为特征，它涉及评价过去的功能和鉴别各种可选方案。当物流信息系统有必要报告过去的物流系统功能时，物流信息系统是否能够在其被处理的过程中鉴别出异常情况也是很重要的。

（3）决策分析，主要把精力集中在决策应用上，协助管理人员鉴别、评估和比较物流战略及策略上的可选方案。决策分析也以策略上的和可估价的问题为特征，与管理控制不同的是，决策分析的主要精力集中在评估未来策略上的可选方案，并且它需要相对松散的结构和灵活性，以便作范围很广的选择。因此，用户需要有更多的专业知识和培训去利用它的能力。既然决策分析的应用要比交易应用少，那么物流信息系统的决策分析趋向于更多地强调有效（effectiveness），而不是强调效率（efficiency）。

（4）制定战略计划，主要精力集中在信息支持上，以期开发和提炼物流战略。这类决策往往是决策分析层次的延伸，但是通常更加抽象、松散，并且注重于长期。

二、实施物流信息网络化的对策

信息网络化实现方式目前主要有 Internet、Intranet、EDI 等方式。Internet 又称为国际互联网，是一种集通讯技术、信息技术和计算机技术为一体的网络系统；Intranet 又称企业内部网，它是在 Internet 基础上，将企业内部的各个分支机构和管理部门连接起来，以实现企业内部信息流的电子网络；EDI 即电子数据交换，是指通过电子通讯的方式，将企业与企业之间往来的商业文件，以标准的电子数据格式彼此进行交换传输，以降低整个运营体系的数据流通时间和消除空间障碍。以上三种方式，从物流信息网络化的交易对象上讲，分为三个层次：①消费者与企业之间的交易，如通过 Internet 进行的网络购物等；②企业与企业之间的交易，如企业通过 EDI 交换数据，实现整个交易；③企业内部的交易，如在企业内部通过 Intranet 交流信息和共享资源。

（一）加强国际互联网的有效利用

国外物流企业十分重视国际互联网资源的有效利用，开发了基于国际互联网的各种在线查询系统，通过高速互联网技术，顾客查询信息能够得到及时地响应，并且各种交互内容都得到加密技术和密码的保护。对于较复杂的查询，则以电子邮件和电话的形式进行回复。同时还发行了客户端工具，以桌面工具条的形式对在线费用查询系统进行导航，以方便顾客在个人电脑上进行查询。

我国一些大的物流企业也开始利用国际互联网来获取信息，虽然同国外多年先进的做法相比还很不成熟，但也充分显示了我国物流企业利用国际互联网的能力与意识。当然在有效地利用国际互联网技术方面，我国同世界还存在很大的差距。在有效利用国际互联网方面，我国物流企业应该针对具体国情，着重注意以下几个方面的问题：

（1）加强通用数据的利用。国际互联网的使用使物流业发生了巨大的变化，开始大量运用通用数据，RFID、ED、ERP、SCPS 等数据采集和交换系统层出不穷。物流企业只要支付一定的初装费和服务费，ISP 就会在自己的服务器上划出属于该企业的一片空间，使其成为国际互联网数据结构的一个有机组成部分。

我国物流企业在国际互联网上通用数据的利用方面十分不足，对各种数据采集形式的尝试仍停留在原始阶段，对客户/服务器这种最有效的国际互联网信息管理模式也未能投入规模化使用。因此形成了我国通用数据不能通用的局面，严重影响了物流企业之间的信息交流与合作。国内物流企业对通用数据的开发利用是今后一个阶段的主要任务。

（2）加强信息发布的主动性。最主动地利用信息的方式就是信息发布。国际互联网能够延伸得到的地方，就可以引起人们的注意。如果物流企业经常接触国际互联网，又关心物流企业动态的话，可以从旗帜广告做起。

（3）加强信息的时效性管理。国际互联网对于物流企业来说，它是一个充满着无尽数据与服务的数据库。互联网上的数据从某种意义上讲并不属于某个具体企业，但却与时间密切相关。我国物流企业应特别注意对信息的时效性管理。

（二）强化企业内部网的构建

物流企业 Intranet 是 Internet 技术在物流企业的应用。它是物流企业利用 Internet 技术建立的企业内部网络，是物流企业内部信息管理和交换的基础设施。物流企业应充分利用 Internet，设计和实施企业的 Intranet 方案。物流企业 Intranet 一般包括客户服务器体系结构和基本平台组成两部分。前者一般采用三层组成，后者一般有网络平台、开发平台、用户平台和服务平台等。按照规模及功能，一般可将 Intranet 分为以下四级：一级应提供对静态数据的静态访问，对公共信息实现基本共享；二级应能引入检索工具，提高企业信息库的实用性；三级应提供对动态数据的动态访问，数据从现有的、联合管理的数据源动态生成；四级应使访问所有联合信息成为可能。

物流企业 Intranet 主要功能有以下几个方面：①市场营销功能。通过 Intranet 的事务处理方式，销售人员及时掌握所有相关的客户信息并向分散的客户提供及时准确的本企业最新产品信息，并可随时完成合同的建立、订单的查询、状态的跟踪等一系列工作；②项目管理功能。Intranet 可以管理物流企业配套供应项目，如调整项目安排及了解项目进展情况以及客户反馈意见等；③客户服务和支持功能。Intranet 能够帮助客户服务与支持部门共享客户的反馈信息，并创建一个相应的支撑系统。

物流企业应在原 MIS 企业网络的基础上设计和实施本企业的 Intranet 方案。从具体技术构成上看，物流企业 Intranet 网络应包括以下技术：TCP/IP 网络互联技术、路由技术、防火墙技术、网络技术以及交换 LAN 和虚拟网络等关键技术。物流企业根据自己的行业特点和实际状况，设计和实施 Intranet 方案，能够以低廉的成本和更高的效率，进行企业内外信息沟通和管理，集约地实现物流功能，缩小与世界先进物流企业的差距，为我国物流业信息化进程作贡献。

（三）加速 WBM 网络管理模式建设

WBM 网络技术的优点在于：①可以将庞大的计算与存储任务转移到 Web 服务器上，使客户可以在简单便宜的客户机上访问 WWW 服务器，大大减少了设备费用和提高了客户访问的灵活性。②WBM 具有 Web 的功能与网管技术，网管人员应用 WBM 可以通过任何 Web 服务器，任何站点来进行检测、控制企业网络，解决了许多由于多平台结构产生的互操作干扰问题，大大降低了企业 MIS 的培训应用费用，使更多的客户使用企业管理信息网络。③WBM 通过浏览器连接一个专门的 Intranet Web 站点，客户可以访问网络和更新信息数据，免去了客户机与网络管理中心的频繁工作联系，是一种发布操作信息的理想模式。

WBM 的实现策略目前较为普遍的模式是嵌入代理方案。其方式是将 Web 服务器嵌入到一个已经存在的网络设备上，该设备轮流与各端点设备进行通讯，起到代理服务器的作用。浏览器用户通过 HTTP 协议与该代理设备通信，各端点设备则通过 SNMP 协议与之通信，达到平衡多级数据库访问、SNMP 轮询等目的。由于 WBM 融合了 Web 功能与网络管理技术，从而可以为网络管理人员提供比传统工具更强有力的能力，为企业物流管理信息化带来了创新思维。

（四）考虑人工智能/专家系统的设置

人工智能和专家系统是又一个有助于物流管理的、以信息为基础的技术。人工智能是指一组旨在使计算机模拟人类推理的技术。人工智能着重于象征性推理，而不是数值处理。人工智能所包括的技术诸如专家系统、自然语言翻译器、神经网络、机器人、讲话识别，以及 3D 视觉等。专家系统是人工智能的一种，它提供一种结构，记录了问题和答案，供专家用于解决分析作业中的问题。使用物流专家系统，其专门知识能增加厂商的资产报酬率，所应用的软件包括承运人选择、国际营销和物流、存货管理，以及信息系统设计。

物流信息网络化的高级阶段应是物流管理人工智能/专家系统的开发和使用，我国的物流信息网络化的进程从一开始就应考虑物流管理人工智能/专家系统的开发。

思考题

（1）网络体系结构是什么？

（2）什么是网络开放系统？

（3）其他著名体系结构有那些？

第七章　现代物流与电子商务

随着网络信息化时代的到来，Internet 以一股巨大变革力量的面貌出现在商务关系领域，而以 Internet 为基础的电子商务正在改变许多公司从事商务活动的途径，数以万计的人在 Internet 上接受和传递商务活动信息，电子商务为企业从事商务活动开辟了新的空间、提供了新的手段，同时也为公司业务的发展赋予了更多的机会，成为现代商务新潮流。它已成为新闻媒体、企业和政府广泛关注的热点问题。

第一节　电子商务与现代物流的关系

国际上信息产业界著名的大公司纷纷推出自己的电子商务解决方案，世界范围的各大媒体不惜篇幅频繁刊登有关电子商务的报道、评述、研究与探讨性文章。不仅如此，包括欧盟在内的许多国际组织和政府纷纷出台旨在推动本地区或本国电子商务发展的政策性指导文件。电子商务成了人们使用频率最高的词条之一。

一、电子商务的内容

电子商务来源于英文 Electronic Commerce，简写为 EC。实际上，其主要内容包括相互联系的两个方面：一是通信和计算机信息技术；二是商业和贸易活动。概括地讲，电子商务就是商业和贸易伙伴之间运用现代通信和信息共享技术以达到商贸活动的目的。

（一）电子商务的基本要素

电子商务是对现实世界中电子商务活动的一般抽象描述，它由电子商务实体、电子市场、交易事务和信息流、商流、资金流、物流等基本要素组成。

在电子商务模型中，电子商务实体是指能够从事电子商务的客观对象，它可以是企业、银行、商店、政府机构和个人等。电子市场是指电子商务实体从事商品和服务交换的场所，它由各种各样的商务活动参与者，利用各种通信装置，通过网络联接成一个统一的整体。交易事务是指电子商务实体之间所从事的具体的商务活动的内容，例如询价、报价、转账支付、广告宣传、商品运输等，如图 7－1 所示。

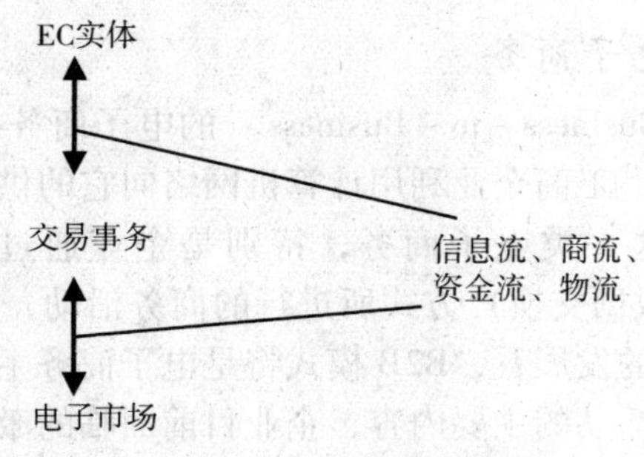

图 7－1　电子商务的基本要素

电子商务中的任何一笔交易，都包含着几种基本的“流”，即信息流、商流、资金流、物流。其中信息流既包括商品信息的提供、促销行销、技术支持、售后服务等内容，也包括诸如询价单、报价单、付款通知单、转账通知单等商业贸易单证，还包括交易方的支付能力、支付信誉等。商流是指商品在购、销之间进行交易和商品所有权转移的运动过程，具体是指商品交易的一系列活动。资金流主要是指资金的转移过程，包括付款、转账等过程。在电子商务中，以上的三种流的处理都可以通过计算机和通信网络设备实现。物流，作为四流中最为特殊的一种，是指物资实体（商品或服务）的流动过程，具体指运输、储存、配送、装卸、保管、物流信息管理等各种活动。对于少数商品和服务来说，可以直接通过网络传输的方式进行配送，如各种电子出版物、信息咨询服务、有价信息软件等。而对于大多数商品和服务来说，物流仍要经由物理方式传输，但由于一系列机械化、自动化工具的应用，准确、及时的物流信息对物流过程的监控，将使物流的流动速度加快、准确率提高，能有效地减少库存，缩短生产周期。在电子商务模型的建立过程中，要强调信息流、商流、资金流和物流的整合。其中，信息流最为重要，它在一个更高的位置上实现对流通过程的监控。

（二）电子商务的分类

1. 企业对消费者电子商务

企业对消费者（B2C，Business－to－Consumer）的电子商务指的是企业与消费者之间进行的电子商务活动。这类电子商务主要是借助于国际互联网所开展的在线式销售活动，最近几年随着国际互联网络的发展，这类电子商务的发展异军突起。它并不要求双方使用统一标准的单据传输。就 B2C 电子商务模式来讲，其主要就是网上在线商务模式（Online Business Models）。在线式的零售和支付行为通常只涉及到信用卡或其他电子货币。另外，国际互联网所提供的搜索浏览功能和多媒体界面使消费者更容易查找适合自己需要的产品，并能对产品有更深入的了解。因此，开展企业对消费者的电子商务，障碍最少，潜力巨大。

2. 企业对企业的电子商务

企业对企业（B2B，Business - to - Business）的电子商务指的是企业与企业之间进行的电子商务活动。例如，工商企业利用计算机网络向它的供应商进行采购，或利用计算机网络进行付款等。这一类电子商务，特别是企业通过私营的增值计算机网络（VAN）采用 EDI（电子数据交换）方式所进行的商务活动，已经存在多年。虽然实施中有许多困难，但从未来的发展看，B2B 模式将是电子商务主流。企业之间的交易和企业之间的商业合作是商业活动的主要内容，企业目前面临的激烈竞争也需要电子商务来改善竞争条件，建立竞争优势。企业从寻求自身发展的角度看，企业对企业的电子商务必将有较大的发展。目前，B2B 的电子商务模式主要有四种：在线商店模式、内联网模式、中介模式、专业服务模式。

3. 企业内部电子商务

企业内部电子商务是指企业内部之间，通过企业内部网（Intranet）的方式处理与交换商贸信息。通过企业内部的电子商务，可以给企业带来如下的好处：增加商务活动处理的敏捷性，对市场状况能更快地作出反应，能更好地为客户提供服务。

二、物流在电子商务中的地位

一个完整的电子商务交易过程一般都包含四种基本流：信息流、商流、资金流、物流。但是，我们可以注意到，人们往往十分注重电子商务中信息流和资金流的电子化、网络化，而忽视了物流的电子化过程，认为对于大多数商品和服务来说，物流仍然可以经由传统的经销渠道来完成。但是 在电子商务环境下，信息流、商流、资金流均可借助因特网在瞬间完成。而对于物流. 因特网的实现能力就十分有限。除了软件产品、音乐唱片、信息产品等可通过因特网直接传输外，其他商品和服务都必须通过物理方式来传输。

长期以来，人们把创造利润的环节集中关注在生产领域。因此把在生产过程中节约物资消耗而增加的利润称作“第一利润源泉”，把因降低活劳动消耗而增加的利润称作“第二利润源泉”，而往往忽视因物流费用节省而增加的“第三利润源泉”的存在。由于科技进步的迅速扩散性，当某企业开始利用一项新技术时，其他企业即会纷纷仿效，依靠“第一利润源泉”获取超额利润的可能性已越来越小。与物资资源的节约相似，依靠提高劳动生产力而创造“第二利润源泉”的潜力也变的越来越困难。而物流环节被美国著名的管理学家彼得·德鲁克认为是“一块经济界的黑大陆”，具有极大的“利润创造空间”。

因此，加强物流管理现代化的建设，使其适应电子商务的要求，将直接影响到商务活动的开展。1999 年 9 月，我国的一些单位组织了一次“72 小时的网上生存试验”，此后的一次市场调查证实，人们最关注的热点问题是送货时间与安全，这再次使人们认识到物流在电子商务活动中的重要地位，认识到现代化的物流过程是电子商务不可缺少的部分。

（一）物流是电子商务的重要组成部分

人们对电子商务概念的理解，往往仅停留在电子商务就是“无纸化”交易的认识水平上，认为只要具备迅捷通畅的信息、丰富发达的商业资源和充足的资金实力，就能够实现电子商务的运作过程；或者认为电子商务的最终实现可以由传统的商务渠道代替完成，而无需重新构筑或再造电子商务的物流配送体系。这在一定程度上导致了人们对电子商务的实现过程即物流配送过程的忽略甚至轻视。其实，电子商务中的任何一笔交易，都包含着这样四种基本的“流”，即信息流、商流、资金流和物流。电子商务交易过程的实现，都需要这“四流”的协调和整合。信息流自始至终贯穿着整个交易过程，它提供包括诸如商品和服务的信息、促销行销的信息、售后服务以及交易等方面的信息；商流仅是指商品在购、销之间进行交易和商品所有权转移的过程；资金流主要是指交易资金的转移过程，具体包括付款、转账和结账等过程，它涉及到整个交易的安全程度。随着信息技术的发展和电子银行的出现，信息流、商流和资金流已经可以通过信息技术和通信网络来实现，而物流，作为电子商务实现过程中一个必不可少的实物流通环节，具体包括诸如物品的储运包装、运输配送和装卸检验等各项活动，物流过程的逐步完善需要经历一个较长的成长时期。在电子商务的交易过程中，物流直接服务于最终顾客，因而，物流服务水平的高低决定了顾客的满意程度，同时也决定了电子商务能否成功实现。良好的物流服务系统能够做到：在物资的采购和供应上，以最低的采购费用、最低的成本消耗以及最快的供应速度及时获取所需的资源；在物流配送和顾客服务上，获得合理的送货方式、最优的配送路线和良好的顾客服务水平，从而保证了电子商务在信息流、资金流、商流和物流这“四流”的紧密协调。

在电子商务定义中，电子化的对象是整个交易的过程，不仅包括信息流、资金流，而且还包括物流；电子化的工具也不仅仅指计算机和通讯网络技术，还包括叉车、自动导向车、机械手臂等自动化工具。因此我们说，物流应是电子商务的重要组成部分，缺少了现代化物流过程，电子商务就不完善，也不能确保其正常、便利地运转。

（二）物流是实现电子商务的基本保证

电子商务的基本流程如下：

信息（产品或服务）的搜寻⟶发现相关信息权衡进行选择⟶价格和交货时间等的谈判⟶发出订购的指令⟶送货和货品验收、付款⟶顾客的售后服务和技术支持

物流是电子商务实现的重要环节和基本保证，它不仅影响到对顾客最终的服务水平，而且也影响企业自身的生产保障水平。

电子商务将成为未来商务交易的主要形式，这主要得益于其“以顾客服务为中心”的经营理念以及诸多传统商业无法与之媲美的优势，顾客足不出户就可以获得想要的商品或服务，从而提高了整个交易过程的效率，节省了大量的时间和成本损耗。

电子商务按照顾客类别可以划分为两种，一类是企业与企业之间 B2B 的电子商务交易；一类是企业与消费者之间 B2C 的电子商务交易。下面我们简要分析物流是如何保障以上两种类型电子商务的正常运转和实现的。

（1）在 B2C 模式下的物流。在 B2C 电子商务的模式下，我们可以想象：顾客在互联网上浏览后，经过权衡选择，通过键盘点击完成了网上购物。但假如所购的货物迟迟不能送到顾客手中，或者是所送的货物并不是顾客所需的，结果可想而知，顾客对电子商务的服务会感到越来越不满意，会转而选择其他更为安全可靠的购物方式。例如，美国的戴尔（DELL）公司作为国际知名的电子商务类公司，目前面临的最大问题就是物流配送方面的难题，即在收到顾客的要货订单后，如何及时采购到所需的各种零配件，进行电脑的组装测试并及时送到顾客的手中。这些环节的顺畅都需要一个完整的现代物流系统来支持，而迅速成长起来的戴尔公司缺乏的也正是这个方面的基础。

（2）在 B2B 模式下的物流。对于 B2B 的电子商务来说，物流环节的重要性也不言而喻。在电子商务交易过程中，无论是原材料的采购供应环节，还是产成品的销售配送环节，都需要高效率的物流体系来支撑，才能真正实现电子商务所带来的便利。例如，“中国医药信息（上海）经贸网”就是 B2B 电子商务的代表，多家医院、多家药房在网上实现药品交易，并通过完善的物流配送系统，从而保证了迅捷准确的药品配送服务。因而，良好的物流系统能够加快企业资金的周转，缩小生产周期，保障企业在采购、生产和存储等环节的高效率运转，从而增强企业的竞争优势。

信息流保证了电子商务快速的信息传递，物流则保证了电子商务的成功实现。因而，如果没有现代物流体系作为电子商务的支撑，电子商务只能是一张空头支票。

（三）电子商务时代物流所具备的特点

电子商务时代的来临，给全球物流带来了新的发展，使物流具备了一系列新的特点：

（1）信息化。电子商务时代，物流信息化是电子商务的必然要求。物流信息化表现为物流信息的商品化、物流信息收集的数据库化和代码化、物流信息处理的电子化和计算机化、物流信息传递的标准化和实时化、物流信息存储的数字化等。因此，条码技术（bar code）、数据库技术（database）、电子订货系统（electronic ordering system，EOS）、电子数据交换（electronic data interchange，EDI）、快速反应（quick response，QR）及有效的客户反应（effective customer response，ECR）、企业资源计划（enterprise resource planning，ERP）等技术与观念在我国的物流中将会得到普遍的应用。物流信息化是物流现代化管理的基础，没有物流的信息化，任何先进的技术设备都不可能应用于物流领域，信息技术及计算机技术在物流中的应用将会彻底改变世界物流的面貌。

（2）自动化。自动化的基础是信息化，自动化的核心是机电一体化．自动化的外在表现是无人化，自动化的效果是省力化，另外还可以扩大物流作业能力、提高劳动生产力、减少物流作业的差错等。物流自动化的设施非常多，如条码/语音/射频自动识别系统、自动分拣系统、自动存取系统、自动导向车、货物自动跟踪系统等。这些设施在发达国家已普遍用于物流作业流程中，而在我国由于物流业起步晚，发展水平低，自动化技术的普及还需要相当长的时间。

（3）网络化。物流领域网络化的基础也是信息化，这里指的网络化有两层含义：一是物流配送系统的计算机网络，包括物流配送中心与供应商或制造商的联系要通过计算机网络，另外与下游顾客之间的联系也要通过计算机网络通信，比如物流配送中心向供应商提出订单这个过程，就可以使用计算机通信方式，借助于增值网（value added network，VAN）上的电子订货系统（EOS）和电子数据交换技术（EDI）来自动实现，物流配送中心通过计算机网络收集下游客户订货的过程也可以自动完成。二是组织的网络化，即所谓的组织内部网（Intranet）。比如，台湾地区的电脑业在20世纪90年代创造出了“全球运筹式产销模式”，这种模式是按照客户订单组织生产，生产采取分散形式，即将全世界的电脑资源都利用起来，采用外包的形式将一台电脑的所有零部件、元器件、芯片外包给世界各地的制造商去生产，然后通过全球的物流网络将这些零部件、元器件和芯片发往同一个物流配送中心进行组装，由该物流配送中心将组装的电脑迅速发给订户。这一过程需要有一个高效的物流网络支持，当然物流网络的基础是信息、电脑网络。物流的网络化是物流信息化的必然，是电子商务下物流活动的主要特征之一。当今世界Internet等全球网络资源的可用性，以及网络技术的普及为物流的网络化提供了良好的外部环境，物流网络化不可阻挡。

（4）智能化。这是物流自动化、信息化的一种高层次应用，物流作业过程中大量的运筹和决策，如库存水平的确定、运输路径的选择、自动导向车的运行轨迹和作业控制、自动分拣机的运行、物流配送中心经营管理的决策支持等问题都需要借助于大量的知识才能解决。在物流自动化的进程中，物流智能化是不可避免的技术难题。好在专家系统、机器人等相关技术在国际上已经有比较成熟的研究成果。为了提高物流现代化的水平，物流的智能化已成为电子商务下物流发展的一个新趋势。

（5）柔性化。柔性化本来是实现“以顾客为中心”理念而在生产领域提出的，需要真正做到柔性化，即真正地能根据消费者需求的变化来灵活调节生产工艺，没有配套的柔性化的物流系统是不可能达到目的的。20世纪90年代，国际生产领域纷纷推出弹性制造系统（FMS）、计算机集成制造系统（CIMS）、企业资源计划（EPR）以及供应链管理的概念和技术的实质是要将生产、流通进行集成，根据需求端的需求组织生产，安排物流活动。因此，柔性化的物流正是适应生产、流通与消费而发展起来的一种新型物流模式。这就要求物流配送中心要根据消费需求“多品种、小批量、多批次、短周期”的特色，灵活地组织和实施物流作业。另外，物流设施、商品包装的标准化，物流的社会化、共同化也都是电子商务下物流模式的新特点。

三、物流业与电子商务的合理衔接

电子商务环境下，物流行业是能够完整提供物流机能服务的，如运输配送、仓储保管、分装包装、流通加工等，并收取报偿的行业。主要包括仓储企业、运输企业、装卸搬运、配送企业、流通加工业等。信息化、全球化、多功能化和一流的服务水平，已成为电子商务下的物流企业追求的目标。

本节分析物流企业在电子商务环境下，如何解决物流企业与电子商务合理衔接问题，从经营模式和市场定位出发，来分析物流业的最终方案和未来发展方向。市场竞争的不断加剧和电子商务的日益完善，电子商务物流配送企业将集中向两个方向发展：其一是第三方物流，专门为电子商务提供相应的实物配送服务；其二是本身拥有电子商务体系的物流配送企业，这类企业大都是依靠传统的连锁分销渠道或零售网络。

1. 第三方物流

对于积极开展电子商务的厂家来说，建立或配置相应的物流配送体系是当务之急，而这就意味着必须投入一笔相当可观的资金，这对厂家是一个不小的难题。据调查：在我国，建立一条全国性的物流配送网络，几十亿元（人民币）的投资是极其稀松平常的事，这对于电子商务厂家来说不啻于天方夜谭。在这种情况下，第三方物流企业应运而生，适应了电子商务物流配送发展的要求。第三方物流（Third Party Logistics）通常又称之为契约物流或物流联盟，是指从生产到销售的整个流通过程中进行服务的第三方，它本身不拥有商品，而是通过签定合作协定或结成合作联盟，在特定的时间段内按照特定的价格向客户提供个性化的物流代理服务，具体内容包括商品运输、储存配送以及附加的增值服务等。它以现代信息技术为基础，实现信息和实物的快速、准确的协调和传递，提高仓库管理、装卸运输、采购订货以及配送发运的自动化水平。同时，第三方物流提供的服务是基于合同规定的条款，风险、利益共享的特征使得其与电子商务企业的关系是一种长期的、互利的合作联盟，具有较强的稳定性。专业化的、多功能的、全方位的物流代理服务能够满足电子商务物流配送的要求，提高了电子商务的整体物流服务水平。

美国的第三方物流发展比较迅速，到 1998 年，第三方物流的总收入已经达到 396 亿美元，净收入达 214 亿美元，预计到 2001 年将超过 700 亿美元。第三方物流的蓬勃发展给美国电子商务的发展提供了良好的前提条件，例如，美国邮政总局优先邮件系统是亚马逊网上书店的最大的物流配送方式之一，1999 年，亚马逊通过它的快递服务发送了费用达 5630 万美元的各种邮包，高效地完成了网络配送的任务。

我国的第三方物流在市场经济发展的过程中，呈现出一种错综复杂的多元化态势。一方面，原有的物流企业经过不断的联合、分离和重组，市场行为不够规范，处于一种竞争无序的混沌状态。另一方面，合资物流企业的出现和外资物流公司的进入使得市场的竞争更加激烈。但从总体上来看，我国第三方物流企业的经营管理和技术实力普遍较弱，市场定位和发展战略比较模糊，经营规模的不足导致了经营效益的低下。因而，制订相应法律法规和行业发展规划，规范市场的经营秩序和提高第三方物流企业的管理水平，是一个迫切需要解决的问题。

2. 经营电子商务的物流企业

在电子商务的发展过程中，一些从事传统零售商业的大型企业集团利用自己原有的商业物流配送体系，或者通过特许经营的方式建立物流配送网络，为电子商务提供物流配送服务。这类企业在短时间内往往能够获得很大的成功，像国内的“85818”网站就是凭借传统的销售网络来进行物流配送，美国的沃尔玛连锁公司也是通过特许经营的方式迅速建立起自己的物流配送体系。

欧洲一些大型的零售商业公司在发展电子商务的时侯，在传统的销售配送系统中往往都建立了 ECR（Efficient Customer Response）系统和 JIT（Just In Time）系统，基本上能够实现整个交易过程的电子化和最优化。在客户需要的时候，就立即从仓库中提货或者迅速订货，尽量满足他们的需求，从而提高了库存的周转次数，减少了库存积压，使仓库的利用率大大提高，而且能够实现配送系统内部的信息网络化，及时获取顾客的反馈信息，从而大大提高了物流服务水平，增强了企业的竞争实力。但是，传统的配送网络由于其内在的原因，仍然存在着诸多方面的问题，这种情况在我国表现得尤其突出。目前，我国国内电子商务企业的物流配送体系，还没有真正达到整个物流配送过程的电子化，大都还是仅仅依赖原先的商业销售网点，不大注重物流配送的服务水平。在配送运输的网络规划方面，重复建设和不合理的现象甚多；在物流配送技术的配置方面，大多是比较过时的物流技术和装备，缺乏先进物流技术的支持；在物流管理的研究和创新方面，通常不经过科学的规划和测算，更多的依靠传统的经验法则。近年来，虽然国内在物流方面的理论探讨和实践经验颇多，但很少有人真正将其与电子商务结合起来，深入地探讨在电子商务中如何卓有成效地开展物流配送服务。因而，如何将传统的物流模式改造成电子商务下的新型物流模式已经成为我们所面临的一个崭新课题。

四、我国物流业的发展现状及对策

1. 我国物流业的发展现状

我国电子商务的发展虽然刚刚起步，但已经呈现出良好的发展势头，B2C 的发展势头迅猛，但 B2B 的电子商务几乎是一片空白。据信息产业部透露：截至 1999 年底，我国电子商务的营业额达 2 亿多元人民币，比 1998 年增长了一倍以上，预计 2000 年我国电子商务交易额将达到 8 亿元人民币；网上商店已经从 1999 年年初的 100 多家发展到现在的 600 多家；网民激增至 890 多万，增长势头迅猛，其中约有 9% 左右的网民，通过互联网购买商品或服务。

美国的电子商务能够迅速发展并取得很大的成功，很大程度上得益于其拥有的发达的社会物流配送体系。EDI 技术的广泛应用简化了烦琐耗时的订单处理过程、提高了商务交易的运作效率。各种机械化、自动化的物流设备和先进的信息技术以及通信网络的运用，形成了比较现代化的物流管理技术和完善的物流基础设施。例如，美国的 IBM 公司已经 100% 实现了物流过程的电子化，通过互联网络可以随时接通 USCO 公司的订货，在几小时内便可把货物送到客户那里，保证了电子商务的成功实现，赢得了客户的信赖。

但与当今的国外较成熟的物流配送体系相比，我国的社会物流配送体系就显得比较薄弱，物流业由于起步较晚，发展状况已经严重滞后，物流技术和物流管理水平也相对较低。因而，在发展电子商务的时候，不具备能够支持电子商务交易活动的现代物流配送体系。据来自中国互联网络中心的调查报告显示：28% 的被访网民认为，产品质量、物流配送和售后服务得不到保障是网上购物最大的问题。所以，对一些积极要求发展电子商务的商家来说，致力于建立完善的、专业的电子商务物流配送体系将是推动企业不断壮大的前提。反过来说，物流配送的滞后将使电子商务的跨时域优势丧失贻尽，成为我国电子商务发展的“瓶颈”。

2. 加快我国物流业发展的相关对策

针对我国经济发展及物流业改革现状，借鉴发达国家走过的道路和经验，我国从 1992 年就开始了物流配送中心的试点工作，原国内贸易部印发了《关于商品物流（配送）中心发展建设的意见》。1996 年发出了《关于加强商业物流配送中心发展建设工作的通知》，指出了发展建设物流配送中心的重要意义，提出了建设的指导思想和原则。同时，还印发了《商业储运企业进一步深化改革与发展的意见》，提出了“转换机制，集约经营，完善功能，发展物流，增强实力”的改革与发展方针，确定了以现代化物流配送中心转变，建设社会化的物流配送中心，发展现代物流网络为主要发展方向。目前，我国物流基础设施建设与电子商务发展要求的极不协调，物流技术水平和物流管理研究的严重落后，电子商务物流配送体系的不完善，对我国电子商务的发展产生了较大的阻碍。为了使我国物流发展不走或少走弯路，大力提高我国物流业的发展水平，使其适应电子商务以及我国整体经济的发展要求，就必须加强以下几方面的措施：

（1）完善我国物流基础设施的建设。我国应继续加强在物流基础设施方面的投资力度，并做好总体的物流发展战略规划，以达到我国物流发展的合理化和物流整体效益的最优化，改变目前我国物流业各部门互不协调、重复建设的现状。同时充分利用大中城市的地理优势和经济实力，建立一些大型的物流配送中心，形成一个比较完整的集物流、商流、信息流、资金流于一体的全国性物流体系网络，推动物流业向集团化、联合化、规模化方面发展，为发展电子商务奠定良好的基础。目前深圳和上海都加强了对物流配送中心的建设，并将物流配送中心列为未来经济结构的三大支柱之一，预计到2003年，深圳将成为中国南部地区的航运和物流中心，上海将成为我国东部乃至亚洲地区最大的航运和物流配送中心。

（2）加强我国电子商务企业的物流配送体系建设，鼓励发展“第三方物流”。借鉴国外先进的经验，实现我国电子商务企业物流体系的合理化和规范化，对传统的仓库储运部门进行重组和改造，建设成为具有一定规模的物流中心或配送中心；引进计算机管理网络，对装卸、搬运、配送和保管实行标准化的操作，提高作业效率；物流企业应该采取多种经营方式与连锁店或商业超市建立同盟，来完善物流的经营网络和配送环节，从根本上来提高企业的服务水平。

同时，国家应当鼓励和促进第三方物流企业的发展，物流产业发展到一定的程度必然会出现第三方物流。西方国家的物流业实证分析表明，独立的第三方物流要占社会的50%，物流产业才能形成。所以，我们应当在当前环境下，充分利用信息技术和网络服务带来的便利，大力发展第三方物流。使电子商务物流配送企业真正能够取得高效率、低成本的经营优势，为电子商务提供完善的物流配送服务。

（3）加强教育，大力培养专业人才。我国物流专业方面的人才严重缺乏，成为制约我国物流业发展的一个重要障碍。因此，要想使我国的物流产业跟上发达国家水平，就必须大力加强教育，培养专业人才。同时，应通过对电子商务物流配送模式的深入研究，形成我国自己的物流发展策略；积极普及物流管理方面的教育和研究，借鉴国外先进的物流理念和物流技术，加强国际间的交流和合作，为国家和企业培养物流方面的专业人才，推动物流与电子商务的发展，使我国物流业成为我国电子商务以及我国经济的重要支撑支柱和强大的推动力量。

第二节　企业间电子商务与企业间物流

比尔·盖茨在《数字神经系统》一书的卷首语中写到“80年代是质量的竞争，90年代是成本的竞争，21世纪是响应速度的竞争”，道出了企业竞争的新方向。产品质量曾经是企业的第一竞争力要素，但随着统计过程控制和其他质量控制技术的应用，同等水平的企业间的质量差距变得很小，产品的成本就成为企业的第一竞争因素。INTERNET的应用使产品的成本信息变得越来越透明，所以，质量和成本仍然是企业考虑的重要因素，但是准确及时的信息交换以便对快速变化的市场需求及时响应将上升到企业的关键竞争力的地位。实施电子商务，尤其是B2B的电子商务，是企业降低成本、提高响应速度、增强企业竞争能力的最佳途径。

一、电子商务的发展方向

B2B 的电子商务是利用电信网络和数字化传媒技术进行商务的数据交换和开展商务的经营活动。电子商务的发展对传统商务具有巨大的推动作用，与传统的以物流为主体的商务运作不同，电子商务以信息流为主，打破了传统商务固定销售地点和销售时间的店铺式经营特征，开放了流通渠道，极大地降低了销售成本，网上销售不再受时间和空间的限制。参与电子商务的主要角色是企业（Business）和消费者（Consumer）。因此在企业和消费者之间、企业与企业之间的网上交易构成了 B2B、B2C 两种主要的电子商务模式。B2C 的电子商务基本上等于网上商店或称在线零售商店，是企业面向客户型的电子商务，是电子商务的第一阶段。但发展实践表明，由于受到网络普及程度不够、网上商店选择的局限、信用消费的不成熟、配送体系欠缺以及大众购物心理的影响，B2C 的电子商务未能取得有效的发展。电子商务发展的真正突破是 B2B 的电子商务，它是企业对企业型的电子商务，是在上下企业之间从事的网络商务活动，是网络经济的基础，从参与企业的数量、涉及的金额、交互信息的规模上来说都将成为电子商务的主体，也是各界关注、政府支持的中心所在。并且它实现了从解决在线支付为主的 E-COMMERCE 转向以解决企业在线采购、计划、生产、储运、分销和客户服务为主的 E-BUSINESS 的转变。因此，我们在此也重点介绍 B2B 的电子商务。

二、B2B 与 B2C 电子商务的商业模式比较与分析

（一）B2B 与 B2C 电子商务的商业模式

根据相关的资料，B2B 与 B2C 电子商务模式如表 7-1：

表 7-1　B2B 与 B2C 电子商务的商业模式比较

	B2B	B2C
订单大小	平均 75000 美元	平均 75 美元
参与者	大量的公司	顾客直接与商家接触
定价	洽谈，固定合同条款，拍卖，目录购买	主要是按价目表，固定价格
决策者	需要批准；商业规则管制	单一顾客
公开采购	需求链引导的直接采购；间接补充采购	冲动购买或者偶尔购买；广告；口头宣传
选择电子市场或门户	价值，合伙，或者权益吸引	品牌吸引，口头宣传，价格，或者广告
实施前景	适应性和实施细则非常重要	实施领域宽广

续上表

	B2B	B2C
信用	开始是依托信用卡，而后需要更复杂的银行信用管理系统	消费者信用卡
基础设施	局域网，定制的目录，流程规则	互联网的联结

（二）B2B 电子商务的商业模式分析

1. B2B 的重要性

1999 年 B2B 的交易金额大约为 430 亿美元，是 B2C 的 5 倍，根据 Forrseter 的研究报告，到 2003 年 B2B 将达到 13000 亿美元，是 B2C 的 10 倍，相对于美国贸易总额的 9%，甚至超过了英国或者意大利的国民生产总值。

1998 年美国汽车销量为 3500 亿美元，互联网相关产品的销量达到 3014 亿美元，只用了 17 年时间走过了汽车业半个世纪的历程。通用汽车库存由 30 天下降到 3 天，生产一辆汽车可以节约 250 美元，资金周转由过去的 20 多天降低到 3 天。福特汽车公司采购部上网之后意味着每年通过网上进行的交易金额达到 800 亿美元，同时福特公司的零部件供应商多达 3 万家，每年的销售额在 3000 亿美元左右。

美国每年要处理约 1 千万张货运单，根据美国海关专家波纳（Richard Bonner，US Customs Service）的统计，现在有 80% 的海运和 65% 的空运货单以电子商务方式处理。

BCG 认为，1998 年美国企业之间的商务为 6710 亿美元，以网络为基础的交易只有 920 亿美元，其他 5790 亿美元仍然是通过电子数据交换系统（EDI）完成的。到 2003 年，电子商务将达到 2 万亿美元，而 EDI 的交易只有 7800 亿美元。以上数据，充分说明 B2B 在现在以及未来几年中的发展趋势，其重要性不言自明。

2. B2B 的发展阶段和类型

B2B 的发展阶段见表 7－2。

表 7－2　B2B 的发展阶段

	阶段 1	阶段 2	阶段 3	阶段 4
灵活性	低规定的格式	高开放式标准	高开放式标准	高开放式标准
成本	高专有网络	低公用网络	低公用网络	低公用网络
商务流程支持	批量定单	目录定单	目录定单加拍卖、招投标	多种定单模式 B2B 交易
市场透明度	低固定的供应链	低分散交易	高跨区域、透明	高跨区域、透明

表 7-3　B2B 的类型

B2B 的类型	主要功能
电子商店	促销、降低成本、寻找需求和新的商业机会
电子采购	降低成本、寻找供给和新的供货商
电子拍卖	通过拍卖撮合交易，共享信息，降低成本
电子商城	电子商店的集大成者
第三方市场	对多重业务提供的交易服务，营销支持
虚拟社区	成员之间交流、价值的增进
价值链服务提供商	支持部分价值链，比如物流、支付系统
价值链整合	通过集成价值链的众多环节增进价值
联合平台	商业过程的合作，比如联合设计
信息中介、信用服务	商业信息查阅，中立可信的第三方服务

三、B2B 的电子商务与供应链管理

企业要在竞争环境中取得竞争优势，不仅要协调企业计划、采购、制造、销售的各个环节，还要与包括供应商、承销商等在内的上下流企业紧密配合。在这种情况下，供应链管理备受推崇。只有 B2B 的电子商务才真正面向了整个供应链管理，并带来了供应链的变革，能够增加商业机会和开拓新的市场，改善过程质量，缩短订货周期，降低交易成本，改善信息管理和决策水平，改善工作方式，使企业从质量、成本和响应速度三个方面得到改进，最终提高企业的竞争力。

（一）B2B 的电子商务带来了企业价值链的变革

供应链（Supply Chain Management）由波特的价值链理论（Value Chain）发展而来。波特指出任何一个组织均可看作是由一系列相关的基本行为组成，这些行为对应于从供应商到消费者的物流、信息流和资金流的流动（见图 7-2）。

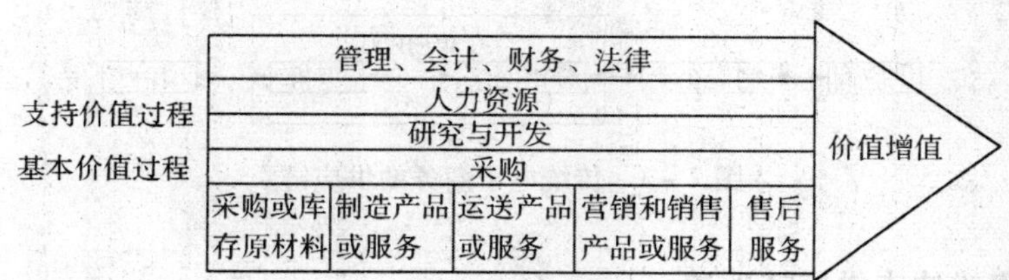

图7-2　波特的企业价值链

波特的企业价值链是面向职能部门的，资源在企业流动的过程就是企业的各个部门不断对其增加价值的过程。但随着全球性竞争的日益剧烈、顾客需求的快速变化，采用劳动分工、专业化协作作为基础的面向职能的管理模式正面临着严峻的挑战，它将企业业务流程割裂成相互独立的环节，关注的焦点是单个任务或工作，但单个任务并没有给顾客创造价值，只有整个过程，即当所有活动有序地集合在一起时，才能给顾客创造价值。哈佛大学的哈默博士于1990年初提出的企业过程再造（Business Process Reengineering）指出：企业的使命是为顾客创造价值；能够为顾客带来价值的是企业流程；企业的成功来自于优异的过程业绩；优异的过程业绩需要有优异的过程管理。B2B的电子商务采用了以顾客为中心、面向过程的管理方法，提高了对顾客、市场的响应速度，注重整个流程最优的系统思想，消除了企业内部环节的重复、无效的劳动，让资源在每一个过程中流动时都实现增值，以达到成本最低、效率最高，这就带来了企业价值链的变革。

（二）B2B的电子商务带来了企业供应链的变革

1. 传统的电子商务供应链

企业内部存在着物流、信息流、资金流的流动，企业与企业之间也存在着这样的流动关系。在日趋分工细化、开放合作的时代，企业仅仅依靠自己的资源参与市场竞争往往处处被动。必须把同经营过程有关的多方面纳入一个整体的供应链中，这样每个企业内部的价值链就通过供应关系联系起来，成为更高层次、更大范围的供应链。供应链管理就是把这个供需的网络组织好。但传统的供应链管理仅仅是一个横向的集成，通过通讯介质将预先指定的供应商、制造商、分销商、零售商和客户依次联系起来，这种供应链注重于内部联系，灵活性差，仅限于点到点的集成（见图7-3）。这样成本高、效率低，而且供应链的一个环节断了，则整个供应链都不能够运行。

图 7－3　传统电子商务的供应链

2. **B2B 模式冲击供应链上游**

B2B 电子商务模式对供应链的冲击主要是上游阶段，即冲击产品制造商与供应商之间的相互联系。在当今高度专业化的时代，大部分企业一般不再自己生产零部件，而依赖于外部的原材料供应厂家和外协生产厂家。在传统的供应链中，一个产品制造商往往连接几层供应商结点，如图 7－4。但在电子商务环境下，通过在线市场或采购服务网站，产品制造商可以最快捷的方式在全球范围内选择最佳的产品和最佳的合作伙伴。如图 7－5。

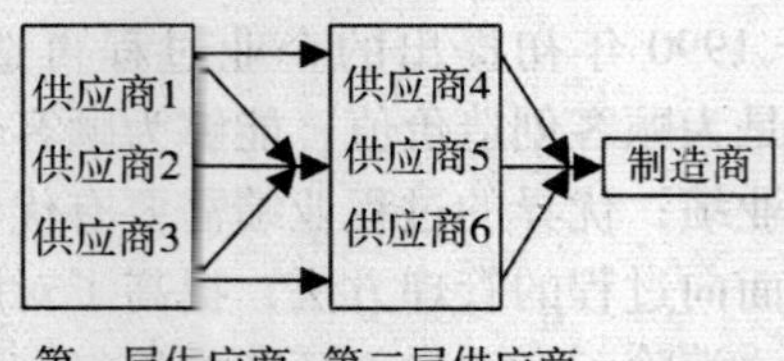

图 7－4　传统的供应链上游

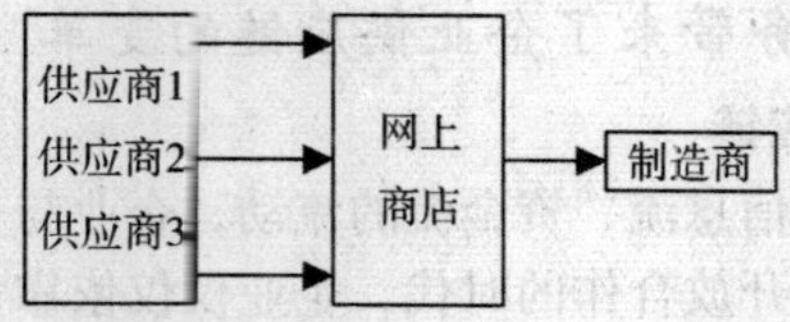

图 7－5　B2B 模式冲击供应链上游

当供应链发展到高级阶段时，企业间传统供应链的重组将衍生出代表网络经济里企业高度专业化及网络化的虚拟企业形式。如不久前，通用、福特、克莱斯勒、丰田、雷诺与日产汽车等结成联盟，组建了全世界最大的虚拟汽车零配件市场，每年向上万家供应商采购 2400 亿美元的汽车零配件。B2B 模式使产品制造商与供应商之间由“讨价还价”的关系变成双赢的“伙伴”关系。网上交易节约了时间、加快了资金及物流的周转，促使企业进行有效的采购管理和成本控制，最终提高了企业的市场竞争能力。

B2B 的电子商务弥补了传统供应链的不足，它不仅局限于企业内部，而且延伸到供应商和客户，甚至供应商的供应商和客户的客户，建立的是一种跨企业的协作，覆盖了从产品设计、需求预测、外协和外购、制造、分销、储运和客户服务等全过程。居于同一供应链的厂商之间不再是零和，而是双赢。B2B的电子商务带来了供应链管理的变革。它运用供应链管理思想，利用INTERNET，整合企业的上下游的产业，以中心制造厂商为核心，将产业上游供应商、产业下游经销商（客户）、物流运输商及服务商以及往来银行进行垂直一体化的整合，构成一个电子商务供应链网络，消除了整个供应链网络上不必要的动作和消耗，促进了供应链向动态的、虚拟的、全球网络化的方向发展。它运用供应链管理的核心技术——客户关系管理（CRM），使需求方自动作业来预计需求，以便更好地了解客户，给他们提供个性化的产品和服务，使资源在供应链网络上合理流动来缩短交货周期、降低库存，并且通过提供自助交易等自助式服务来降低成本、提高速度和精确性、提高企业竞争力。

3. 相对于B2B电子商务，B2C模式主要重塑供应链下游

B2C电子商务模式基本上等同于网上商店或在线零售商店，它对价值链的冲击主要是下游阶段，即商家与最终客户之间的联系。在传统的价值链中，产品到达最终客户手中之前往往要经过几层批发商和零售商结点。但在电子商务环境下，客户既可直接在产品制造商的网上零售店购买，也可在网上商店购买，价值链下游的众多迂回环节将迅速削减，产品制造商与客户之间的距离将迅速拉近。B2C模式节约了店面成本、库存成本（戴尔公司目前的库存只有6天，而其他竞争对手的库存是60天），而且客户通过INTERNET网可迅速地将自己的需求反馈给厂家，厂家对消费者的习惯性偏好能够快速地给予满足，从而提供个性化的服务。

（三）B2B的电子商务促进企业三个层次的过程再造

在企业供应链上，信息、物料、资金等要通过过程才能流动，过程决定了各种流的流速和流量。为了使企业的过程能够预见并响应内外环境的变化，企业的过程必须保证资源的敏捷畅通。因此，要提高企业供应链管理的竞争力，必然要求企业过程的再造。对于B2B的电子商务，这个变革已不仅限于企业内部，而是要把供应链上的所有关系企业与部门都包括进来，是对整个供应链网络上的企业过程再造。

B2B的电子商务的有效实施的关键是供应链在企业内外是否有效衔接、企业内部供应链的信息系统是否与企业内部的业务系统如ERP、CRM等有机结合在一起。如果没有好的ERP，企业就无法及时掌握自己各类原材料和成品的库存情况以及采购到货情况，网上订单将得不到自动确认，必然会影响企业对市场的响应速度；如果没有好的CRM，客户要求、个性化服务无法得到有效及时的处理，必然会影响企业对最终用户的响应速度；这样供应链在企业内外不能有效衔接。要解决这个问题就必须对企业进行三个层次的企业过程再造（BRP），即职能机构内部的BRP、职能机构部门之间的BRP和企业与企业之间的BRP。

（1）职能机构内部的BRP。企业手工业务处理流程必然存在很多重复或无效的业务处理环节，各职能管理机构重叠、中间层次多，而这些中间管理层一般只执行一些非创造性的统计、汇总、填表等工作，很多业务处理方式已不能适合计算机信息处理的要求。B2B 的电子商务将企业整个经营各环节都放在网络上进行，进行信息化管理，取消了许多中间层，必然带来职能部门内部的 BRP。

（2）职能机构部门之间的 BRP。企业要实现真正的电子商务，并不是只要实现了网上订单、网上支付就可以了。如果只是这一段电子化了，而后续的采购、生产、库存、订单确认等供应链环节无法电子化，企业经营整体上是体现不出效率提高、成本降低的，这就要求企业内部各部门之间进行 BRP，以实现全过程的信息化管理。

（3）企业与企业之间的 BRP。这个层次的 BRP 是目前企业流程重组的最高层次，也是 B2B 的电子商务有效实施的必要条件。由于供应链已经不再局限于企业内部，而是延伸到供应商和客户，甚至供应商的供应商和客户的客户，使得管理人员控制企业的广度和深度都在增加。供应链上各企业之间的信息交流大大增加，就要求企业之间必须保持业务过程的一致性，这就要求企业与企业之间必须进行 BRP，以实现对整个供应链的有效管理。

（四）B2B 的电子商务实现了在整个产业乃至全球的供应链网络上的增值

在供应链上除资金流、物流、信息流外，根本的是要有增值流。各种资源在供应链上流动，应是一个不断增值的过程。因此供应链的本质是增值链。从形式上来看，客户是在购买企业提供的商品或服务，但实质上是在购买商品或服务所带来的价值。供应链上每一环节增值与否、增值的大小都会成为影响企业竞争力的关键。所以，要增加企业竞争力，要求消除一切无效劳动，在供应链上每一环节作到价值增值。以往的 ERP、B2C 的电子商务都只实现了本企业的供应链上的增值，只有 B2B 的电子商务利用 ERP、电子商务套件和 CRM 等 WEB 技术，将上下游企业组成整个产业系统的供应链，并且与其他企业、产业的供应链相连接，组成了一个动态的、虚拟的、全球网络化的供应链网络，真正做到了降低企业的采购成本和物流成本，在整个供应链网络的每一个过程实现最合理的增值，并且最重要的是提高企业对市场和最终顾客需求的响应速度，从而提高企业的市场竞争力。

四、B2B 电子商务与企业间物流

（一）B2B 电子商务配送网络的建立

B2B 的电子商务可谓是未来电子商务的发展方向，而且也日益得到了飞速的发展。但是，所有的电子商务都必须要有良好的物流做保证，否则，物流就会成为电子商务发展的瓶颈，从而影响和制约着它的发展。对于 B2B 的电子商务也一样，要做好 B2B 电子商务，就必须建立良好的物流系统与之相配合。

首先，根据B2B电子商务的特点，必须设立能覆盖市场的物流中心和配送中心，物流中心应设立在供应链的上游，处理来自供应商的大宗到货，为下游渠道提供存货、运输、服务等方面的支持，为了管理的方便，可以将B2B电子商务公司的销售预测、采购、库存控制、定单处理、网上促销等商务运作部门与物流中心的仓库设在一起，还可将呼叫中心（CALL CENTER）及其他相关客户服务部门设在此处，物流中心的覆盖半径一般应在1000公里以上，这样覆盖全国市场也只需要一个或少数几个物流中心，为了提高整个物流系统的响应能力，将供应链渠道的重心下移到接近市场的地点，还必须设立配送中心。配送中心位于供应链的下游，根据当地市场厂商的需要向上游的物流中心定货。并按用户的要求进行相关作业，为了使配送中心的作业有效率，可能还需要进行销售预测、定单处理、库存控制、到货分拣、储存、拣选、组配、送货、结算、客户服务等工作。一个配送中心可能覆盖的范围要看物流中心和配送中心的信息沟通方式。可用的交通运输工具及运输的效率，公司的存货政策及配送预算，对客户送货及相关服务承诺的规格等而定。

其次，要选择合理的物流中心和配送中心建设模式。大多数B2B电子商务经营者都赞同将物流与配送外包给第三方物流和配送公司。从实际运作和财务状况的角度考虑，首先将物流与配送业务外包应为最佳的选择，其次是电子商务配送与普通商务配送结合，最后才是自己投资建设自己的物流与配送网络。但这必须要有充裕的资金，股东有容忍若干年亏损的耐性，同时还要保证电子商务公司本身的经营管理不出问题，这是很难的，在没有自己的物流中心或配送中心的情况下，电子商务公司应在明确自己的物流与配送需求后，再去与物流和配送服务商合作。

（二）B2B电子商务物流的最佳实现方式：第三方物流

1. 第三方物流的概念

第三方物流是指由物流劳务的供方、需方之外的第三方去完成物流服务的物流运作方式。第三方就是指提供物流交易双方的部分或全部物流功能的外部服务提供者。在某种意义上可以说，它是物流专业化的一种形式。第三方物流随着物流业发展而发展。第三方物流是物流专业化的重要形式。物流业发展到一定阶段必然会出现第三方物流的发展，而且第三方物流的占有率与物流产业的水平之间有着非常规律的关系。西方国家的物流业实证分析证明，独立的第三方物流要占有社会的50%，物流产业才能形成。所以，第三方物流的发展程度反映和体现着一个国家物流业发展整体水平。

2. 第三方物流的分类及作用

（1）第三方物流企业分类：按照第三方物流企业完成的物流业务范围的大小和所承担的物流功能，可将其分为综合性第三方物流企业和功能性第三方物流企业。功能性物流企业，也叫单一物流企业，即它仅仅承担和完成某一项或几项物流功能。按照其主要从事的物流功能可将其进一步分为运输企业、仓储企业、流通加工企业等。综合性第三方物流企业指能够完成和承担多项甚至全部的物流功能的第三方物流企业。综合性物流企业一般规模较大、资金雄厚、并且有着良好的物流服务信誉。

按照第三方物流企业是自行承担和完成物流业务还是委托他人进行操作，将第三方物流企业分为物流自理第三方物流企业和物流代理第三方物流企业。物流自理企业就是平常人们所说的物流企业，它可进一步按照业务范围进行划分。物流代理企业同样可以按照物流业务代理的范围，分成综合性物流代理企业和功能性物流代理企业。功能性物流代理企业，包括运输代理企业（即货代公司）、仓储代理企业（仓代公司）和流通加工代理企业等。

（2）第三方物流的作用

供应方采用第三方物流方式对于提高企业经营效率具有重要作用。第一，可以使供应方专心致志地从事自己所熟悉的业务，将资源集中配置在核心业务上；第二，第三方物流企业作为专门从事物流工作的行家，具有丰富的专业知识和经验，有利于提高供应方的物流水平；第三，第三方物流企业是面向社会众多企业提供物流服务，可以站在比单一企业更高的角度，在更大范围内考虑物流的合理化问题，有利于物流资源的合理利用和配置；第四，随着流通范围的扩大，市场外部环境的变化，企业的生产经营活动也变得越来越复杂，要实现物流活动的合理化仅仅将物流系统范围局限在企业内部已远远不够。建立企业间跨行业的物流系统网络是现代物流大系统的要求。第三方物流企业通过其掌握的物流系统开发设计能力、信息技术能力成为建立企业间物流系统网络的组织者，完成单个企业无法实现的工作。

第三方物流企业提供物流服务给需求方时，一方面通过第三方物流企业控制物流成本从而使产品附加成本下降，有利于刺激需求方的需求；另一方面，第三方物流企业将需求方使用供应方产品的有关信息及时反馈给供应方，从而在供应方和需求方之间充当中介桥梁作用。

3. 第三方物流的发展及发展趋势

第三方物流是20世纪80年代中后期才在欧、美、日等发达国家出现的概念。当时它是对物流环节的要素进行外包的一个主要考虑方面。在1988年美国物流管理委员会的一项顾客服务调查中，首次提到第三方物流服务提供者。这种新思维被纳入到顾客服务职能中。它也被用来描述与服务提供者的战略联盟，尤其指物流服务提供者。在国外，第三方物流也称“合同物流”或“契约物流”。20世纪80年代由于西方汽车运输业放松管制，大量仓库运输供应者业务的不断熟练，以及用户和提供者之间重要的物流与市场信息通讯体系的建立，个人计算机的增长和EDI的推广方便了外包协议的执行，1982年美国第三方提供的主要物流职能（运输、仓储、物料管理与辅助管理）还不到物流市场份额的10%，而在90年代初期已占20%以上，到1996年时美国第三方物流已达到57%，日本此时期则达到80%左右。欧洲第三方物流在90年代中后期发展非常快，德国总的物流市场是340亿美元，交给第三方的是80多亿美元，占到德国物流市场份额的23.33%，法国为26.9%，英国达到34.48%，意大利占12.77%，西班牙占18%，荷兰占25%，总的算起来，欧共体国家第三方物流占整个物流市场的比重基本上在10%~35%之间。这些数字说明在国外第三方物流占的比例是比较大的。

国外第三方物流的发展趋势有以下几个方面：第一，随着经济全球化的发展以及不同地区的特殊性，使许多公司趋向于委托第三方。小公司自身没有技术或财力去满足需要，大公司既没有时间也无专门技术去完成他们要做的每件事。那些想在竞争中占优的公司将不得不向外寻求合同制和第三方，加之第三方有现成的比这些公司自己做要好得多的物流解决方案和物流管理信息系统，所以这些公司都非常愿意把事务外包出去，并且那些业务已经外包的公司会通过第三方物流公司继续扩大与提高生产能力，为顾客提供更好的服务。第二，第三方物流的利润空间很大。第三方物流除了给供应方（第一方）、需求方（第二方）带来利润以外，自己也能赚到钱。当然前提是利用更加严格的内部成本控制和更好的使用信息技术提供多一点的增值服务。

4. 第三方物流与B2B电子商务

B2B电子商务具有最广阔的市场前景，基本上可以分为两种类型：企业对非零售商和企业对零售商。前一种类型，业务特点是客源稳定，不集中，需求批量大，品种相对单一，因此，可以采用合同物流来满足企业的需要。而企业对零售商，相对来说品种多、批量少，客源稳定集中，主要的问题是产品的及时配送，必须借助于第三方物流。涉及到跨国界或广区域物流问题时，则适宜采用代理物流的方式，由代理服务机构全权负责物流业务。

因此，从实际角度或者财务方面考虑，开展B2B电子商务在确定具体的物流模式时，选择第三方物流不失为一种较好的选择。即将物流业务外包给第三方，这样不仅能使开展B2B电子商务的企业能专心致志的集中力量发展自己的核心业务；而且由于第三方物流企业具有丰富的专业知识和经验，从而相对提高了电子商务供应方的物流供应水平，也相对提高了供应方的经营效率。更重要的是，当B2B电子商务厂家采用第三方物流方式时，它能有效控制和降低物流成本，从而使产品总成本下降，使该企业能在竞争日益激烈的今天，获得更大的发展。所以，第三方物流应为B2B电子商务物流模式的未来方向。

第三节　物流信息与电子商务安全环境

随着Internet网络技术的飞速发展，电子商务对我们生活的影响也越来越大，随之而来的安全问题也越来越突出。调查公司曾对电子商务的应用前景进行过在线调查，当问到为什么不愿意在线购物时，很多人担心遭到黑客侵袭，而导致信用卡信息丢失。企业担心信息传输过程中的安全性，担心商业机密的泄露，担心网络上的商业欺诈行为。交易安全问题是个普遍关注的问题，各参与方都要求有一个安全可靠的交易环境。电子商务是商务活动的新模式，发展越迅速，其安全性问题，也越突出。电子商务是在网络的基础上进行各种交易活动的。交易的双方通过网络进行信息的传输时，其安全就变得非常重要。在开放的网络上进行交易，如何保证传输数据的安全成为电子商务能否普及的重要因素之一。归根结底，电子商务的安全除了有其自身的特殊性外，也就是网络的安全。因此，如何为电子商务创造一个良好的安全环境。具体对于物流企业时，如何确保企业在电子商务活动中，确保其交易及物流信息等各种数据的可靠性、完整性和可用性，已经成为一个日益突出和亟待解决的问题。

一、物流信息和电子商务的安全性

电子商务的交易和信息传输的安全，就是对其中所涉及的各种数据的可靠性、完整性和可用性进行保护。它的安全性应该满足以下条件：

（1）数据保密，防止非授权用户获得并使用该数据。

（2）数据完整性，确保网络上的数据在传输过程中没有被篡改。

（3）身份验证，对信息传送者和接受者的确认。

（4）授权，控制谁能够访问网络上的信息并且能够进行何种操作。

（5）不可抵赖和不可否认，用户不能抵赖自己曾做出的行为，也不能否认曾经接到对方的信息。

（6）软件资源免受病毒的侵害。

如何解决好这一系列问题，逐步消除客户的心理顾虑，在追求方便快捷的网上交易的同时，获得安全保障呢？构筑更加安全的体系。下面我们将以当今通用的几种保障技术进行尝试分析。

二、确保电子商务安全的技术

（一）防火墙技术

在任一企业网络中，在当今，其基本的网络体系为 Internet/Intranet 结构。在这种网络体系中，由于互联网的开放性，网络安全防护的方式发生了根本变化，使得安全问题更为复杂。传统的网络强调统一而集中的安全管理和控制，可采取加密、认证、访问控制、审计以及日志等多种技术手段，且它们的实施可由通信双方共同完成；而由于互联网是一个开放的全球网络，其网络结构错综复杂，因此安全防护方式截然不同，互联网的安全技术涉及传统的网络安全技术和分布式网络安全技术，且主要是用来解决如何利用 Internet 进行安全通信，同时保护内部网络免受外部攻击。在此情形下，防火墙技术应运而生。网络防火墙是网络安全工具中最成熟也是最早产品化了的技术。

1．防火墙的含义和实质

（1）防火墙的含义：防火墙是设置在被保护网络和外部网络之间的一道屏障，以防止发生不可预测的、潜在破坏性的侵入。它可通过监测、限制、更改跨越防火墙的数据流，尽可能地对外部屏蔽网络内部的信息、结构和运行状况，以此来实现网络的安全保护。

（2）防火墙的实质：防火墙包含着一对矛盾（或称机制）。一方面它限制数据流通，另一方面它又允许数据流通。由于网络的管理机制及安全政策不同，因此这对矛盾呈现出不同的表现形式。

存在两种极端的情形：第一种是除了非允许不可的都被禁止，第二种是除了非禁止不可的都被允许。第一种的特点是安全但不好用，第二种是好用但不安全，而多数防火墙都在两种之间采取折中。这里所谓的好用或不好用主要指跨越防火墙的访问效率。在确保防火墙或比较安全的前提下提高访问效率是当前防火墙技术研究和实现的热点。

2．防火墙的基本原理

（1）数据包过滤。数据包过滤技术是在网络层对数据包进行选择，选择的依据是系统内设置的过滤逻辑，被称为访问控制表。通过检查数据流中每个数据包的源地址、目的地址、所用的端口号、协议状态等因素，或它们的组合来确定是否允许数据包通过。数据包过滤防火墙的缺点有二：一是非法访问一旦突破防火墙，即可对主机上的软件和配置漏洞进行攻击；二是数据包的源地址、目的地址以及 IP 的端口号都在数据包的头部，很有可能被窃听或假冒。

（2）应用级网关。应用级网关是在网络应用层上建立协议过滤和转发功能。它针对特定的网络应用服务协议使用指定的数据过滤逻辑，并在过滤的同时，对数据包进行必要的分析、登记和统计，形成报告。实际中的应用级网关通常安装在专用工作站系统上。

数据包过滤和应用级网关防火墙有一个共同的特点，就是它们仅仅依靠特定的逻辑判定是否允许数据包通过。一旦满足逻辑，则防火墙内外的计算机系统建立直接联系，防火墙外部的用户有可能直接了解防火墙内部的网络结构和运行状态，这有利于实施非法访问和攻击。

（3）代理服务。代理服务也称链路级网关或 TCP 通道，也有人将它归于应用级网关一类。它是针对数据包过滤和应用网关技术存在的缺点而引入的防火墙技术，其特点是将所有跨越防火墙的网络通信链路分为两段。防火墙内外计算机系统应用层的链接，有两个终止代理服务器上的链接来实现，外部计算机的网络链路只能到运代理服务器，从而起到了隔离防火墙内外计算机系统的作用。此外，代理服务器也对过往的数据包进行分析、注册登记，形成报告，同时当发现被攻击迹象时会向网络管理员发出警报，并保留攻击痕迹。

3. 防火墙的基本类型

防火墙是在两个网络通信时执行的一种访问控制技术，是一种被动的防卫技术。它由网络级防火墙、应用级网关防火墙、电路级网关、规则检查防火墙四大类组成。目前，规则检查防火墙在市场上比较流行。规则检查防火墙对于用户透明，在DSI最高层上加密数据，不需要用户去修改客户端的程序，也不需对每个要在防火墙上运行的服务器增加一个代理，因此，规则检查防火墙受到了广泛的欢迎。

（二）数据加密技术

在电子商务和物流信息交换及传递过程中，保证它们的信息安全的一个最重要技术就是使用加密技术对重要的数据信息进行加密。信息的保密是信息安全性的一个重要方面。保密的目的就是防止对手破译信息系统中的机密信息。加密就是使用数学的方法来重新组织数据，任何其他人要想恢复原先的信息——也称明文或读懂变化后的信息——也称密文是非常困难的。可见加密可使一些重要数据存储在一台不安全的计算机上，或可以在一个不安全的信道上传输，只有持有合法密钥的一方才能获得明文。

所谓加密算法就是对明文进行加密时所采用的一组规则，解密算法就是对密文进行解密时所采用的一组规则。加密算法和解密算法的操作通常都是在一组密钥的控制下进行的，分别称作加密密钥（私钥）和解密密钥（公钥）。根据加密和解密的密钥是否相同，可将现有的加密体制分为两种：一种是私钥或称对称加密钥，这种技术的加密密钥和解密密钥相同，其典型代表是美国的数据加密标准——DES；另一种是公开密钥或叫非对称加密钥，这种技术的加密密钥和解密密钥不相同并且从其中一个很难推出另一个。加密密钥可以公开，而解密密钥用户自己保存，其典型的代表是RSA。

（1）对称加密钥。DES是目前研究最深入、应用最广泛的一种对称加密钥，已经有长达20年的历史。DES的研究大大丰富了设计对称密码的理论、技术和方法。

（2）公开密钥。私钥加钥技术的缺陷之一是通信双方在进行通信之前需要通过一个安全信道事先交换密钥，这在实际应用中是非常困难的。而公钥密码技术可使通信双方无需事先交换密码就可建立起保密通信。公钥算法要比私钥算法慢得多。在实际通信中，一般利用公钥密码技术来保护和分配密钥，而利用私钥密码技术来加密明文。公钥密码主要用于认证和密码管理。公钥密码技术的出现为解决私钥密码的密码分配开辟了一条广阔的道路。

目前国际上已经有许多种的公钥密码技术，但比较流行的和被人们认可的公钥密码主要有两类，一类是基于大整数因子分解的问题，最典型的代表RSA公钥密码技术；另一类是基于离散对数问题的，比如ELGamal公钥密码技术和椭圆曲线公钥密码。由于大整数的能力日益增强，所以对RSA公钥密码的安全带来了一定的威胁，512位长的RSA已经不安全。人们建议使用1024位，要保证20年的安全就要选择1280位的。而基于离散对数问题的公钥密码在目前技术下有512位就能够保证其安全性。特别是椭圆曲线上的离散对数的计算要比有限域上的离散对数的计算更困难，能设计出密码更短的公钥密码，因而受到了国际上广泛的关注。RSA 算法在美国已经申请了专利，在 2000 年 9 月 20 日到期。

总之，在 Internet 上，具体对物流信息传递和保证电子商务信息安全方面，使用更多的是公开密钥。公开密钥基础（PKI）是一种遵循标准的密钥管理平台，它能够为所有网络应用透明地提供采用加密和数字签名等密码服务所必须的密钥和证书管理。由具有认证机关证书库密钥备份及恢复系统、证书作废处理、客户端证书处理系统等基本成分组成。所以，公钥在信息交流中具有广泛的基础。

（三）数字签名技术

（1）数字签名的含义。数字签名以公钥加密技术为基础。在公钥加密技术中，每个使用一对密钥，其中，一个是大家公用的，称为公钥；一个是自己专用的，称为私钥。在向某人发密信时，你用接收者的公钥加密该信件，接收者收到信后用自己的私钥进行脱密，即可阅读。而数字签名则相反，发送者用私钥对一段信息加密，接收者则用其公钥解密，确认是对方的信件。数字签名不但具有手写签名的效果，而且可以对电子信息提供高一层次的验证功能。在电子商务蓬勃发展的今天，数字签名防欺诈、防更改的功能，使其成为一项必不可少的安全技术。

（2）数字签名的原理。数字签名过程与公钥加密过程正好相反。举例如下：如果用户 A 向用户 B 发送密信，用户 B 收到后必须弄清两个问题：①这封信是真的吗？途中有没有人篡改？②确信是用户 A 发的，对方抵赖不了发过此信的事实。因此，用户 B 要用户 A 签名，签名过程如下。

第一，摘要：用户 A 使用单向散列算法对信件进行计算，得出一长串数字，这称为摘要。

第二，加密：用户 A 用自己的私钥对摘要和信件加密，这等于签了名字。

第三，发送：把加密后的信件发送给用户 B。如果用户 B 没有用户 A 的公钥，用户 A 还得发送一数字证书给对方，其中包含用户 A 的公钥。

第四，接收和验证：用户 B 收到信件后，用用户 A 的公钥解密，然后用同样的单向算法信件进行计算。计算的结果与原摘要作比较，如一致则表示此信件未被更改过。当然，用户 A 也难以否认此信是他发的事实。

（3）数字签名的作用。数字签名技术所要解决的是在电子商务环境中传送文件的签名盖章确认其有效性的问题。它具有以下作用：接收者能够核实发送者对报文的签名；发送者事后不能抵赖对报文的签名；接收者不能伪造对报文的签名。

（4）用户如何使用数字签名。当在电子商务活动中或物流信息传递中，接收到一份进行过数字签名的报文时，就能够通过验证签发者的数字签名来确认发送者的身份，保证报文传输中没有出错，并且该报文不是伪造。当我们发报文时，就能够对它进行数字签发并且将自己的数字签证附在其上，以便让报文的接收者确认信息确实是你发送的。对于一条报文，可以附上多条数字签证，形成一条数字证链。链中每项数字签证用于鉴别前一项数字签证，最高级别的认证中心必须是完全独立的，且为用户所充分信赖的。其公共密钥必须是众所周知的，我们对报文的接收方越熟悉，发送时附带数字签名的必要性越小。

在信息传递中，我们也可以用数字签证表明自己的身份。一旦获得了一个数字签证，我们就能建立自己安全的网络或自动运用数字签证的电子邮件。

（四）安全交易协议与 CA 认证

1. 安全电子交易协议

在电子商务中，为了确保信息传递的安全，经过多方努力，并合作产生了许多安全协议，如 Digicash、First Virtual、Netbill、SSL、SET 等等。下面我们就当今应用较广的 SSL 和 SET 进行简要的介绍。

2. SSL

SSL（Secure Socket Layer）是使用加密的方法，建立一个安全的通信通道以便将客户的信用卡号传送给商家。它等价于使用一个安全电话连接将用户的信用卡通过电话读给商家。这一协议当然不能防止心术不正的商家的欺诈，因为该商家掌握了客户的信用卡号。商家欺诈是信用卡业所面临的最严重的问题之一。

3. SET

SET（Secure Electronic Transaction）是 Visa 和 MasterCard 联合开发的的一个协议，它具有很强的安全性。按照 SET，客户将采购请求和价格进行数字签名，然后用银行公共密钥将付款信息（例如信用卡号）加密。商家认可该采购并将该请求传给银行。银行加工该请求，若价格匹配，则银行对客户的账号扣款并指令商家完成该笔交易。SET 的安全性超过 SSL，它可防止商家欺诈，但 SET 协议非常的复杂。

4. CA 认证

（1）认证中心的含义。我们可以使用数字证书，通过运用对称和非对称密码体制等密码技术建立起一套严密的身份认证系统，从而保证信息除发送方和接收方外不被其他人窃取，信息在传输过程中不被篡改；发送方能够通过数字证书来确认接收方的身份；发送方对于自己发送的信息不能抵赖。

认证中心就是一个负责发放和管理数字证书的权威机构。对于一个大型的应用环境，认证中心往往采用一种多层次的分级结构，各级的认证中心类似于各级行政机关，上级认证中心负责签发和管理下级认证中心的证书，最下一级的认证中心直接面向最终用户。

（2）CA 的基本组成和层次结构。认证中心主要包括如下几个组成部分：

注册服务器（RS）：注册服务器是一个通过网络面向用户的系统，它包括计算机系统和功能接口部分。

注册中心（RA）：注册中心负责证书申请的审批，它通常是金融机构．如持卡人发卡行或商户的收单行。证书的审批需要制定审批的标准。

认证中心（CA）：认证中心负责证书的颁发，是被信任的部门。在证书申请被审批部门批准后，认证中心通过注册服务器将证书发放给申请者。

认证中心的层次结构：根据功能的不同，SET认证中心划分成不同的等级，不同的认证中心负责发放不同的证书。持卡人证书、商户证书、支付网关证书分别由持卡人认证中心（CCA）、商户认证中心（MCA）、支付网关认证中心（PCA）进行颁发，而CCA证书、MCA证书和PCA证书则由品牌认证中心（BCA）或区域性认证中心（GCA）进行颁发。BCA的证书由根认证中心（RCA）进行颁发。对于所有使用SET的实体来说，只有唯一的根CA。该根CA使用一个长2048位的密钥来签发每一张品牌证书。在根证书有效期终止之外，定义了从一个根密钥转变到另一个根密钥的过程。由品牌CA或该层次结构中更低级别的CA所发放的证书，均使用长1024位的密钥进行签发，这反映了较低层次的CA所要求的较少的安全性。

（3）CA的主要功能。认证中心的核心职能是发放和管理用户的数字证书。证书发放用户向认证中心提出申请证书，并说明自己的身份。认证中心在验证用户的身份后，向用户发放数字证书。认证中心在发放证书时要遵循一定的准则。例如，保证所发证书的序号各不相同；不同实体所申请的证书的主体内容不一致；不同的主体内容的证书所包含的公开密钥各不相同，等等。

5．证书管理

认证中心应管理其所发放的所有证书，这些管理功能包括：用户能够方便地查找各种证书，以及已经撤消的证书；能够根据用户请求或其他信息撤消用户的证书；能够根据证书的有效期自动地撤消证书；能够完成证书数据库的备份工作；有效地保护证书和密钥服务器的安全。特别是认证中心的签名密钥不被非法使用。一般来讲，证书管理应通过目录服务来实现。

总的说来，基于认证中心的安全方案很好地解决网上用户身份认证和信息安全传输问题。一般一个完整的安全解决方案包括以下几个方面：① 认证中心的建立；②密码体制的选择，现在一般都采用混合密码体制（即对称密码和非对称密码的结合）；③安全协议的选择，目前较常用的安全协议有SSL、S-HTTP和SET等。其中，认证中心的建立是实现整个网络安全与解决方案的关键和基础，它的建立对Internet上电子商务与政府上网应用的开展具有非常重要的意义。开展电子商务最突出的问题是要解决网上购物、交易和结算中的安全问题，包括：建立电子商务各主体之间的信任问题，即建立安全认证体系（CA）问题；选择安全标准（如SET、SSL、PKI等）问题；采用加、解密方法和加密强度问题。其中，建立安全认证体系是关键。

（五）智能卡技术

智能卡技术将成为用户接入和用户身份认证等安全要求的首选技术。智能卡读取器将成为用户接入和认证安全解决方案的一个关键部分。用户取得智能卡安全设备，确保参与加密对话的人确实是其本人。

（六）防病毒

在电子商务活动中，要维持一个企业的正常运转和经营，确保企业整体网络体系的安全与完整就显得非常重要。具体对于物流企业来说，在电子商务活动中，保证物流信息传输过程的安全与完整，就要确保该企业的网络体系不被破坏，无论是 Internet/Intranet，或者是 EOS、POS 等其他信息交换网络。威胁企业网络的病毒有两种，一种来自文件下载，另一种来自电子邮件。针对网络环境下病毒感染传播的特点，防止上传和下载文件带有病毒对企业的网络是非常重要的，但到目前为止解决网络病毒的有效办法仍是安装防病毒软件。

用户缺乏计算机防毒知识，没有掌握正确的防治方法，主观意识不强，大量使用未经检测的盗版软件，给病毒的迅速传播打开了通道。技术人员是消除病毒的重要力量，对病毒防治知识的普及给予高度重视，加速培养高素质防病毒队伍是现实所需。从而确保一个企业整体网络体系的完整与安全，使得它能在电子商务经营中正常运行。

综上所述几种电子商务经营中的防范措施，是当今最为流行和广泛使用的几种方法。但具体对于不同的企业来说，由于其体制不尽相同，所以也要具体情况具体分析，对症下药，采用最有效的措施和方法。构筑该企业自己特有的安全解决方案，从而建立自己特有的安全保障体系。对于物流企业来说也是一样，如何确保物流信息的安全，创造一个安全的信息交易环境，关系到该企业在未来的电子商务经营活动中的基本生存能力。

思考题

（1）试述电子商务与物流的关系。

（2）试述企业间电子商务与企业间物流的内涵。

（3）试述物流信息与电子商务安全环境的要素与措施。

第八章　RFID 射频识别技术在物流中的应用

目前，我国射频识别技术及应用处于初级发展阶段，存在技术水平不高，标准规范不完整等诸多问题。同时，我国射频识别技术又拥有广阔的发展前景和巨大的市场潜力。相对于条码技术而言，射频识别技术的发展和应用的推广将是我国自动识别行业的一场技术革命。

第一节　RFID 射频识别技术概况与应用

RFID 是射频识别技术的英文（Radio Frequency Identification）的缩写。射频识别技术是 20 世纪 90 年代开始兴起的一种自动识别技术。该技术在世界范围内正被广泛的应用，而在我国起步较晚，与先进国家相比存在很大的差距。2005 年 1 月份，全球最大零售商沃尔玛公司向供应商发出最后通牒，要求从 2005 年 1 月 1 日开始，所有出口到美国的商品集装箱托盘都必须使用电子标签，而我国现在这项技术还处在研发阶段，研究和发展射频识别技术及其应用刻不容缓，任务紧迫。

一、RFID 射频识别技术概况

（一）射频识别技术

射频识别技术是一项利用射频信号通过空间耦合（交变磁场或电磁场），实现无接触信息传递并通过所传递的信息达到识别目的的技术。

射频识别系统通常由电子标签（射频标签）和阅读器组成。电子标签内存有一定格式的电子数据，常以此作为待识别物品的标识性信息。应用中将电子标签附着在待识别物品上，作为待识别物品的电子标记。阅读器与电子标签可按约定的通信协议互传信息，通常的情况是由阅读器向电子标签发送命令，电子标签根据收到的阅读器的命令，将内存的标识性数据回传给阅读器。这种通信是在无接触方式下，利用交变磁场或电磁场的空间耦合及射频信号调制与解调技术实现的。

电子标签具有各种各样的形状，但不是任意形状都能满足阅读距离及工作频率的要求，必需根据系统的工作原理，即磁场耦合（变压器原理）或是电磁场耦合（雷达原理），设计合适的天线外形及尺寸。电子标签通常由标签天线（或线圈）及标签芯片组成。标签芯片即相当于一个具有无线收发功能再加存贮功能的单片系统（SoC）。从纯技术的角度来说，射频识别技术的核心在电子标签，阅读器是根据电子标签的设计而设计的。虽然，在射频识别系统中电子标签的价格远比阅读器低，但通常情况下，在应用中电子标签的数量是很大的，尤其是物流应用中，电子标签有可能是海量并且是一次性使用的，而阅读器的数量则相对要少的多。

实际应用中，电子标签除了具有数据存贮量、数据传输速率、工作频率、多标签识读特征等电学参数之外，还根据其内部是否需要加装电池及电池供电的作用而将电子标签分为无源标签（passive）、半无源标签（semi - passive）和有源标签（active）三种类型。无源标签没有内装电池，在阅读器的阅读范围之外时，标签处于无源状态，在阅读器的阅读范围之内时标签从阅读器发出的射频能量中提取其工作所需的电能。半无源标签内装有电池，但电池仅对标签内要求供电维持数据的电路或标签芯片工作所需的电压作辅助支持，标签电路本身耗电很少。标签未进入工作状态前，一直处于休眠状态，相当于无源标签。标签进入阅读器的阅读范围时，受到阅读器发出的射频能量的激励，进入工作状态时，用于传输通信的射频能量与无源标签一样源自阅读器。有源标签的工作电源完全由内部电池供给，同时标签电池的能量供应也部分地转换为标签与阅读器通信所需的射频能量。

射频识别系统的另一主要性能指标是阅读距离，也称为作用距离，它表示在最远为多远的距离上，阅读器能够可靠地与电子标签交换信息，即阅读器能读取标签中的数据。实际系统这一指标相差很大，取决于标签及阅读器系统的设计、成本的要求、应用的需求等，范围从 0 ~ 100m 左右。典型的情况是，在低频 125kHz、13. 56MHz 频点上一般均采用无源标签，作用距离在 10 ~ 30cm 左右，个别有到 1. 5m 的系统。在高频 UHF 频段，无源标签的作用距离可达到 3 ~ 10m。更高频段的系统一般均采用有源标签。采用有源标签的系统有达到作用距离至 100m 左右的报道。

RFID 系统工作原理如图 8 - 1 所示：

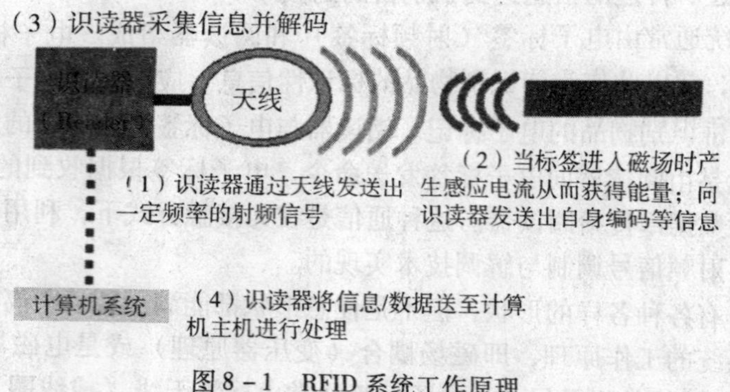

图 8 - 1　RFID 系统工作原理

（二）射频识别技术发展历史

从信息传递的基本原理来说，射频识别技术在低频段基于变压器耦合模型（初级与次级之间的能量传递及信号传递），在高频段基于雷达探测目标的空间耦合模型（雷达发射电磁波信号碰到目标后携带目标信息返回雷达接收机）。1948年哈里·斯托克曼发表的“利用反射功率的通信”奠定了射频识别技术的理论基础。射频识别技术的发展可按10年期划分如下：

1940～1950年：雷达的改进和应用催生了射频识别技术，1948年奠定了射频识别技术的理论基础。

1950～1960年：早期射频识别技术的探索阶段，主要处于实验室实验研究。

1960～1970年：射频识别技术的理论得到了发展，开始了一些应用尝试。

1970～1980年：射频识别技术与产品研发处于一个大发展时期，各种射频识别技术测试得到加速，出现了一些最早的射频识别应用。

1980～1990年：射频识别技术及产品进入商业应用阶段，各种规模应用开始出现。

1990～2000年：射频识别技术标准化问题日趋得到重视，射频识别产品得到广泛采用，射频识别产品逐渐成为人们生活中的一部分。

2000年后：标准化问题日趋为人们所重视，射频识别产品种类更加丰富，有源电子标签、无源电子标签及半无源电子标签均得到发展，电子标签成本不断降低，规模应用行业扩大。

至今，射频识别技术的理论得到丰富和完善。单芯片电子标签、多电子标签识读、无线可读可写、无源电子标签的远距离识别、适应高速移动物体的射频识别技术与产品正在成为现实并走向应用。

特别值得一提的是在1998年美国麻省理工学院的David Brock博士和Sanjay Sarma教授在喝咖啡聊天时，谈及*物品自动识别技术手段问题时产生的从系统的角度来解决物品自动识别问题*的灵感，由此导致了供应链中物品自动识别概念的一次革命，并最终在1999年10月1日正式创建Auto－ID Center非盈利性的开发组织。Auto－ID Center诞生后，迅速提出了产品电子代码EPC（Electronic Product Code）的概念以及物联网的概念与构架，并积极推进有关概念的基础研究与实验工作。可以说，EPC与物联网的概念将射频识别技术的应用推到了极致，对射频识别技术的发展与应用的推广起到了极大的推动作用。

（三）射频识别技术的发展

射频识别技术的发展，一方面受到应用需求的驱动，另一方面射频识别技术的成功应用反过来又将极大地促进应用需求的扩展。从技术角度说，射频识别技术的发展体现在若干关键技术的突破。从应用角度来说，射频识别技术的发展目的在于不断满足日益增长的应用需求。

射频识别技术的发展得益于多项技术的综合发展。所涉及的关键技术大致包括芯片技术、天线技术、无线收发技术、数据变换与编码技术、电磁传播特性。

随着技术的不断进步，射频识别产品的种类将越来越丰富，应用也越来越广泛。可以预计，在未来的几年中，射频识别技术将持续保持高速发展的势头。射频识别技术的发展将会在电子标签（射频标签）、阅读器、系统种类等方面取得新进展。

在电子标签方面，电子标签芯片所需的功耗更低，无源标签、半无源标签技术更趋成熟。其作用距离将更远，无线可读写性能也将更加完善，并且能够适合高速移动物品识别，识别速度也将更加快，具有快速多标签读写功能。与此同时，在强磁场下的自保护功能也会更加完善、智能性更强、成本更低。在读写器方面，多功能读写器，包括与条码识别集成、无线数据传输、脱机工作等功能将被更多的应用。同时，多种数据接口包括 RS232、RS422/485、USB、红外、以太网口也将得到应用。而读写器将实现多制式多频段兼容，能够兼容读写多种标签类型和多个频段标签。读写器会朝着小型化、便携式、嵌入式、模块化方向发展，成本将更加低廉，应用范围更加广泛。在系统方面，低频近距离系统将具有更高的智能、安全特性；高频远距离系统性能将更加完善，成本更低，而 2. 45GHz 和 5. 8GHz 系统将更加完善。同时，无芯片系统将逐渐得到应用。

总而言之，在射频识别技术未来的发展中，结合其他高新技术，比如 GPS、生物识别等技术，由单一识别向多功能识别方向发展的同时，将结合现代通信及计算机技术，实现跨地区、跨行业应用。

二、RFID 射频识别技术的应用

（一）应用领域分析

射频识别技术以其独特的优势，逐渐的被广泛应用于工业自动化、商业自动化和交通运输控制管理等领域。随着大规模集成电路技术的进步以及生产规模的不断扩大，射频识别产品的成本将不断的降低，其应用将越来越广泛。表 8 - 1 列举了射频识别技术几个典型的应用。

表 8 - 1　射频识别技术典型应用对比

典型应用领域	具体应用
车辆自动识别管理	铁路车号自动识别是射频识别技术最普遍的应用
高速公路收费及智能交通系统	高速公路自动收费系统是射频识别技术最成功的应用之一，它充分体现了非接触识别的优势。在车辆高速通过收费站的同时完成缴费，解决了交通的瓶颈问题，提高了车行速度，避免拥堵，提高了收费结算效率
货物的跟踪、管理及监控	射频识别技术为货物的跟踪、管理及监控提供了快捷、准确、自动化的手段。以射频识别技术为核心的集装箱自动识别，成为全球范围最大的货物跟踪管理应用

续上表

典型应用领域	具体应用
仓储、配送等物流环节	射频识别技术目前在仓储、配送等物流环节已有许多成功的应用。随着射频识别技术在开放的物流环节统一标准的研究开发，物流业将成为射频识别技术最大的受益行业
电子钱包、电子票证	射频识别卡是射频识别技术的一个主要应用。射频识别卡的功能相当于电子钱包，实现非现金结算。目前主要的应用在交通方面
生产线产品加工过程自动控制	主要应用在大型工厂的自动化流水作业线上，实现自动控制、监视，提高生产效率，节约成本
动物跟踪和管理	射频识别技术可用于动物跟踪。在大型养殖厂，可通过采用射频识别技术建立饲养档案、预防接种档案等，达到高效、自动化管理牲畜的目的，同时为食品安全提供了保障。射频识别技术还可用于信鸽比赛、赛马识别等，以准确测定到达时间

（二）国际国内射频识别技术应用状况对比

射频识别技术在国外发展非常迅速，射频识别产品种类繁多。在北美、欧洲、大洋洲、亚太地区及非洲南部，射频识别技术被广泛应用于工业自动化、商业自动化、交通运输控制管理等众多领域：汽车、火车等交通监控；高速公路自动收费系统；停车场管理系统；物品管理；流水线生产自动化；安全出入检查；仓储管理；动物管理；车辆防盗等。而在我国，由于射频识别技术起步较晚，应用的领域不是很广，除了在铁路应用的车号自动识别系统外，主要应用仅限于射频卡。

车辆自动识别方面，早在 1995 年北美铁路系统就采用了射频识别技术的车号自动识别标准，在北美 150 万辆货车、1400 个地点安装了射频识别装置。近年来，澳大利亚开发了用于矿山车辆的识别和管理的射频识别系统。

在高速公路收费及智能交通方面，香港“驾易通”采用的就是射频识别技术。装有射频标签的汽车能被自动识别，无需停车缴费，大大提高了行车速度和效率。虽然我国很多地区高速公路都采用了射频卡，但是大部分还是应用人工停车收费的方式。最近，锦山的一条高速公路上应用了射频卡自动收费，但是与香港“驾易通”相比，差距显而易见。利用射频识别技术的不停车高速公路自动收费系统是将来的发展方向，人工收费包括 IC 卡的停车收费方式也终将被淘汰。

在货物的跟踪、管理及监控方面，澳大利亚和英国的西思罗机场将射频识别技术应用于旅客行李管理中，大大提高了分拣效率，降低了出错率。在几年前，欧共体就要求1997 年开始生产的新车型必须具有基于射频识别技术的防盗系统。而我国铁路行包自动追踪管理系统还只是在计划推广之中，真正应用还要假以时日。

在射频卡应用方面，1996 年 1 月韩国就在当时汉城的 600 辆公共汽车上安装射频识别系统用于电子月票，实现了非现金结算，方便了市民出行。而德国汉莎航空公司则开始试用射频卡作为飞机票，改变了传统的机票购销方式，简化了机场入关的手续。在我国，射频卡主要应用于公共交通、地铁、校园、社会保障等方面。上海、深圳、北京等地陆续采用了射频公交卡。在未来的一两年，我国射频卡应用最大的项目将是第二代公民身份证。

在生产线的自动化及过程控制方面，德国 BMW 公司为保证汽车在流水线各位置准确的完成装配任务，将射频识别系统应用在汽车装配线上。而 Motorola 公司则采用了射频识别技术的自动识别工序控制系统，满足了半导体生产对于环境的特殊要求，同时提高了生产效率。在动物的跟踪及管理方面，许多发达国家采用射频识别技术，通过对牲畜个别识别，保证牲畜大规模疾病爆发期间对感染者的有效跟踪及对未感染者进行隔离控制。而在生产线的自动化及过程控制以及动物的跟踪和管理方面，我们离国际水平的差距就更大，甚至在有些方面根本就没有应用。

总体而言，我国射频识别技术应用状况还处于初级阶段，市场前景非常广阔。不久的将来，我国射频识别技术应用将在生产线自动化、仓储管理、电子物品监视系统、货运集装箱的识别以及畜牧管理等方面有所突破。实现射频识别技术在我国成熟、全面的应用将是一个长期的过程，需要业内人士的共同努力。

第二节 RFID 射频识别技术在物流中的应用

一、RFID 射频识别技术助力供应链可视化

有一批重要的药品即将被送往美国西海岸，如何确保这批药品的安全？一家医药公司的供应链总监显得有些束手无策。大型的物流公司通常采用实时监测的方式，这种方式只能向企业随时报告货物停留在哪个港口、是否已经报关等常规信息。这位供应链总监更想知道，在运送过程中药品周围环境的湿度和温度、货物是否会被掉包等细节性的信息。但是令他失望的是，几乎没有一家物流公司能满足他的愿望。

对许多企业而言，货品从工厂下线装箱付运直至其卸载到仓库前，货品的信息都是不透明的。很明显，“暗箱操作带来的最大弊病就是无法保证货品的安全。”优利系统（中国）有限公司（下称“优利中国公司”）亚太区供应链管理首席合伙人汤姆·思霖恳（Tom Zielinski）表示，“可视化供应链有助于改善这一现象。”

（一）RFID 射频识别技术助力可视化

美国国防部正是借助无线射频识别（Radio Frequency Identification，RFID）技术来加强供应链可视性，从而确保货品的安全。据介绍，美国军方的 In – Transit Visibility 系统是全球最大的 RFID 网络，使用了分布在 30 多个国家的机场、海港和铁路终端的近 1500 个节点，每天监控数千个货柜和集装箱。该 RFID 网络使美国军队能够追踪货物运输，包括食物、水、弹药、汽油和制服等物资供应每一步的情况，有效保证货品的安全。

安全仅仅是供应链可视化带来的好处之一，它还能帮助企业节约成本。美国斯坦福大学专家估计，如果通过 RFID 这类新技术加强物流透明性，平均一个货柜就能节省 2000 美元的物流成本。更重要的是，RFID 能够同时扫描整个货箱，减少了检查和重新包装中的人力成本，极大地提升了工作效率。

2004 年第四季度，皇家飞利浦电子公司（下称“飞利浦公司”）开始部署采用了 RFID 技术的产品，为飞利浦半导体在中国台湾省高雄市和香港特别行政区的区域配送中心间的往来货箱加贴标签，以提高其亚洲内部供应链的效率。作为 RFID 在半导体供应链中的首次重大部署，飞利浦公司在项目进行中得到了合作伙伴的大力支持，如法国标签系统公司（Tagsys）和智能标签公司（Smartag）提供了标签，前者还提供了读卡器；斑马技术公司（Zebra）提供了打印机，国际商业机器公司（IBM）辅以系统集成等。飞利浦半导体亚太区智能识别产品市场销售高级总监罗普安（Brian Neil Robertson）表示，RFID 实时追踪通过缩短周期，提高了出货内容确认速度。目前，飞利浦公司出入库时间节省了 50%，随之带来的效率提升同样显著。对外来说，成品传输到客户手中的交货时间极大缩短，降幅为一天；对内，由于物料搬运过程中的人力成本降低，飞利浦公司节省出更多时间用于进一步改进客户服务，提高竞争力。

RFID 的应用还有助企业更有效地实时管理库存地点，更好地制定出货计划，最终使仓库空间得到更好的利用。上海西门子高压开关有限公司采购部相关人员表示，目前同行中的确存在着因供应链不透明，导致交货期管理不善而造成损失的例子。为了避免类似的损失，企业通常采用了签订长期购销合同，让供应商配备相应库存的方法。然而，库存积压既占用了大量的资金，又增加了存货的管理成本，这给供应链管理带来极大的风险。

（二）多种选择

除了 RFID，各种追踪技术诸如条形码、蜂窝和卫星技术等都将提高供应链的透明度。优利系统公司（Unisys，下称“优利公司”）全球供应链事业部副总裁及合伙人范坚思（James G. Fry）指出，先进的传感器和扫描工具甚至能够测量湿度、温度、光线、辐射等。例如，采用化学传感器的水果种植者能够测量其农产品将会腐烂的时间，使用这种实时数据，生产者能够调整供应链，确保果实在运抵超市时成熟。

面对如此众多的技术，企业究竟应该如何选择？范坚思表示，不同的行业、不同的问题、不同的流程，需要的技术也不相同。通常来说，企业在选取技术时，要充分考虑到自身的业务特点，包括地点、产品特性、货品状态、安全性、遵守不同地方规章制度等多个方面的因素，进行综合判断。最终，企业根据需要的追踪水平，确定采用最经济高效的成熟技术。一家经常在国内采购厨具用品运往德国的企业，明确表示他们不需要追踪每一件货物或是一箱货物的状态。他们只想跟踪一个装有数十个或数百个货箱的货柜，或者跟踪运输货物的运输工具的情况。而利用全球定位系统（GPS）就能实现对货车的调度和货物的追踪管理。物流公司只需在货车车顶上安装一个通信盒，驾驶员和总部之间就能实时通信。总部通过卫星知道货物的实时位置，并将这一信息更新到数据库中，这家德国企业就能通过网络或电话了解到货物目前所在的位置。

（三）以整合为前提

尽管新技术的部署能够带来巨大的商业价值，但企业在选型和部署这些新技术时还是顾虑重重。上海外高桥国际物流发展有限公司首席信息官（CIO）杨平说，新技术对企业也提出了较高的要求，只有在规范化、透明化、标准化的基础上，通过专门的 IT 部门去操作，才有可能推动可视化供应链的顺利实施。这也意味着企业需要对现有的工作流程做出调整和优化。

考虑到用户的需求，优利公司尽量简化了自身的解决方案，并声称这类解决方案不仅能够支持混合环境，包括 RFID 技术、智能条形码、隐形色带和其他方式。更关键的是，它可和企业现行系统集成起来，在很多情况下不用添加配置就可能处理通过新追踪技术获得的大量数据。但顾能公司（Gartner）执行副总裁琳达·柯恩（Linda Cohen）指出，大多数全球商务应用的解决方案类型往往非常复杂，因为它们需要重新配置将技术应用于过程的方式。“流程要贯通平台、网络和应用三个层面来优化技术，才能打造出一个好的解决方案。”对此，飞利浦公司的提议是，首先必须明确新技术的部署能为哪些业务带来益处。在半导体供应链项目的部署中，飞利浦公司进行了长达九个月的准备。在确定了两地及两地间可以改进的流程后，飞利浦公司拟订了未来需要部署的流程蓝图；部署了变更流程来管理这些转变；最后才是购买所需设备。在部署过程中，飞利浦公司力争将实施系统对现有业务带来的冲击降至最低。分步骤部署是相对稳妥的办法，这也为业务的进一步扩展打下了基础。

流程整合后，企业还需要采取一些措施来应对突发状况。不少公司使用手机进行联络，但要将这些信息传递到网络上，又得花费一段时间。一家全球 100 强的服装公司采用了掌上电脑与总部联系，这样一来，总部就可以迅速对业务中的突发状况进行判断，并做出准确的应对。

不少物流服务供应商认为，尽管大多数客户并没有主动提出在供应链系统中采用新技术实现可视化，但今后的需求一定会增长。一个很难回避的现实是，我国目前的物流成本是美国的2～2.5倍。本来全球化的企业在中国采购可以节省25%～35%的成本，但由于在我国的采购周期过长，算上被延误的时间，成本反而抬高了。

二、长距RFID射频识别技术在停车场管理中的应用

（一）背景介绍

随着国家经济间建设的不断发展和综合实力的不断提高，小汽车已经逐步走进千家万户。面对汽车时代的来临，整个社会对于智能停车场的要求也将越来越高。公司提供了最新一代的UHF RFID射频识别产品，由它组成的智能停车场管理系统将取代传统的人工收费的管理办法，满足了生活节奏不断加快对当今停车场管理提出的要求。射频自动识别不停车收费系统是一种采取“射频自动识别车号、车型，远距离电子标签卡收费，计算机管理，图像比对及检测器校验”的最新颖的自动收费方式，是公路交通管理走向数字化、自动化的基础设施。

微波射频识别（UHF RFID）技术是国际上最先进的第四代自动识别技术，是近几年刚刚开始兴起并得到迅速推广应用的一门新技术。它有识别距离远、识别准确率高、识别速度快、抗干扰能力强、使用寿命长、可穿透非金属材料等特点，运用范围广。智能停车场管理系统通过远距离无源射频识别技术有效防止了人为因素给停车场管理带来的破坏和干扰，实现大厦、物业小区停车场的智能化科学管理，可控制费用流失，提高运营效率，确保车辆安全。

停车场管理的车辆用户分为两大类：一是固定用户，是该停车场的常客，几乎每天都要进出被管理停车场多次；二是临时用户，是指偶尔才出入被管理停车场一次的散客。针对固定用户，现有的停车场管理系统采用发月票卡的方法来减少他（她）们进出停车场时的登记检查手续。但目前月票卡大多采用近距离卡，每次进出停车场时驾驶人员还必须摇开玻璃窗，把月票卡伸到读卡设备前晃动几下，才能使挡杆抬起允许车辆进出。如果使用远距离月票卡，只要把月票卡贴在汽车挡风玻璃上，每次车辆到达停车场闸口时，远距离读卡设备即可判断并控制挡杆自动抬起，因此固定用户车辆可以不必停车。这极大地提高了车辆的通行效率，减少了污染；同时免除了刮风下雨等恶劣天气造成的种种不便。

（二）现实意义

（1）树立全新的物业管理形象。现代化的高科技产品的使用，一定会使企业的物业管理形象和知名度得到很大的提高。采用智能停车场管理系统，无论从产品的造型方面，还是自动管理所带来的先进性和科学性，都将会给物业管理树立起良好的形象，使企业成为科学管理的楷模。

（2）严格的收费管理。对于目前的人工现金收费方式，一方面劳动强度大，效率低，另外一个主要的弊端就是财务上存在很大的漏洞易造成现金流失。使用射频智能停车场管理系统之后，所有车辆的收费都是经过电脑确认和统计，杜绝了失误和作弊，保障了车场投资者的权益。

（3）加强了安全管理。一卡一车，资料存档，保证停车场停放车辆的安全。人工发卡、收卡，难免有疏漏的时候，因为没有随时记录可查，丢车或谎报丢车的现象时有发生，给停车场带来诸多麻烦和经济损失。采用智能停车场管理系统之后，月租卡和储值卡消费者均在电脑中记录了相应的资料，卡丢失后可及时补办。时租卡丢失也可随时检索，及时处理。在配有图像对比设备情况下，各类停车卡均有车牌号码存档，一卡专用，车牌不对电脑随时提示，并提出警告。

（4）防伪性能好。因为射频识别卡的保密性极高，它的加密功能一般电脑花上十年的时间也解不了，所以不容易伪造。

（5）耐用可靠，操作过程全自动化。本系统采用的无源射频识别卡，免维护，使用寿命长，全密封，免接触，防尘防水，无需人为开启闸门，系统自动读卡、验卡，打开闸门，既节约人力又节省时间。

（三）设备组成

远距离读卡设备的组成包括以下方面：

（1）电子标签（也就是通常所说的“卡”）。电子标签上记载有所贴车辆在停车场管理处登记在册的合法编号，以及系统认为必须的某些车辆特征信息。目前，公司推向市场的是从美国引进的超高频电子标签，该标签为无源免维护卡，读取距离可达 7 米以上，它采用塑料薄膜封装、自带粘贴胶层，可以直接贴在汽车挡风玻璃上使用。

（2）读写器。用来自动读取微波天线视场内电子标签上的数据，并进行电子标签合法性判断。公司自行二次开发研制的读写器是专门针对停车场管理系统应用而推出的远距离读写器，它具有 Wiegand26 或 RS485、RS232 等数据输出接口，能够与市场上使用的符合上述接口标准的控制器直接相连，而不需要改变现有的停车场管理系统的任何软件和硬件。读写器一般通过 RS485 口与停车场管理系统中的控制器相连，读写器每读到一张卡号时，自动把卡号发送到控制器，控制器判断为有效卡号后，打开道闸放车通行。

（3）读写器经过微波天线向外发射信号并接收电子标签返回信号。电子标签性能指标如下：①工作频率：902 ~ 928 MHz。②有效识读距离最大可达 10 米（注：距离因采用的天线和读写器的发射功率不同而变化）。③无源卡设计，无需电池。④内存容量：EEPROM 内存 1024bits，可进行读、写、擦除再写操作。以字（32bits）为单位存储编址和存储锁定，其中 96Bit 用作系统参数在出厂时已锁定，928Bit 为用户应用开发区。用户可对指定字区永久写保护，使应用系统安全可靠。⑤内存可反复擦写 100000

次以上，有效使用寿命可达 10 年以上。⑥读写速率：理论上，从单个标签上读取 32bits 耗时少于 1.5ms，从单个标签上写入 32bits 耗时少于 30ms。⑦防冲突：采用二进制树防冲突协议，允许工作区内有多个标签时的可靠读写。⑧标签采用薄膜塑料封装，具有一定的防拆功能。⑨工作温度：-20℃～+70℃，储存温度：-40℃～+85℃。⑩体积：45mm * 33mm * 0.8mm。

三、RFID 射频识别技术在质检行业的应用

（一）RFID 电子签封在异地检验检疫物流监管中的应用

（1）出入境检验检疫面临的压力。一是进出口业务量持续增加，人员增加缓慢，口岸局与内地局业务不平衡；二是待检货物异地运输过程易出现偷、漏检的问题，风险程度高；三是检验检疫环节的查验放行速度慢，成为通关的瓶颈。

（2）技术手段。一是采用 RFID 电子签封对运输货物进行施封；二是采用 GPS + GPRS 对运输货物进行实时监控；三是采用物流监管信息平台追踪整个运输过程（见图 8-2）。RFID 可以达到实体监控和信息监控的完美结合。

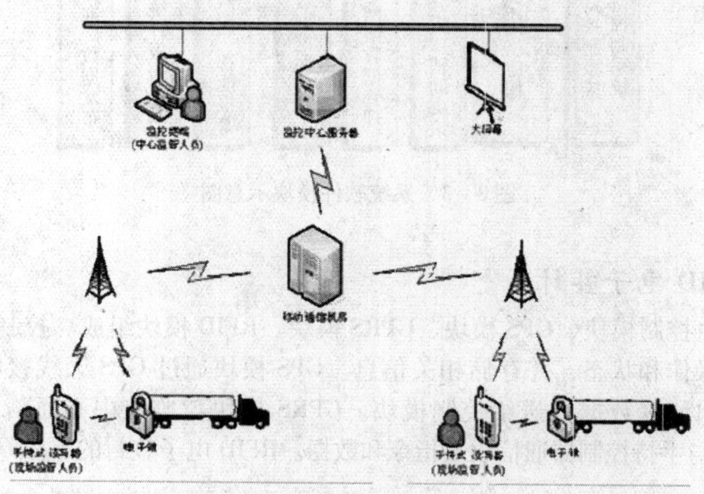

图 8-2　物流监管平台网络示意图

（3）系统构成。①监控中心：系统的核心，由 GIS（地理信息系统）、业务监管系统、GPRS 网关组成，具体完成监管工作。②RFID 电子签封：由控制模块、GPS 模块、GSM/GPRS 模块、射频模块以及电池、锁体组成。主要用于运输过程的监控。③手持控制器：现场检验检疫工作人员移动监管、货物施封、解封以及监管校验的工具。④

GPRS 网关：负责与 GPRS 服务商连接，并把收到的监管数据分发到相应的监管中心。

（4）监控中心。监控中心是整个系统的核心，它具体完成监管功能。监控中心包括：①GPRS 网关：后台系统和前端的数据通讯网关，连接电子签封、手持控制器，接收 GPS 数据、施封过程数据，发送指令。②地理信息系统：与电子签封通过 GPRS 方式进行通信，获得位置和状态信息，并将货物位置和运输路线实时地显示在电子地图上。③业务监管系统：获取检验检疫业务系统数据库中报检信息，生成异地检验检疫货物数据。与手持读写器通过 GPRS 方式进行通信，向手持读写器发送数据和指令；完成货物集装箱运输的业务监管功能，实现异地转场运输的整个业务流程。系统软件模块示意见图 8－3。

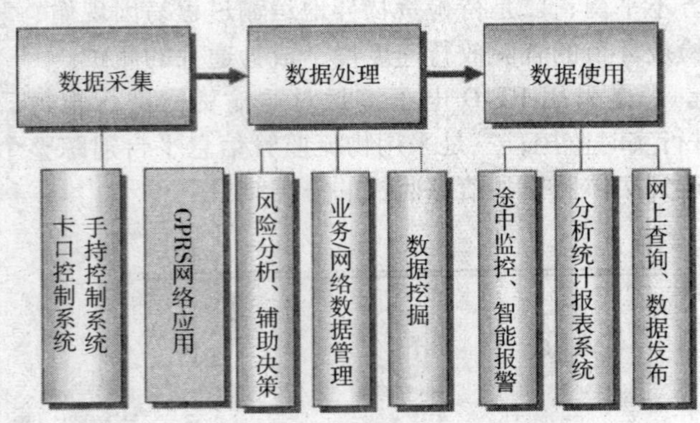

图 8－3　系统软件模块示意图

（二）RFID 电子签封

电子签封由控制模块、GPS 模块、GPRS 模块、RFID 模块组成。控制模块负责控制整个电子锁的操作和状态，并存储相关信息。GPS 模块通过 GPS 天线接收 GPS 卫星定位信息，解析出位置数据发送给控制模块。GPRS 模块与监控中心通信收发指令和数据。RFID 模块与手持控制器通信收发指令和数据。RFID 电子签封的工作原理见图 8－4。

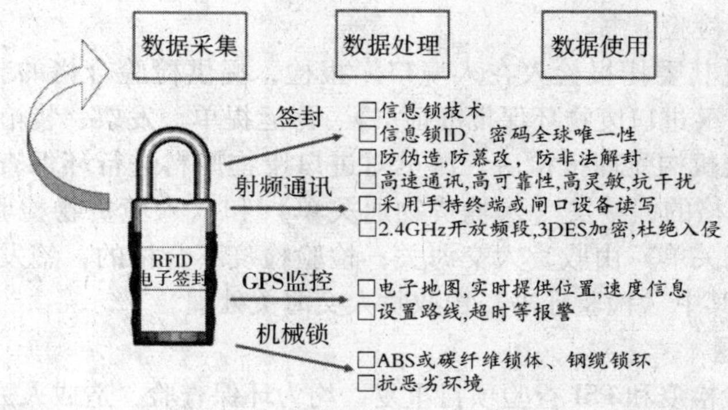

图 8-4　RFID 电子签封工作原理

电子锁功能如下：每次施封后，电子签封生成一个唯一的、不重复的随机码，标志每次上锁操作。施封后，GPS 模块激活，电子锁将定时把 GPS 位置和自身状态发送给监管中心。施封后，锁环一旦剪断，其曾经使用过的随机码将永久作废。锁体可以记录位置、状态数据和相关物流单据。可以接受手持控制器控制，并能够向手持控制器发送状态数据。

手持控制器。手持读写器由控制模块、GPRS 模块、RFID 读写模块以及电池组成。主要功能为现场业务人员对监管货物的施封、解封以及监管校验等。

运营模式。由质检或质检委托的第三方机构建立全国性物流监管信息平台，与检验检疫业务系统数据库互通。向运输企业提供 RFID 电子签封租用、回收、报警处理、检验业务代理、通知等服务，收取相关服务费。长期经营可建立检验检疫专用集卡卡口，实现高速放行。

（三）RFID 技术在进口废物原料装运前检验的应用

1. 进口废物原料的装运前检验（Pre - Shipment Inspection，PSI）

我国政府规定，对国家允许作为原料进口的废物，实施装运前检验制度，以防止境外放射性物质和有害废物向我国转运。收货人与发货人签定的废物原料进口贸易合同中必须订明所进口废物原料须符合我国环境保护控制标准要求，装运前检验凭中国国家环境保护总局签发的《进口废物批准证书》受理，并约定由我国出入境检验检疫主管部门指定或认可的中国检验认证集团有限公司海外分公司实施装船前检验，检验合格后方可装运和签发检验证书。列入制度目录的商品有废纸、废金属、废塑料、废木制品、废纺织品共 5 类。

现行的进口废物原料检验检疫流程如下：

（1）境外供货企业申请 PSI，中检公司当地分公司（或国家质检总局认可的境外检验机构）对货物进行环保项目检验，对合格货物实施监装、对集装箱或散货舱位施加封志、发放装运前检验证书。

（2）进口商或其委托报检人在入境口岸报检，提供检验合格的装运前检验证书、国家环保局签发的《进口废物环保批准证书》、海运提单、发票、装箱单等单证。

（3）检验检疫机构受理报检后，派员对进口废物原料进行环保查验、检疫和品质检验，检验检疫合格的，签发《入境货物通关单》和《入境货物检验检疫证书》等，其中《入境货物通关单》由收货人交海关；检验检疫不合格的，签发环保项目不合格《检验证书》等，其中《检验证书》由收货人交海关处理。

2. 现存的问题

（1）口岸检验检疫和 PSI 查验项目重复，均为环保查验，造成人力浪费。

（2）口岸检验检疫业务量大，放行速度慢，造成货物压港、压箱。

（3）PSI 业务未和检验检疫业务系统联网，需两次报检、人工传输并核对单证。

（4）货物运输过程不能有效监管。

3. 应对措施

PSI 业务系统与检验检疫业务系统互通，装运前检验证书电子转单至口岸检验检疫机构。

（1）采用 RFID 电子签封对货物（集装箱或舱位）施封，其内存储 PSI 证书信息和必要的货物其他信息，如装箱单、提单号等。

（2）口岸检验检疫人员现场读取 RFID 信息与后台比对、解封，进行常规检疫和品质检验，发放通关单和检验检疫证书。

（3）口岸检验检疫可根据 PSI 证书对货物实行环保项目免检。可根据口岸情况，对货物实行异地检验检疫。

（4）可对同一票货物，避免出口人和进口商两次报检。

4. RFID 应用要点

施检标志的电子标签对如下进行替代：

（1）采用不干胶或金属薄膜封装的标签，可替代施检标志，随货物流同步存储更多信息，起到防伪、便于复查、货物追踪等功能。

（2）可选用的电子标签技术成熟，应用成本低廉。以符合 ISO15693 标准的 13.56MHz 电子标签为例，不干胶封装形式，10 万片量可做到单位成本 4 ~ 6 元。

（四）RFID 技术食品安全中的应用

采用 RFID 标签，对出厂食品进行批次管理，存储相关厂商许可证、日期、原材料等信息，便于质检部门抽查、追踪，也便于建立追溯和召回制度。例如，对进京活畜及肉制品，可在检验合格后采用电子签封，免除路途的多次检查，抵京后只需查验电子签封即可。

（1）防伪打假。市场上应用最为广泛的防伪技术有纸张水印技术、油墨技术、激光全息图像防伪技术、条码技术以及电话电码技术应用等五种。这些防伪技术所用到的产品、设备价格相对比较低，有利于在市场全面推广；同时国家也花了很大的人力、物力、财力支持这些防伪技术的推广。但是这几种防伪技术有着种种缺点：一是产品的技术含量不高，容易被仿制；二是其使用寿命较短，一种新的视觉防伪标识面市后，一般在三个月到六个月左右，市场上就会出现大量的仿造品；三是不防污，一旦染有污迹就没有办法辨别；四是对于电话电码防伪这种技术，虽然是现在防伪市场的龙头产品，但 800 免费电话的接通率很低，真正能使用这种防伪的消费者并不多。

RFID 电子标签防伪技术的优点在于：每张标签都具有世界唯一码，同时还具有一定的内存空间读写资料，可加密，不可复制；使用寿命长，无机械磨损、无机械故障、无源工作、可在恶劣环境下工作、防污、读取数据距离远等；同时，因为它具有可读写空间，还可以帮助厂家解决“串货”问题。另外，RFID 电子标签采用柔性封装，可任意封装成各种形式，可以得到广泛应用。如名烟名酒防伪、证件防伪、车牌防伪，等等。名酒 RFID 技术防伪解决方案的应用流程如下：每瓶酒的瓶盖封口处贴电子标签，在出厂时，由厂家将生产日期、身份代码和密码数据信息写入标签内，也可自动修改密码。由批发商和零售商持有厂家专制的电子标签读卡机在用户购买酒时，对各类酒的真伪均可进行验证，实现一机多用。在饮酒者打开瓶盖饮酒时，即将瓶盖处的电子标签损坏，防止被再次利用。

（2）运作模式。由质检或质检委托的第三方机构建立全国性电子标签防伪网络平台，负责注册和管理生产厂商、产品型号、读写设备信息，统一制作封装电子标签。例如，酒厂所使用的读写器为“顶级读写器”，功能最齐全，可读可写。在酒出厂时，将生产日期、身份代码和密码数据、货的发往地等信息写入标签内，也可自动修改密码，在所有读写器中，只有酒厂的设备才有修改标签内数据的功能及权利。质监局所使用的阅读器为“特制阅读器”，它可以读取防伪标签内的所有资料，但无权修改标签内资料。分销商使用的阅读器带显示屏，只可读取货物发往地及生产日期等信息，零售商的阅读器只能显示真伪。

（五）RFID 在质检行业应用存在的问题

（1）标准问题。RFID 标准分为技术标准和应用标准。世界一些知名公司各自推出了自己的很多标准，这些标准互不兼容，表现在频段和数据格式上的差异，这也给 RFID 的大范围应用带来了困难。

（2）目前已形成的 RFID 国际标准主要用于对动物识别的 ISO 11784 和 11785，用于非接触智能卡的 ISO 10536（Close coupled cards）、ISO 15693（Vicinity cards）、ISO 14443（Proximity cards），用于集装箱识别的 ISO 10374 等。用于供应链的 ISO 18000 则正在形成和完善之中。

（3）国内目前在质检行业的应用范畴内，可在 ISO 标准之上定义自己的行业应用标准，主要是对一些空白、备用代码位的定义。这样既不会对现有技术标准造成冲击，又能抢占应用制高点。对一些特殊场合的应用，则无论是从技术标准上还是应用标准上都可以自行建立行业标准。

（4）信息系统支持问题。RFID 是具备各种优越性的一种自动化数据采集的一种前端手段，它的应用依赖于信息系统后台对数据进行传输、交换、处理，是为业务系统服务的，需要有相应的业务信息系统支撑、运营。

（5）RFID 技术的应用很多时候需要改变现有的业务流程，属于 BPR（业务流程重组）的一种技术工具。

四、采用射频识别技术的集装箱运输车进出管理系统

本系统由电脑、管理软件、智能电子标签、智能电子标签阅读器、控制箱、道闸和地感线圈组成。系统能实现自动检验、登记、放行等功能。车辆进出可以不停车，免伸手，实现对车辆、货物实时监控，高效、准确的管理。具体流程如下：

（1）每辆车在档风玻璃内放置一块记录本车基本信息的智能电子标签（SD2001）（射频卡大小）。

（2）在道口进出口上安放一台智能标签阅读器（SD3000）及一套控制箱，同时配置道闸和地感线圈。

（3）当带有智能电子标签的集装箱车进入地感线圈时，地感线圈得到信号，同时智能标签阅读器也读到智能电子标签的信号。系统自动识别，如果是合法的，就发出信号，打开道闸，允许车辆通过。此时车辆只要适当减速，不需要停车，也不需要伸手刷卡，就可以顺利通过道口。

（4）车辆过道闸后通过门内地感线圈时，又产生信号，让道闸关闭。

（5）车辆通过高峰时，即车辆一辆接一辆进入时，可以通过软件设置，道闸处于常开状态，当最后一辆车辆进入时道闸入下。

（6）车辆出入的全部信息均由电脑实时记录，并生成车流量的准确日报、月报统计。

思考题

（1）何为 RFID 射频识别技术，其运用前景如何？

（2）试述 RFID 射频识别技术在物流中的应用。

主要参考文献

1. 黎连业，李淑春．管理信息系统的设计与实施．北京：清华大学出版社，1998

2. 王小铭．管理信息系统及其开发技术．北京：电子工业出版社，1997

3. 王庆育，宁奎喜．MIS 的开发方法和实例．北京：电子工业出版社，1996

4. 张基温，王一平．信息系统开发案例．北京：清华大学出版社，1999

5. 王加林，张蕾丽主编．物流系统工程．北京：中国物资出版社，1987

6. 秦明森，王方智．实用物流技术．北京：中国物资出版社，1991

7. 宋华，胡左浩．现代物流与供应链管理．北京：经济管理出版社，2000

8. 唐那德·J·鲍尔索克斯等．物流管理与供应链过程一体化．林国龙等译．北京：机械工业出版社，2000

9. 周广声等编．信息系统工程原理、方法和应用．北京：清华大学出版社，1998

10. 姜旭平．信息系统开发方法．北京：清华大学出版社，1997

11. 马元颉．物资管理信息系统．北京：水利电力出版社，1995

12. 薛华成．管理信息系统．北京：清华大学出版社，1988

13. 王守茂．管理信息系统分析与设计．天津：天津科技翻译出版社，1993

14. 毕庶伟．管理信息系统分析与设计．北京：机械工业出版社，1990

15. 金朝崇，李总耀等．现代信息系统教程．天津：天津大学出版社，1996

16. 王建，杨欣等．试论物流信息网络化．物流技术，1998（6）

17. 韦先义，何青．物流信息网络化建设问题探讨．物流技术，1998（6）

18. 胡双增，詹荷生等．物流企业建设 Internet 探讨．物流技术，1998（6）

19. 潘东青．基于 c/s 模式的信息网络系统的设计与实现．计算机应用，1995（1）

20. 蔡岩斌，贾秦彤等编．电子商务——走进数字化商务时代．北京：知识产权出版社，2000

21. 张铎编．电子商务与物流．北京：清华大学出版社，2000

22. 张宗成，王槐林，王向阳．试论建材连锁经营配送信息化．物流技术，1996（5）

23. 张宗成，钟强．建材配送中心 MIS 之集货管理与系统数据流程分析与设计．物流技术，1997（4）

24. 简荣等．论建材行业信息化．山东建材，2000（3）

25. 王怀荣．以电子信息技术推动建材行业持续发展．中国建材，1998（8）

26. 张永瑞．建材企业如何利用信息资源网．中国建材，1998（5）

27. 张宗成．如何发展物资配送．北京：中国物资出版社，1992

28．张宗成．无锡市配送物资供需平衡研究．物流技术，1994（5）

29．吴可，张宗成．物资流通合理化内涵及其标志．中国物资流通，1998（3）

30．张宗成，刘波．应用 MRP 实施汽车生产装配控制的途径．物流技术，1997（6）

后　记

物流信息管理学是一个跨学科、跨行业的学科，要写好此类书，并非易事。然而，凡事总要有“好事”者和探路者，他们的努力若能引起人们的重视，促进该事物的进展，便应该感到欣慰。

本书是我们于2001年12月在中山大学出版社出版的《现代物流信息化》的基础上修订而成的。本次修订，主要突出现代高新科技在物流及物流信息化管理中的运用。据此，将原书第一版中的第五章和第九章删除，同时加了第八章RFID射频识别技术在物流中的应用，对其他各章也相应以新知识取代原内容。

能写成此书，离不开参考文献目录中所列的大量文献的启迪和开导，在此向这些参考文献的作者表示感谢和敬意！此书得以出版，实乃中山大学出版社总编蔡浩然教授和西安交通大学的郝渊晓教授促成；参与本书写作的还有杨俊虹、张辉和、苏振华、田洪，他们为此付出了艰辛的劳动，在此一并致谢！

显然，作者的水平是满足不了解决物流信息管理难题之所需的，书中不免有谬误之处，请读者不吝指正。

作者

2006年2月于

华中科技大学